W0410910

Biosphäre 9/10

Niedersachsen G9

Cornelsen

Biosphäre

Band 9/10 Gymnasium Niedersachsen G9

Herausgegeben von:
Anne-Kathrin Dierschke, Winsen (Luhe); Prof. Dr. Anke Meisert, Hannover

Autorinnen und Autoren:
Anne-Kathrin Dierschke, Winsen (Luhe); Franziska Hach, Rullstorf; Prof. Dr. Anke Meisert, Hannover; Annegret Schlegel, Peine; Daniela Schmidt, Gifhorn

Teile dieses Buches sind dem Werk Biosphäre 2 Baden-Württemberg (Titelnummer 4200029), Biosphäre 3 Baden-Württemberg (Titelnummer 4200043), und Biosphäre 5/6 Nordrhein-Westfalen (Titelnummer 4200708) entnommen worden.

Autorinnen und Autoren dieser Werke sind:
Astrid Agster, Reutlingen; Stefan Auerbach, Karlsruhe; Dr. Werner Bils, Reutlingen; Robert Felch, Mögglingen; Anke Brennecke, Langerwehe; Dr. Horst Janz, Tübingen; Prof. Dr. Hansjörg Küster, Hannover; Dr. Karl-Wilhelm Leienbach, Münster; Martin Post, Arnsberg; Gabriele Rupp, Stutensee; Dr. Ulrike Schiek, Landau/Pfalz; Dr. Stephanie Schrank, Ulm; Hans-Jürgen Staudenmaier, Pfinztal; Dr. Matthias Stoll, Tübingen; Michael Szabados, Denzlingen

Redaktion:
Dr. Peggy Radant

Designberatung:
Katharina Wolff-Steininger, Ellen Meister

Layoutkonzept, Umschlaggestaltung, Layout und technische Umsetzung:
SOFAROBOTNIK GbR, Augsburg & München

Grafik:
Angelika Kramer, Stuttgart; Karin Mall, Berlin; Tom Menzel, Klingberg

www.cornelsen.de

1. Auflage, 2. Druck 2015

Alle Drucke dieser Auflage sind inhaltlich unverändert und
können im Unterricht nebeneinander verwendet werden.

Druck:
PHOENIX PRINT GmbH

ISBN 978-3-06-420062-3

PEFC
PEFC/04-31-1404

PEFC zertifiziert
Dieses Produkt stammt aus nachhaltig bewirtschafteten Wäldern und kontrollierten Quellen.

www.pefc.de

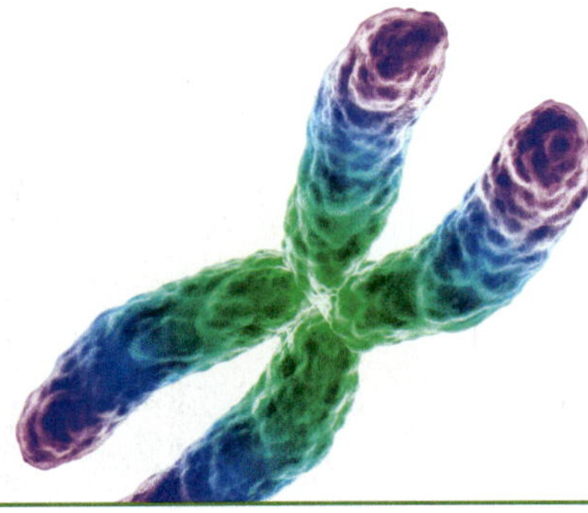

Evolution der Lebewesen 126

1 Veränderung der Lebewesen

2 Verwandtschaft der Wirbeltiere

Sinne erschließen die Welt

In diesem Kapitel beschäftigst du dich mit

- der Wahrnehmung von Reizen aus der Umwelt. Du lernst, was Reize sind und wie der Mensch sie mithilfe seiner Sinnesorgane aufnimmt und mithilfe des Gehirns verarbeitet.

- dem Bau und der Funktion des menschlichen Auges. Dabei lernst du, welche Aufgaben die verschiedenen Strukturen des Auges haben und wie Sehfehler korrigiert werden können. Außerdem erfährst du, welche Bedeutung das Gehirn bei der Wahrnehmung von Farben, Bildern und Bewegungen hat.

- dem Bau und der Funktion des menschlichen Ohrs. Hierbei erfährst du, welche Aufgaben das Außen-, Mittel- und Innenohr haben. Du beschäftigst dich mit dem Hören von Richtung, Tonhöhe und Lautstärke.

- den Sinnesleistungen einiger Tiere. Du erfährst, welche besonderen Sinne bei Tieren vorkommen und wie Tiere die Umwelt auch anders wahrnehmen als der Mensch.

01 Livekonzert

Der Körper nimmt viele Reize wahr

Ein Livekonzert kann sehr aufregend sein. Der Körper ist dabei ununterbrochen vielen verschiedenen Einflüssen ausgesetzt. Wie kann er sie wahrnehmen?

REIZE · Bereits auf dem Weg zu einem Livekonzert ist die Vorfreude auf die Lieblingsband groß. Schon vor Betreten des Konzertsaals wirken auf den Körper unterschiedliche Einflüsse ein. In der Warteschlange, umringt von vielen Besuchern, ist der Körper sehr vielen verschiedenen Geräuschen, Gesprächen, Geruchsstoffen und Berührungen ausgesetzt.

Die ersten Blicke auf die Bühnengestaltung bei Betreten des Konzertsaals sind verbunden mit der Platzsuche, um eine gute Sicht auf die Bühne zu haben. Wenn immer mehr Fans in den Saal strömen, wird das Gedränge zwischen den Besuchern größer. Sie werden aneinandergedrückt und die Temperatur im Konzertsaal steigt. Bei einem Livekonzert wird nicht nur Musik gespielt. Auch Nebeleffekte, Lichtscheinwerfer mit verschiedenen Farben und Spezialeffekte werden eingesetzt. Dies führt zusammen mit der Bühnenperformance der Künstler zu einer facettenreichen Gesamtdarbietung. Der Besucher muss also ununterbrochen mit einer großen Fülle unterschiedlicher Einflüsse aus der nahen und fernen Umgebung zurechtkommen. Jeder Einfluss aus der Umwelt, der eine Wirkung auf den Körper hat, wird als **Reiz** bezeichnet.

Reize können sehr verschieden sein. Man teilt sie in chemische, physikalische und mechanische Reize ein. So sind Geräusche, Töne, Licht und Temperatur *physikalische Reize*. Geruchsstoffe und Geschmacksstoffe hingegen werden als *chemische Reize* bezeichnet. Druck, der zum Beispiel bei einer Berührung entsteht, stellt einen *mechanischen Reiz* dar.

Wie aber nimmt der Körper die Reize auf?

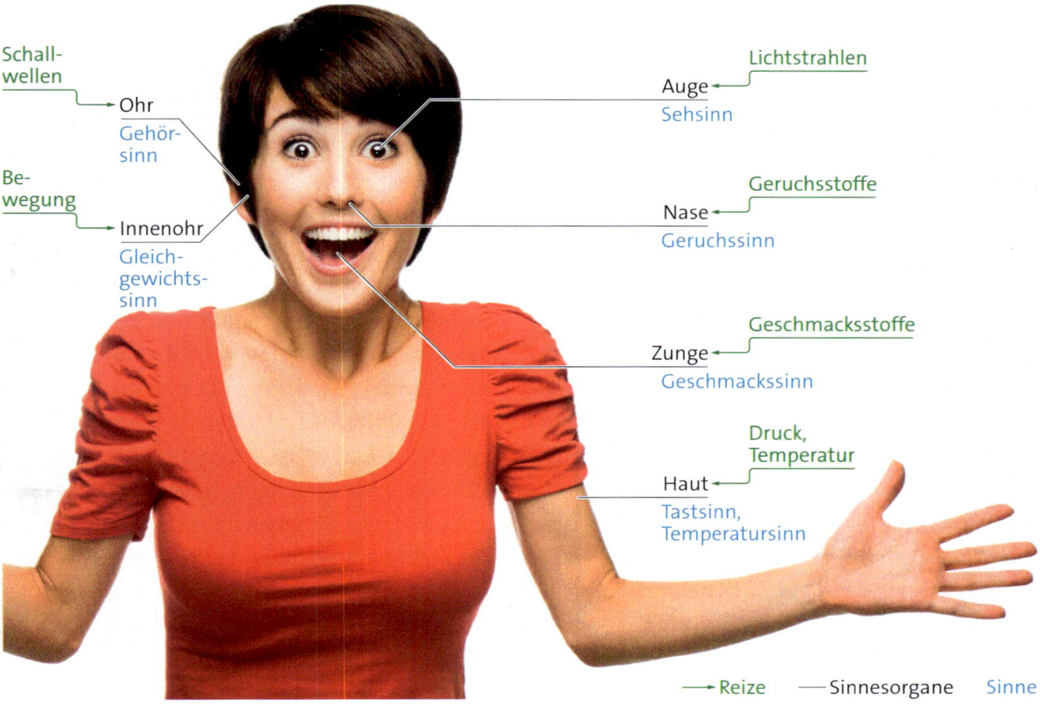

02 Sinne und Sinnesorgane des Menschen

SINNE · Der Mensch hat verschiedene Organe, mit denen er Reize aufnehmen kann. Die Fähigkeit unseres Körpers, einen Reiz aufzunehmen, wird als ein **Sinn** bezeichnet. Der Körper des Menschen verfügt über mehrere Sinne: *Gehörsinn, Sehsinn, Geruchssinn, Geschmackssinn, Tastsinn, Temperatursinn* und *Gleichgewichtssinn*.

Reize werden über besondere Organe, die **Sinnesorgane,** aus der Umwelt aufgenommen. Sie sind auf bestimmte Reize spezialisiert. Das Auge zum Beispiel ist nur für Lichtstrahlen empfindlich, nicht aber für Geruchsstoffe oder Schallwellen.

Der Mensch verfügt über Sinnesorgane wie *Haut, Ohren, Augen, Nase* und *Zunge*.

Ein Sinnesorgan besitzt spezialisierte *Rezeptoren*, die **Sinneszellen.** Diese spezialisierten Zellen empfangen Reize. Sie sind jeweils nur für einen bestimmten Reiz empfindlich. So haben auf die Lichtsinneszellen des Auges nur Lichtstrahlen eine Wirkung, nicht aber zum Beispiel Geschmacksstoffe.

Passt der Reiz zu einer Sinneszelle, kann diese ihn aufnehmen. Er muss *adäquat* sein. Schallwellen sind beispielsweise adäquate Reize für die Sinneszellen der Ohren. Geruchsstoffe hingegen werden nur von den Sinneszellen der Nase aufgenommen. Geschmacksstoffe wiederum sind adäquate Reize für die Sinneszellen der Zunge. Die Haut, unser größtes Sinnesorgan, besitzt mehrere verschiedene Sinneszellen und kann deshalb unterschiedliche Reize aufnehmen. Wärme- und Kältesinneszellen in der Haut sind empfindlich für die Temperatur, die Tastsinneszellen hingegen für Druck wie Berührungen.

Die Sinnesorgane des Gleichgewichtssinns liegen im Innenohr. Sie sind zuständig für Reize, die sich je nach Bewegung und Lage des Körpers verändern.

lateinisch aequus = angemessen

lateinisch recipere = empfangen

1 Beschreibe den Unterschied zwischen einem Sinn und einer Sinneszelle!

2 Erkläre, was man unter einem adäquaten Reiz versteht!

WAHRNEHMUNG · Um die aufgenommenen Reize als Informationen aus der Umwelt wahrnehmen zu können, müssen diese verarbeitet werden. Die Sinneszellen wandeln die Reize, für die sie empfindlich sind, in elektrische Signale um. Hierbei wird auch berücksichtigt, welche Eigenschaften und Stärke ein Reiz hat. Bei einem Konzert werden so zum Beispiel verschieden hohe Töne und verschieden laute Musik, die in Form von Schallwellen auf das Ohr treffen, aufgenommen und in ein jeweils anderes Muster von elektrischen Signalen umgewandelt. Diese werden dann als *Erregung* über den Hörnerv zum Gehirn geleitet.

Im Gehirn gibt es spezifische Bereiche, in denen die Nervenbahnen jeweils münden. Jedes Sinnesorgan hat seinen eigenen Weg zu dem für ihn zuständigen Bereich im Gehirn. So werden Lichtreize, die wir mit den Augen aufnehmen, als elektrische Erregung über den Sehnerv zum Sehzentrum im hinteren Bereich des Großhirns weitergeleitet. Dort wird die eingetroffene Erregung verarbeitet, sodass wir Formen, Farben und Bewegungen wahrnehmen.

Für die **Wahrnehmung** der Umwelt müssen also Sinnesorgane, Nerven und Gehirn zusammenarbeiten. Die Sinnesorgane wandeln Reize in Erregung um, die Nerven leiten die Erregung weiter und das Gehirn verarbeitet und speichert sie.

Wenn man ein Lied zum ersten Mal hört, nimmt man Töne wahr, erkennt das Lied aber nicht. Erst beim zweiten Hören kann ein Mensch die bereits einmal gehörte und gespeicherte Melodie wiedererkennen. Wahrnehmen und Erkennen sind Leistungen des Gehirns.

Das Gehirn filtert aus den von den Sinnesorganen kommenden Signalen die weniger wichtigen heraus. Daher nehmen wir immer nur einen Ausschnitt aus unserer Umwelt wahr. Einige Eigenschaften unserer Umwelt können wir gar nicht wahrnehmen. Wir haben zum Beispiel keine Sinnesorgane für Magnetfelder oder UV-Strahlen. Um uns herum sind immer Magnetfelder, wir können sie aber nicht bemerken.

3 Stelle in einem Flussdiagramm den Weg von einem Reiz bis zur Wahrnehmung dar!

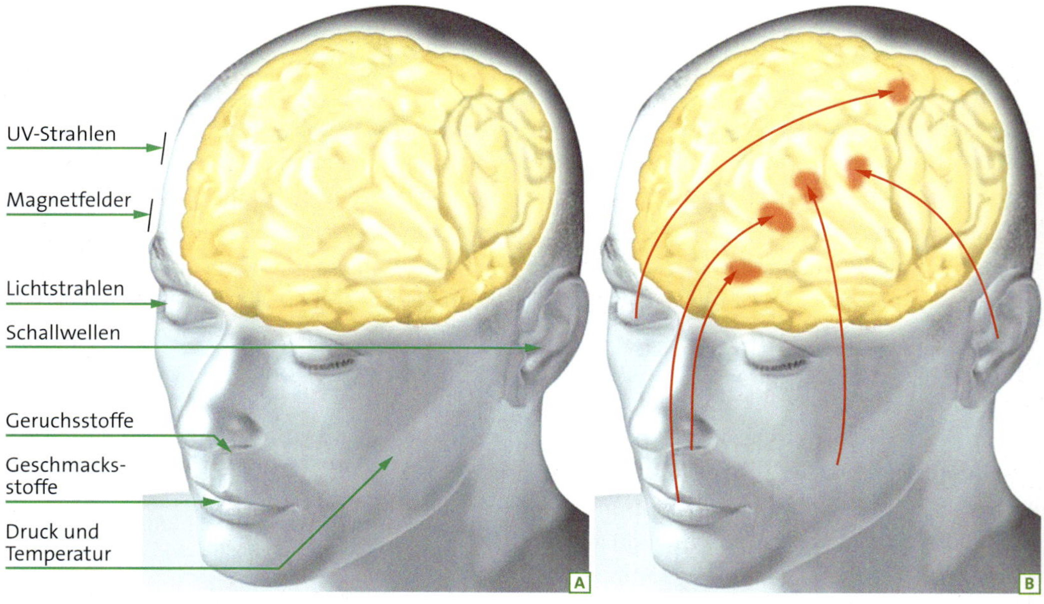

03 Reizaufnahme und Wahrnehmung: **A** Aufnahme und Umwandlung von Reizen in Erregung, **B** Weiterleitung der Erregung und Wahrnehmung

Material A ▸ Reize und Sinnesorgane

A1 Beschreibe die Situation der Personen!

A2 Nenne die Reize, die auf die Personen einwirken!

A3 Begründe, welche Sinnesorgane besonders aktiv sind!

Material B ▸ Wahrnehmung

B1 Erstelle mithilfe der vorgegebenen Begriffe ein Flussdiagramm, das deutlich macht, wie Reize aus der Umwelt wahrgenommen werden!

B2 Ergänze das erstellte Flussdiagramm durch mindestens vier Fachbegriffe!

B3 Beschreibe das Basiskonzept Energieumwandlung bei der Wahrnehmung von Licht!

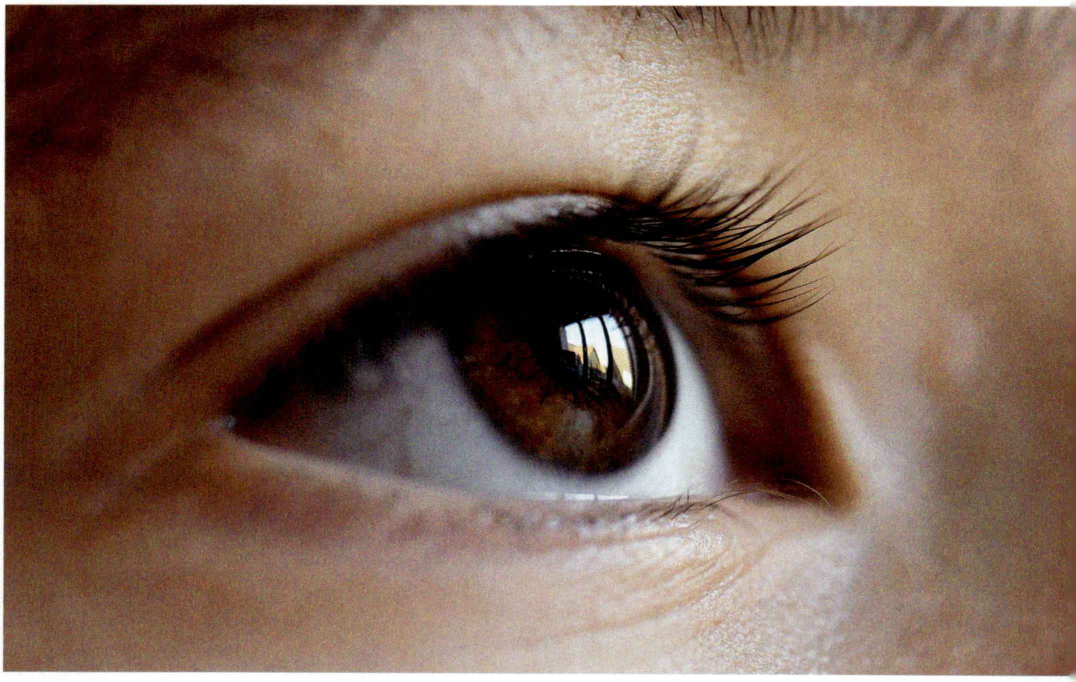

01 Auge

Das Auge

Das Auge dient in erster Linie dem Sehen. Dies ist ein komplexer Prozess, an dem viele Teile des Auges mitwirken. Mithilfe welcher Strukturen kann das Auge diese Aufgabe übernehmen?

SCHUTZ DES AUGES · Das Auge besteht aus empfindlichen Strukturen, die das Sehen ermöglichen. Diese müssen besonders geschützt werden. Über den Augen liegen die **Augenbrauen.** Sie verhindern, dass Schweiß in die Augen fließt. Vor dem Auge befinden sich zwei Hautfalten, das obere und das untere **Augenlid,** an denen die **Wimpern** wachsen. Die Augenlider können sich schließen und Fremdkörper vom Auge fernhalten.
Oberhalb des Auges gibt die **Tränendrüse** Tränenflüssigkeit ab, sodass Staub und andere kleine Fremdkörper durch die Tränenflüssigkeit weggespült werden. Um zu verhindern, dass das Auge durch Schläge oder Stöße beschädigt wird, liegt es in einer knöchernen Augenhöhle, die mit Fettgewebe ausgepolstert ist, sodass Erschütterungen abgefedert werden.

Das Auge muss auch vor zu viel Lichteinfall geschützt werden. Diese Aufgabe wird von der *Regenbogenhaut* oder auch **Iris** übernommen, die Farbstoffe enthält. Die Öffnung in der Mitte der Iris wird **Pupille** genannt.
Außerdem ist das Auge von einer festen Hülle umgeben. Diese **Lederhaut** ist teilweise als weiße Fläche im Auge zu sehen. Sie gibt dem Auge Stabilität. Im Bereich der Iris und der Pupille ist die äußere Hülle als durchsichtige **Hornhaut** ausgebildet.

ADAPTATION · Bei starkem Licht verkleinert die *Iris* die Pupille, sodass der Lichteinfall vermindert wird. Bei schwachem Lichteinfall vergrößert die *Iris* die Pupille, sodass ausreichend Licht für den Sehvorgang in das Auge gelangt. Die Iris besteht aus Muskeln und übernimmt die Aufgabe einer veränderbaren Blende. Sie kann in Abhängigkeit vom Lichteinfall einen Pupillendurchmesser von etwa 1,5 bis 12 Millimetern bewirken. Diese Einstellung der Pupille auf unterschiedliche Lichtverhältnisse wird

Adaptation genannt. Die Größe der Pupille kann man nicht willentlich beeinflussen. Es handelt sich um einen *Reflex*.
Nahe der Pupille liegt ein ringförmiger Muskel. Nach außen schließt sich die Radiärmuskulatur an. Diese Muskeln verlaufen wie die Speichen eines Fahrrads. Verkürzt sich der ringförmige Muskel, wird die Radiärmuskulatur gedehnt und die Pupille wird verengt. Wenn sich die Radiärmuskulatur verkürzt, wird der ringförmige Muskel gedehnt und die Pupille wird größer. Die Muskeln der Iris wirken, wie zum Beispiel die Muskeln des Oberarms, als Gegenspieler.

BILDENTSTEHUNG · Die Pupille funktioniert wie eine *Lochblende*. Wenn Lichtstrahlen durch eine Lochblende fallen, entsteht ein Bild, das auf dem Kopf steht. Die oberen Lichtbündel verlaufen auf dem Weg durch das Loch von oben nach unten und die unteren Lichtbündel verlaufen von unten nach oben.
Um scharfe, helle Bilder zu erzeugen, wird das Licht im Auge durch die Hornhaut und die Linse gebrochen. Die Brechkraft der Hornhaut ist nicht veränderbar. Mithilfe der **Linse** kann das Bild scharf gestellt werden. Die Linse hängt an den **Linsenbändern,** die mit einem **Ringmuskel** verbunden sind.

WEITERE STRUKTUREN DES AUGES · Das Augeninnere ist zum größten Teil mit einer geleeartigen Masse gefüllt. Sie bildet den durchsichtigen **Glaskörper.** Hinter dem Glaskörper liegt die **Netzhaut.** Sie enthält die Lichtsinneszellen, die mit weiteren Nervenzellen verbunden sind. Die Nervenzellen vereinigen sich hinter dem Auge und führen gemeinsam als **Sehnerv** ins Gehirn. Um zu verhindern, dass Licht in verschiedene Richtungen gestreut wird, liegen hinter der Netzhaut Zellen, die viele Farbstoffe oder Pigmente enthalten. Diese Schicht, die uns durch die Pupille betrachtet schwarz erscheint, wird **Pigmentschicht** genannt. Hinter der Pigmentschicht liegt die mit vielen Blutgefäßen durchzogene **Aderhaut.** Sie versorgt die Zellen.

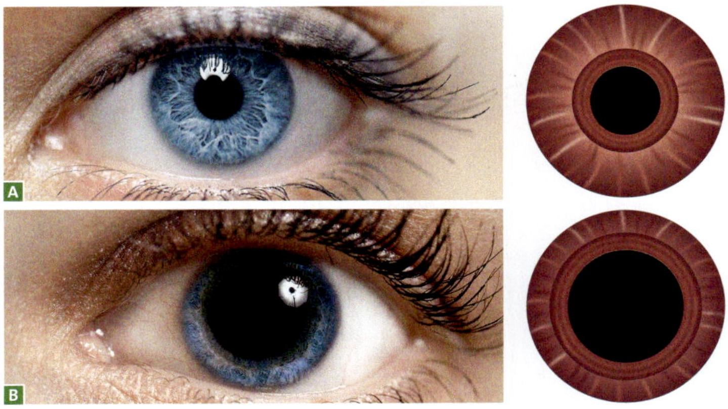

02 Pupille: **A** bei starkem Lichteinfall, **B** bei schwachem Lichteinfall

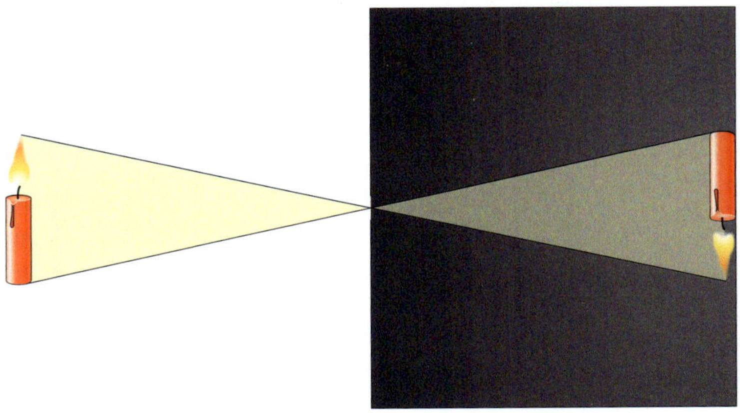

03 Weg der Lichtstrahlen durch eine Lochblende

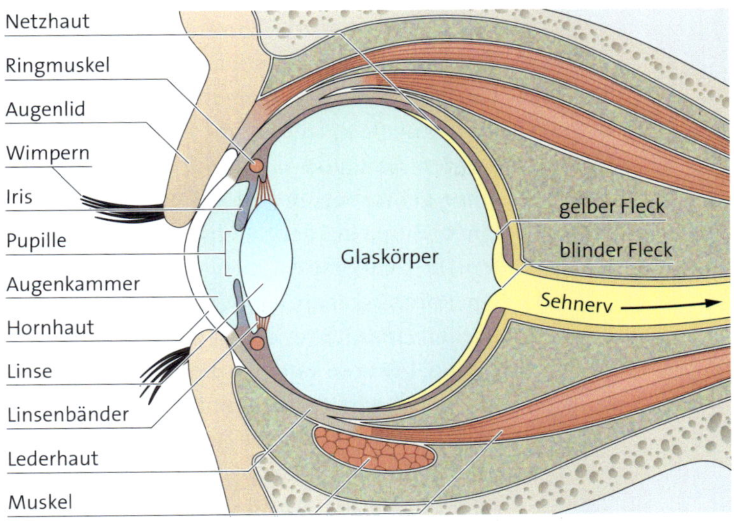

04 Bau des Auges (Längsschnitt)

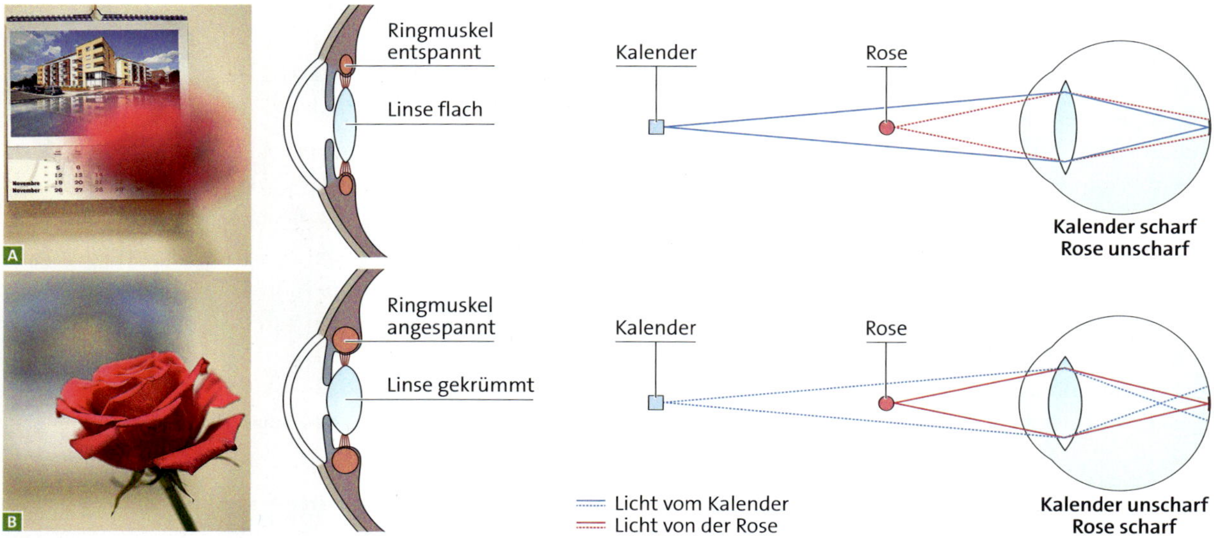

05 Akkommodation:
A Ferneinstellung des Auges,
B Naheinstellung des Auges

AKKOMMODATION · Mithilfe der Linse kann man einen in der Ferne hängenden Kalender und eine nahe gelegene Rose scharf sehen, allerdings nicht gleichzeitig. Damit ein scharfes Bild wahrgenommen werden kann, müssen die Lichtstrahlen, die von einem Punkt eines Gegenstands, zum Beispiel des Kalenders, auch in einem Punkt auf der Netzhaut zusammentreffen.

Um den in der Ferne hängenden Kalender scharf sehen zu können, muss die Brechkraft der Linse gering sein. Indem sich der Ringmuskel entspannt, wird er geweitet. Dadurch wird die Linse über die Linsenbänder abgeflacht. Die Lichtstrahlen, die von einem Punkt des Kalenders ausgehen, treffen auf die Hornhaut. Sie werden dort und durch die flach gezogene Linse gebrochen, sodass die Lichtstrahlen in einem Punkt auf der Netzhaut zusammentreffen. Die Lichtstrahlen, die von der nahe gelegenen Rose ausgehen, würden hingegen bei einer flachen Linse hinter der Netzhaut zusammentreffen. Die Rose kann bei dieser Linseneinstellung nicht scharf wahrgenommen werden.

Wird die nahe gelegene Rose scharf gesehen, ist der Ringmuskel angespannt und zieht die Aderhaut nach vorne. Die Linsenbänder sind schlaff und die Linse wird durch ihre Eigenelastizität kugelförmig. Dadurch wird die Brechkraft der Linse erhöht. Bei dieser Linsenform fällt das Licht, das von einem Punkt der nahe gelegenen Rose ausgeht, in einem Punkt auf der Netzhaut zusammen. Licht vom weiter entfernten Kalender trifft bei dieser Linseneinstellung vor der Netzhaut zusammen, sodass der Kalender nur unscharf wahrgenommen werden kann. Das Zusammenspiel des Ringmuskels und der Eigenelastizität der Linse funktioniert nach dem Gegenspielerprinzip. Wir sehen einen Gegenstand also nur dann scharf, wenn das von ihm ausgehende Licht genau auf der Netzhaut zusammentrifft. Das Einstellen der Linse auf nahe oder ferne Gegenstände nennt man *Akkommodation*.

Wenn man einen Gegenstand immer näher an das Auge heranführt, wird er ab einer Entfernung von 7 bis 12 Zentimetern unscharf. Dies ist damit zu erklären, dass die größtmögliche Brechkraft erreicht ist. Eine stärkere Akkommodation ist nicht möglich. Die geringste Entfernung, bei der ein Gegenstand noch scharf wahrgenommen wird, ist der **Nahpunkt.**

1 Fertige eine Tabelle an, in der du alle Strukturen des Auges und ihre jeweiligen Funktionen benennst!

VERSUCH A ▸ Präparation eines Schweineauges

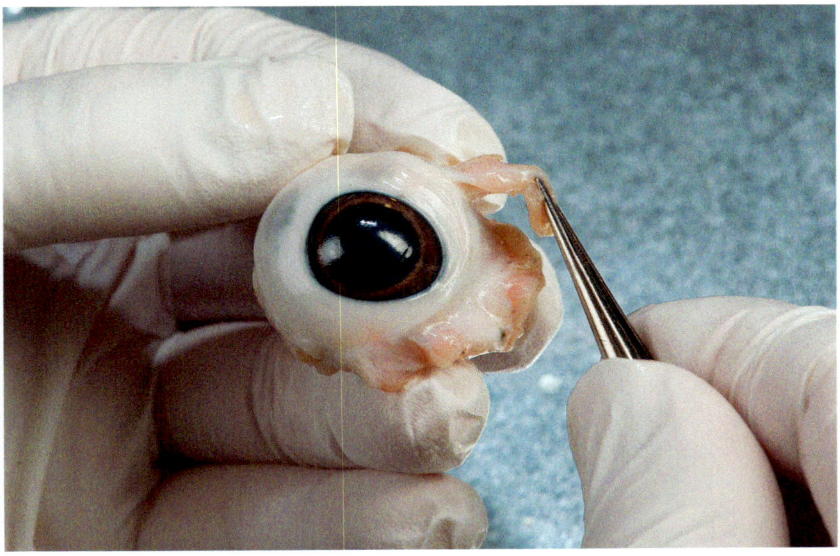

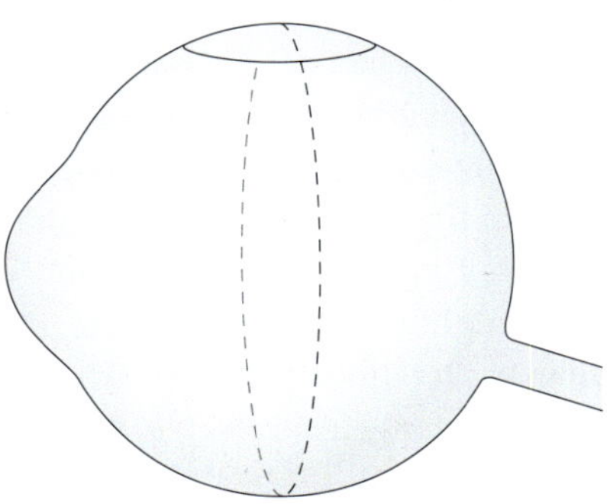

Anhand einer Präparation können Struktur und Funktion des Auges besonders gut untersucht werden.

Material:
Schweineaugen, Präparierschale (Petrischale), Schere, Zeitungspapier, eventuell Einweghandschuhe

Durchführung:

Schritt 1:

Lege das Auge in die Präparierschale. Entferne zunächst mit einer spitzen Schere die Bindegewebsreste und die Muskelreste.

Schritt 2:

Ritze an der Oberseite des Auges ein kleines Loch in die Lederhaut, sodass du die Schere ansetzen kannst. Trenne dann die vordere und hintere Augenhälfte durch einen flachen Ringschnitt voneinander. Versuche dabei den Glaskörper nicht zu zerstören. Klappe das Auge auseinander.

Schritt 3:

Präpariere die Linse, die Iris und die Linsenbänder heraus.

A1 Betrachte das Auge von außen! Benenne und beschreibe die erkennbaren Strukturen!

A2 Beschreibe die Struktur der Lederhaut und des Glaskörpers!

A3 Beschreibe die beiden Augenhälften und benenne die erkennbaren Strukturen!

A4 Lege die Linse auf Zeitungspapier und beschreibe, was du siehst!

01 Ein Torwart hält einen Ball

Wie wir sehen

Als Torwart ist es besonders wichtig, zu verhindern, dass der Fußball im Tor landet. Wenn der Ball in Richtung des Torwarts fliegt, fixiert dieser den Ball und sofort greifen seine Hände danach. Welche Vorgänge spielen sich in diesem kurzen Augenblick in seinem Körper ab? Welche Aufgabe übernehmen die Augen dabei?

VOM REIZ ZUR REAKTION · Es ist für uns selbstverständlich, dass wir mithilfe unserer Augen sehen können. Wenn es jedoch sehr dunkel ist, müssen wir zum Beispiel eine Lampe einschalten. Auch der Fußballspieler kann den Ball nur bei Licht sehen.

Das Licht der Sonne wird von dem heranfliegenden Fußball zum Teil reflektiert. Die reflektierten Lichtstrahlen gelangen durch die Hornhaut, die Linse und den Glaskörper schließlich auf die *Netzhaut*.

Fertigt man ein mikroskopisches Präparat der Netzhaut an und betrachtet dieses unter einem Lichtmikroskop, kann man mehrere Schichten erkennen. Hierbei wechseln sich hellere und stärker gefärbte Schichten ab. Am Rand der lichtabgewandten Seite erkennt man die unregelmäßig gefärbte Aderhaut und die dunkle Pigmentschicht. An diese schließen sich je eine Schicht von **Lichtsinneszellen, Schaltzellen** und **Nervenzellen** an.

Trifft das reflektierte Licht des Fußballs auf die Lichtsinneszellen, wird es von diesen in elektrische Impulse umgewandelt. Die elektrischen Impulse werden über die Schaltzellen an die Nervenzellen weitergeleitet. Die Nervenzellen haben besonders lange Nervenfortsätze, die sich zum **Sehnerv** vereinigen. Über verschiedene Nervenzellen gelangen die elektrischen Impulse ins Gehirn.

Im Gehirn werden diese Impulse verarbeitet und erst hier entsteht zum Beispiel der Sinneseindruck eines heranfliegenden Balles.
Die Information, dass ein Ball heranfliegt, wird wiederum im Gehirn verarbeitet. Das Gehirn leitet elektrische Impulse an die Arme und Hände, sodass sich diese ausstrecken und den Ball fangen.

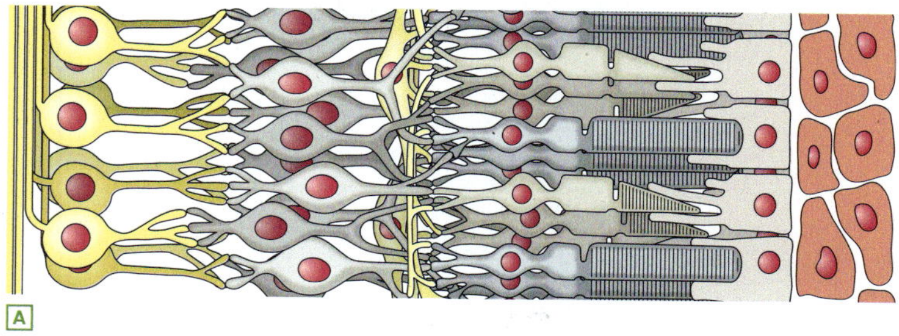

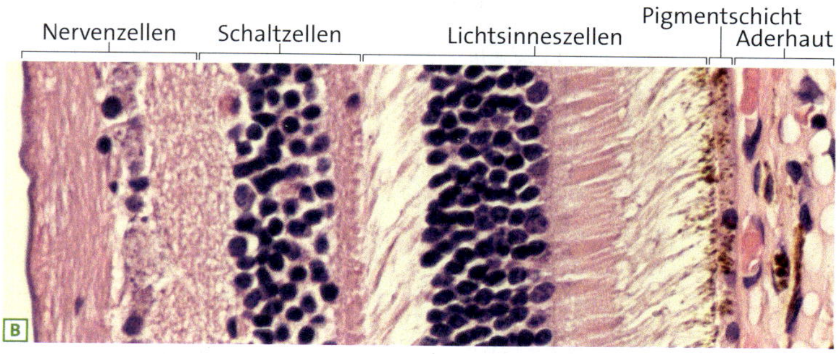

02 Netzhaut: **A** schematisch, **B** lichtmikroskopische Aufnahme

FEINBAU DER NETZHAUT · Man unterscheidet zwei Arten von Lichtsinneszellen: **Stäbchen** und **Zapfen.** Die Stäbchen werden bei geringer Lichtintensität gereizt, sind also sehr lichtempfindlich. Sie ermöglichen das Sehen in der Dämmerung und das Hell-Dunkel-Sehen. Erst die Reizung der Zapfen ermöglicht das Farbensehen. Zapfen sind etwa hundertfach lichtunempfindlicher als Stäbchen. Im menschlichen Auge sind drei verschiedene Arten von Zapfen zu finden, die besonders durch Licht einer bestimmten Farbe beziehungsweise Wellenlänge gereizt werden: blauempfindliche, grünempfindliche und rotempfindliche Zapfen.

Stäbchen und Zapfen sind in der Netzhaut nicht gleichmäßig verteilt. Betrachtet ein Augenarzt die Netzhaut durch die Pupille, erkennt er etwas oberhalb der Mitte eine gelbliche Stelle, den **gelben Fleck.** In diesem Bereich sind nur Zapfen zu finden. Jeder dieser Zapfen ist über eine Schaltzelle jeweils mit einer einzigen Nervenzelle verbunden, sodass durch Reizung der Zapfen im gelben Fleck die größte Sehschärfe erreicht wird. Am Rand der Netzhaut sind hauptsächlich Stäbchen zu finden, sodass mithilfe dieser Bereiche auch bei geringer Beleuchtungsstärke zum Beispiel Bewegungen wahrgenommen werden können. In den Randbereichen der Netzhaut sind mehrere Lichtsinneszellen mit einer Schaltzelle verbunden, sodass Bilder, die hier entstehen, im Gehirn als unscharf wahrgenommen werden.
Die Nervenfasern der Nervenzellen vereinigen sich zum Sehnerv. Dieser verläuft durch die Netzhaut. An der Stelle, an der er die Netzhaut verlässt, gibt es keine Lichtsinneszellen. Lichtstrahlen, die auf diese Stelle treffen, können somit nicht in elektrische Impulse umgewandelt werden und ein Sinneseindruck ist nicht möglich. Aus diesem Grund wird diese Stelle auch als **blinder Fleck** bezeichnet.

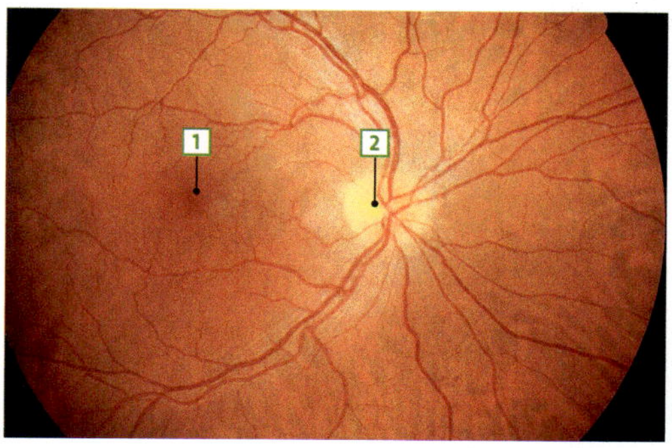

03 Aufsicht Netzhaut:
1 gelber Fleck
2 blinder Fleck

1 In der Dämmerung kann man kaum Farben, sondern nur Graustufen erkennen. Erkläre!

2 Erstelle ein Flussdiagramm des Sehvorgangs! Beginne bei dem vom Ball ausgehenden Licht und ende beim Fangen des Balles!

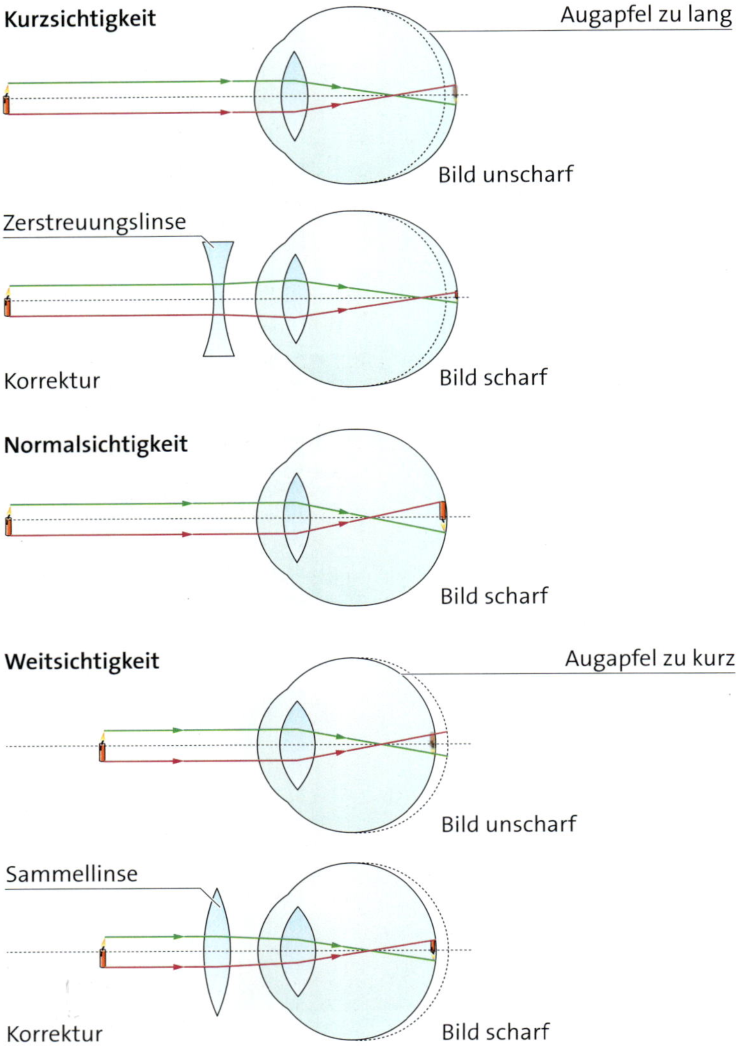

04 Fehlsichtigkeiten

KURZSICHTIGKEIT · Viele Menschen können nur mit einer Brille scharf sehen. Werden weit entfernte Gegenstände nur noch unscharf und nahe gelegene Gegenstände scharf erkannt, liegt eine *Kurzsichtigkeit* vor. In diesem Fall ist der Augapfel zu lang. Werden weit entfernte Gegenstände fixiert, findet *Fernakkommodation* statt und die Linse wird flacher gezogen, um die Brechkraft der Linse zu verringern. In einem kurzsichtigen Auge ist die Brechkraft der Linse trotz vollständiger Abflachung zu groß, um ein scharfes Bild auf der Netzhaut zu erzeugen.
Um diese Fehlsichtigkeit auszugleichen, ist es notwendig, die Lichtstrahlen, die von einem weit entfernten Gegenstand ausgehen, zu streuen, sodass die zu große Brechkraft der Linse ausgeglichen wird. Dies wird durch sogenannte **Streuungslinsen** erreicht.

WEITSICHTIGKEIT · Auch bei einem zu kurzen Augapfel kommt es zu Fehlsichtigkeiten. Werden nahe gelegene Gegenstände betrachtet, können diese nicht scharf wahrgenommen werden. Weit entfernte Gegenstände werden scharf wahrgenommen. Aus diesem Grund wird diese Fehlsichtigkeit als *Weitsichtigkeit* bezeichnet. Um nahe gelegene Gegenstände scharf wahrnehmen zu können, ist es notwendig, dass die Linsenbänder erschlaffen und die Linse durch ihre Eigenelastizität eine stärker gewölbte Gestalt annimmt. Bei einem zu kurzen Augapfel reicht die Brechkraft der gewölbten Linse nicht aus, um ein scharfes Bild auf der Netzhaut zu erzeugen.
Um diese Fehlsichtigkeit auszugleichen, müssen die von einem nahe gelegenen Gegenstand ausgehenden Lichtstrahlen stärker gebrochen werden. Die zu geringe Brechkraft wird durch **Sammellinsen** ausgeglichen.

ALTERSWEITSICHTIGKEIT · Besonders bei vielen älteren Menschen ist zu beobachten, dass sie Zeitungen oder Bücher zum Lesen weit von den Augen weghalten. Diese Menschen leiden an *Altersweitsichtigkeit*. Im Alter lässt die Eigenelastizität der Linse nach. Auch wenn die Linsenbänder vollständig erschlafft sind, kann sich die Linse nicht mehr ausreichend wölben, um eine ausreichend starke *Nahakkommodation* zu erreichen.
Auch diese Form der Weitsichtigkeit wird mit Sammellinsen, meistens in Form von Lesebrillen, ausgeglichen.

3 Beschreibe, an welcher Stelle innerhalb des Auges ein scharfes Bild bei einem kurzsichtigen beziehungsweise weitsichtigen Menschen entsteht!

Material A ▸ Sehschärfe

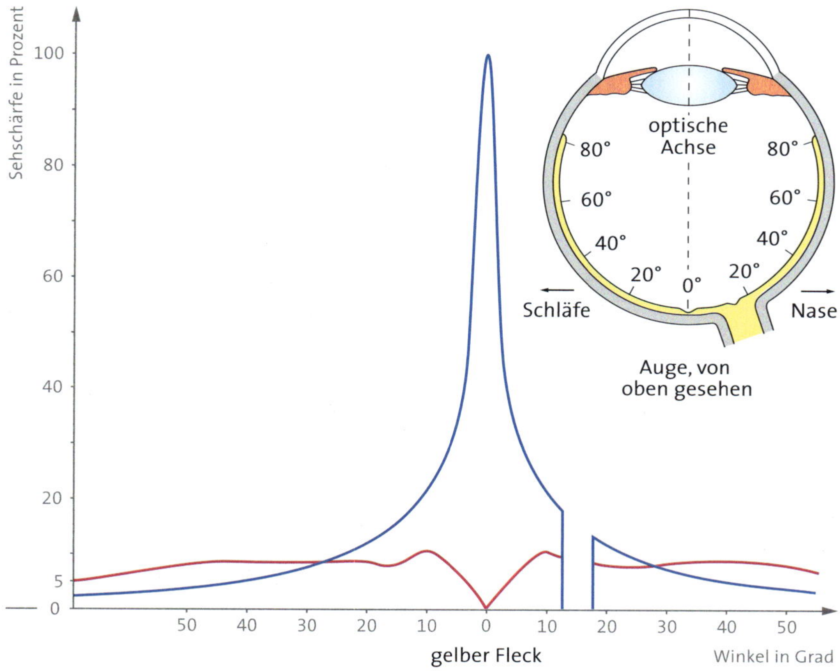

Die Sehschärfe des menschlichen Auges ist nicht in allen Bereichen der Netzhaut gleich. Die Sehschärfe am Tag ist durch die blaue Linie dargestellt. Die Sehschärfe bei Dämmerung ist durch die rote Linie dargestellt.

A1 Vergleiche die Sehschärfe in den verschiedenen Bereichen der Netzhaut am Tag und in der Dämmerung, indem du die Kurven beschreibst!

A2 Erkläre den Verlauf der Kurven! Gehe dabei auch auf die Verteilung der Lichtsinneszellen in der Netzhaut ein!

A3 Wenn du nachts einen schwach leuchtenden Stern mit beiden Augen fixieren möchtest, verschwindet er. Schaust du jedoch etwas neben den Stern, kannst du ihn wieder erkennen. Erkläre dieses Phänomen!

Material B ▸ Reizung von Lichtsinneszellen

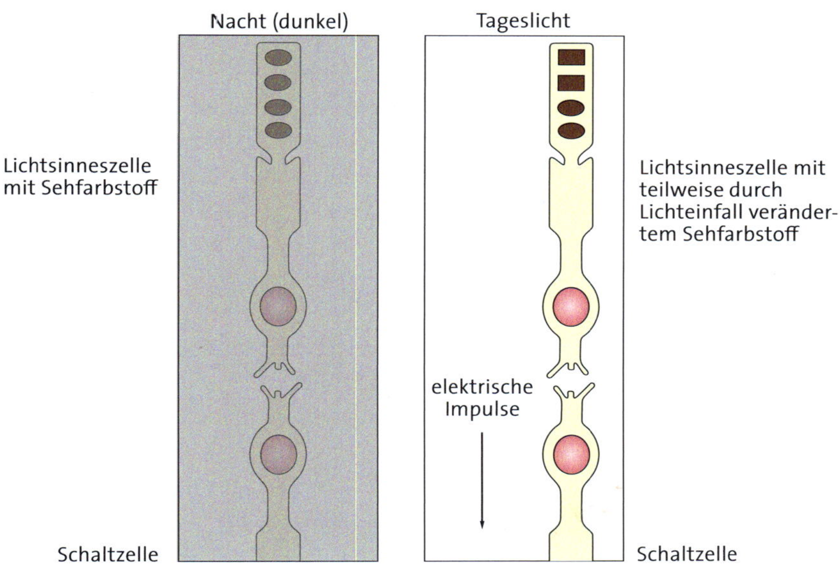

B1 Erläutere die Wirkung des Lichteinfalls auf die Lichtsinneszellen, indem du die beiden Abbildungen miteinander vergleichst!

B2 Stelle eine Hypothese auf, warum man morgens, wenn man die Augen aufschlägt, häufig stark geblendet ist!

B3 Skizziere den Zustand einer Lichtsinneszelle mit Sehfarbstoff, kurz nachdem man die Augen am Morgen aufgeschlagen hat!

01 Fernsehen mit dem Tablet

Sehen – mit Augen und Gehirn

Auf dem Display eines Tablets können bei der Betrachtung eines Fußballspiels Bilder und Bewegungen in sehr vielen verschiedenen Farbtönen gesehen werden. Wie lässt sich erklären, dass wir farbige Bilder und Bewegungen wahrnehmen können?

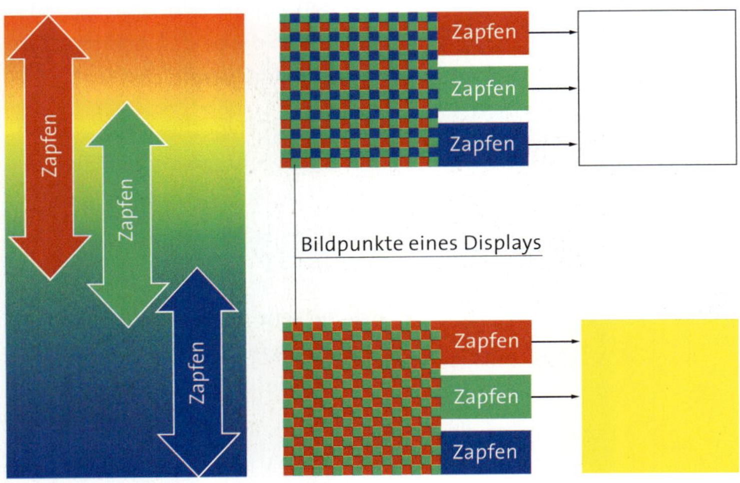

02 Farbwahrnehmung

FARBWAHRNEHMUNG · Farbige Bilder eines Displays setzen sich aus vielen verschiedenen Farbpunkten zusammen. Trifft dieses Licht auf unsere Augen, dann handelt es sich in der Regel um eine Mischung von verschiedenen Wellenlängen des Lichts.

Für das Farbsehen sind drei verschiedene Zapfentypen verantwortlich. Jeder der drei Zapfentypen ist für einen anderen Wellenlängenbereich empfindlich. Trifft rotes, grünes und blaues Licht gemeinsam auf einen Bereich der Netzhaut, dann werden alle drei Zapfentypen gereizt. Die Erregungen dieser Sinneszellen werden über den Sehnerv zum Gehirn weitergeleitet und dort verarbeitet. Dadurch wird das einfallende Licht als Weiß wahrgenommen. Trifft ausschließlich rotes und grünes Licht auf die Netzhaut, werden blauempfindliche Zapfen nicht erregt. Die Farbe Gelb wird wahrgenommen. Da die Erregung von Licht unterschiedlicher Wellenlänge verrechnet wird, spricht man auch von additiver Farbmischung.

Die additive Farbmischung macht die Wahrnehmung vieler verschiedener Farbtöne möglich.

RÄUMLICHES SEHEN · Fixiert man einen Gegenstand, zum Beispiel einen Pokal, einmal mit dem rechten und einmal mit dem linken Auge, so ergeben sich zwei leicht unterschiedliche Bilder des Pokals. Betrachtet man ihn jedoch mit beiden Augen, so verrechnet das Gehirn beide Informationen zu einem einzigen einheitlichen Bild.
Wenn der Betrachter die vorderen Bereiche des Pokals von den hinten liegenden Bereichen unterscheiden kann, dann wird der Pokal als dreidimensionaler Gegenstand wahrgenommen. Ist er zusätzlich in der Lage, seine Entfernung von ihm aus abzuschätzen, so ist auch eine dreidimensionale Wahrnehmung des Raums möglich. Man spricht daher vom räumlichen Sehen. Wenn beide Augen Informationen an das Gehirn liefern, ist die Messung von Entfernungen und damit räumliches Sehen am besten möglich. Mit nur einem Auge ist das räumliche Sehen stark eingeschränkt.

BEWEGUNGEN · Die schnellen Bewegungen eines Torhüters und des Balls bei einem Torschuss können wir als fließende Bewegungen auf dem Display eines Smartphones wahrnehmen. Wie ist das möglich?
Werden weniger als 16 Bilder innerhalb einer Sekunde auf dem Display gezeigt, dann nimmt der Mensch diese Bilder jeweils als ein Einzelbild wahr. Bei mehr als 16 Bildern pro Sekunde kann der Mensch die Einzelbilder nicht mehr einzeln wahrnehmen. Dadurch entsteht der Eindruck, dass die Bilder sich bewegen. Man spricht daher von bewegten Bildern. Sie setzen sich also aus einer schnellen Abfolge von vielen Einzelbildern zusammen. Das Gehirn nimmt die Einzelbilder dann als fließende Bewegung wahr. Die Wahrnehmung von Bewegungen und farbigen Bildern sowie das räumliche Sehen ist nur möglich, wenn die von den Augen aufgenommenen Informationen im Gehirn verarbeitet werden. Wir können nur sehen, wenn die Augen und das Gehirn zusammenarbeiten.

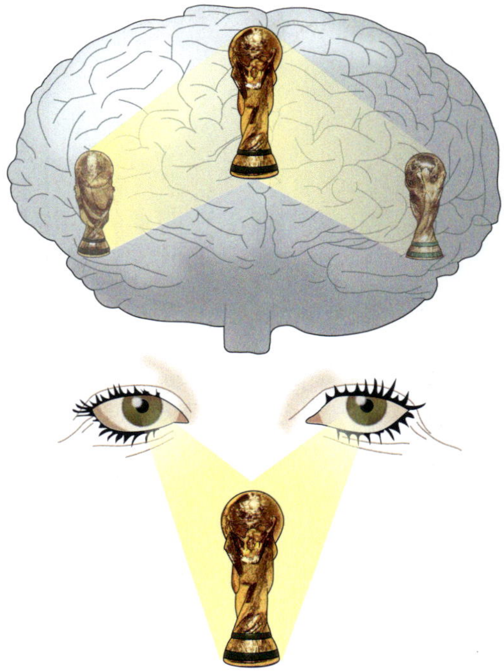

03 Räumliches Sehen

1 Beschreibe die Vorgänge bei einer additiven Farbmischung!

2 Beschreibe, was man unter dem räumlichen Sehen versteht!

04 Bewegungen

A

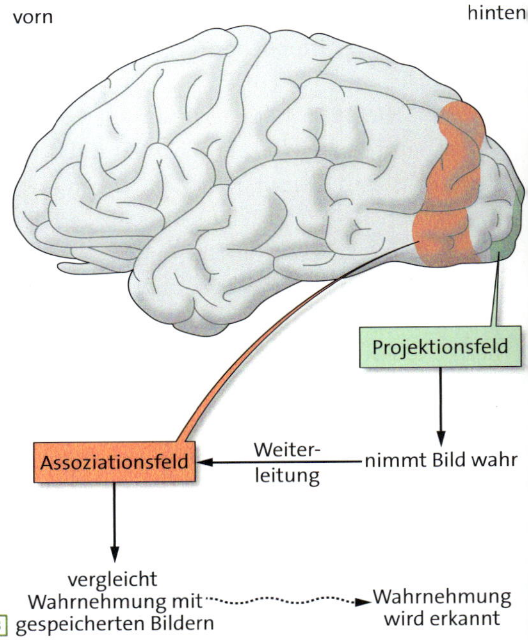

B

05 Wahrnehmung:
A unmögliche Anordnung von Würfeln,
B Projektionsfeld und Assoziationsfeld des Sehens

WAHRNEHMUNG · Würfel können aufeinander oder nebeneinander gelegt werden. In einer Zeichnung kann man Würfel so anordnen, dass der Eindruck erweckt wird, einige würden in der Luft schweben. Es entsteht das Bild eines *unmöglichen Objekts*. Die Art der Linienführung bei der Zeichnung eines solchen dreidimensionalen Objekts auf einer zweidimensionalen Fläche führt dazu, dass das Gehirn angeregt wird, das Objekt räumlich wahrzunehmen.

Die von den Augen aufgenommenen Informationen werden über den Sehnerv in einen speziellen Bereich des Gehirns weitergeleitet. Er ist für die Verrechnung dieser Informationen und das Erstellen eines Bilds verantwortlich. Dieses **Projektionsfeld des Sehens** befindet sich im hinteren Bereich des Großhirns. Hier wird das Bild wahrgenommen.

Die im Projektionsfeld des Sehens erstellten Eindrücke und Bilder werden dann mit bereits im Gehirn gespeicherten Erfahrungen und Bildern verglichen. Diese gespeicherten Informationen befinden sich in einem anderen spezialisierten Bereich des Großhirns, dem **Assoziationsfeld des Sehens.** Wird ein Bild im Projektionsfeld wahrgenommen und stimmt es mit einer gespeicherten Information im Assoziationsfeld überein, dann wird dieses Bild erkannt. Die Wahrnehmung und die Erkennung eines Bilds finden also in zwei verschiedenen Bereichen des Gehirns statt.

Vergleicht man das wahrgenommene Bild der unmöglichen Anordnung von Würfeln mit den Erfahrungen, dass Würfel nur nebeneinander oder aufeinander gelegt werden können, so gibt es keine eindeutige Übereinstimmung beim Abgleich der Informationen. Es kommt zu irreführenden oder falschen Ergebnissen des Verarbeitungsprozesses zwischen dem Projektionsfeld und dem Assoziationsfeld des Sehens im Großhirn. Eine solche Anordnung von Linien und Flächen in räumlichen Bildern scheint nicht möglich zu sein. Der Eindruck eines unmöglichen Objekts entsteht. Solche und ähnliche Phänomene, bei denen im Gehirn falsche, irreführende oder nicht eindeutige Sehwahrnehmungen entstehen, fasst man als **optische Täuschungen** zusammen.

3 Nenne die Aufgaben des Assoziationsfelds!

Material A ▸ Farbwahrnehmung

Die Farben in einem Malkasten nehmen wir unterschiedlich wahr, da jede Farbe einen Teil des Lichtspektrums absorbiert und einen anderen Teil reflektiert. So reflektiert die rote Farbe hauptsächlich rotes Licht, während die grüne Farbe hauptsächlich grünes Licht reflektiert. Der Rest des Lichtspektrums wird jeweils absorbiert. Mischt man Rot mit Grün, so reflektiert die Mischfarbe weniger Licht als die Einzelfarben, gleichzeitig werden mehr Teile des Lichtspektrums absorbiert als jeweils bei den einzelnen Farben. Die Mischfarbe nehmen wir deshalb dunkler wahr als die Einzelfarben. Es werden Wellenlängen des Lichts herausgefiltert. Dies gilt allgemein, wenn man zwei Farben mischt. Man nennt dies **subtraktive Farbmischung.** Diese Farbmischung erfolgt, bevor die Lichtreize auf die Netzhaut eines Auges auftreffen.

A1 Beschreibe die subtraktive Farbmischung am Beispiel der Farben Gelb und Blau!

A2 Beschreibe mithilfe der Vorgänge bei der additiven Farbmischung, wie es zur Wahrnehmung der Farbe Gelb auf einem Display kommt!

A3 Beschreibe Unterschiede zwischen der subtraktiven und der additiven Farbmischung!

Material B ▸ Farbsehvermögen

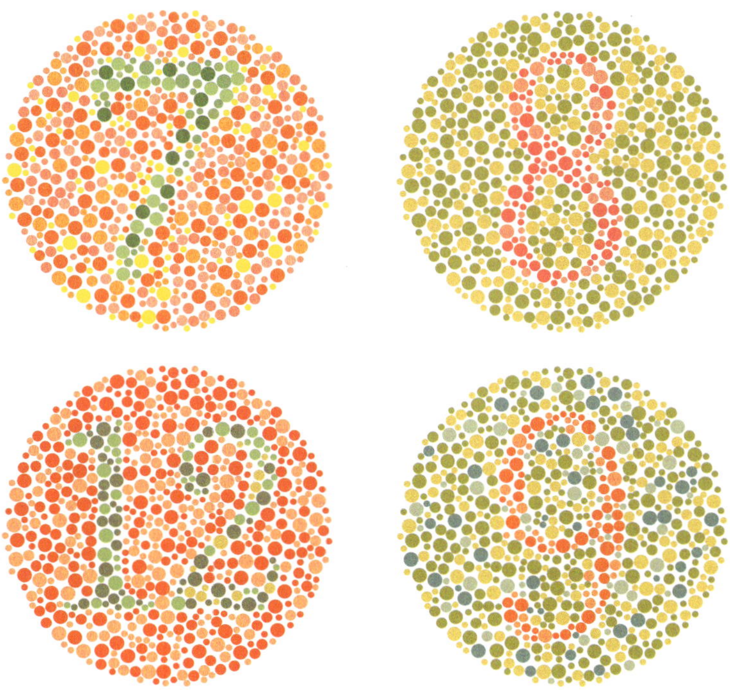

Eine Störung des Farbsehvermögens ist die Rot-Grün-Schwäche. Sie kann mithilfe spezieller Testbilder herausgefunden werden.

B1 Beschreibe die Gemeinsamkeiten der vier Testbilder!

B2 Stelle Vermutungen an, weshalb mithilfe dieser Testbilder eine Rot-Grün-Schwäche erkannt werden kann!

B3 Stelle Vermutungen an, welche Bedeutung die unterschiedliche Farbintensität der Farbabbildungen haben könnte!

B4 Beschreibe das Basiskonzept Energieumwandlung bei der Wahrnehmung von Licht!

VERSUCH C ▸ Augen und Gehirn

Material: Abbildung

gelb rot violett schwarz orange grün gelb
blau gelb rot grün gelb schwarz orange lila
grün rot weiß pink orange schwarz weiß
gelb blau gelb grün schwarz violett pink
rosa blau gelb orange weiß schwarz

Durchführung:
Die Farben der Wörter werden von einer Person zügig nacheinander aufgesagt. Eine zweite Person dokumentiert die Anzahl der Fehler. In einem zweiten Durchlauf werden die Aufgaben getauscht.

C1 Beschreibe die Erfahrungen bei der Durchführung des Versuchs!

C2 Vergleiche die beiden Ergebnisse miteinander!

C3 Interpretiere die Ergebnisse!

VERSUCH D ▸ Sehen mit zwei Augen

Material: Papierblatt DIN A4

Durchführung:

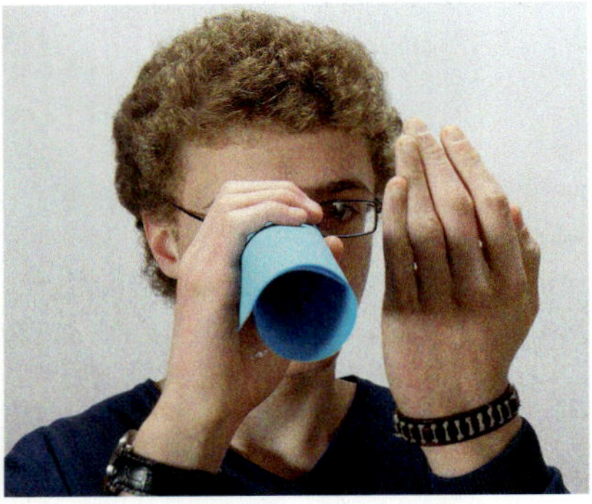

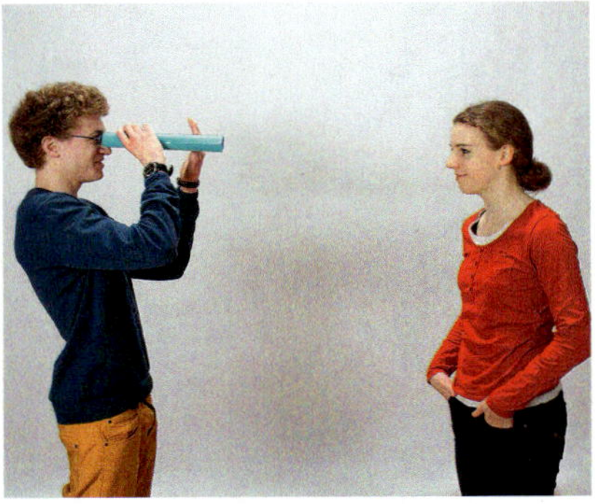

Rolle das Blatt Papier zu einer Röhre und halte sie mit der rechten Hand vor das rechte Auge. Schaue mit dem rechten Auge durch die Röhre, ohne das linke Auge zu schließen. Betrachte nun eine etwa zwei Meter entfernte Person. Führe dann die linke, flache Hand von links neben das letzte Drittel der Papierröhre.

D1 Beschreibe deine Beobachtungen!

D2 Stelle Vermutungen an, wie das Versuchsergebnis zustande kommt!

VERSUCH E ▸ Sehen mit einem Auge

Material: Abbildung

Durchführung:
Halte das rechte Auge mit einer Hand zu und schaue in einer Entfernung von etwa 30 Zentimetern mit dem linken Auge auf den schwarzen Kreis. Nähere dich immer weiter der Abbildung und fixiere weiterhin den Kreis.

E1 Beschreibe deine Beobachtungen bei der Wahrnehmung des Sterns!

E2 Erkläre deine Beobachtungen!

Material F ▸ Wahrnehmung und Erkennung

A

B

C

F1 Beschreibe jeweils die Wahrnehmungen bei der Betrachtung der Bilder!

F2 Erläutere die Vorgänge im Gehirn bei der Erkennung der Bilder!

F3 Erkläre mithilfe einer Abbildung den Unterschied zwischen Wahrnehmung und Erkennung!

Material G ▸ Optische Phänomene

A

B

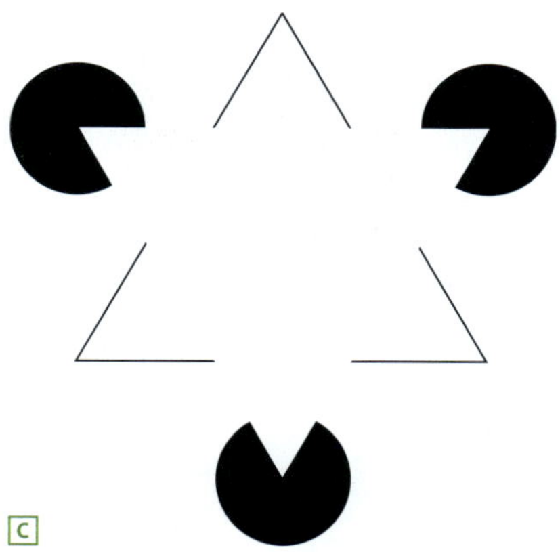
C

G1 Beschreibe die Wahrnehmung bei der Betrachtung der Abbildung A!

G2 Überprüfe deine Wahrnehmung mithilfe eines Lineals!

G3 Beschreibe die Wahrnehmung bei der Betrachtung der Abbildung B!

G4 Drehe das Buch um 180 Grad und beschreibe die Wahrnehmung der Abbildung B erneut!

G5 Beschreibe die Abbildung C!

G6 Beschreibe die Wahrnehmung bei der Betrachtung der Abbildung C!

G7 Stelle Vermutungen an, welche Rolle das Gehirn bei der Wahrnehmung aller drei Phänomene spielt!

01 Geflüster

Das Ohr

Wenn jemand spricht, hören wir Geräusche. Dazu benötigen wir unsere Ohren. Doch wie gelingt es uns, mithilfe der Ohren Geräusche wahrzunehmen, und wie hören wir?

SCHALLWEITERLEITUNG · Wir sind alltäglich von vielen Geräuschquellen, wie etwa einem Telefon, einem Musikinstrument oder auch sprechenden Menschen umgeben. All diese Geräuschquellen erzeugen Schwingungen in der Luft. Man kann diese Schwingungen spüren, wenn man beispielsweise auf die Trommel eines Schlagzeugs schlägt oder die Saite einer Gitarre anzupft und anschließend die Hand darauf legt. Diese Schwingungen nennt man **Schallwellen.** Sie breiten sich in der Luft, aber auch in anderen Medien, wie Wasser, aus und gelangen so zu unserem Ohr.

Auch über unseren Schädelknochen wird Schall übertragen, was für das Hören der eigenen Stimme von Bedeutung ist. Da das Knochenmaterial die Schwingungen anders leitet als die Luft, klingt die eigene Stimme für uns selbst anders als für unsere Mitmenschen.

Schallwellen sind für unser Sinnesorgan Ohr der passende, das heißt der **adäquate Reiz.** Der Schall trifft auf unser **Außenohr** mit der trichterförmigen *Ohrmuschel.* Hier werden die Schallwellen gebündelt und durch den *Gehörgang* zum *Trommelfell* weitergeleitet. Das Trommelfell ist eine sehr dünne, straff gespannte, etwa 60 Quadratmillimeter große Membran, welche durch die Schallwellen ebenfalls in Schwingungen versetzt wird. Hinter dem Trommelfell liegt das **Mittelohr** mit den drei *Gehörknöchelchen Hammer, Amboss* und *Steigbügel.* Sie erhielten diese Namen entsprechend ihrer Form. Untereinander sind die drei Gehörknöchelchen eng verbunden, das Trommelfell ist mit dem ersten Gehörknöchelchen verwachsen. Die Knöchelchen übertragen die Schwingungen des Trommelfells auf eine weitere elastische, etwa 3,5 Quadratmillimeter große Membran,

02 Gehörknöchelchen in Originalgröße

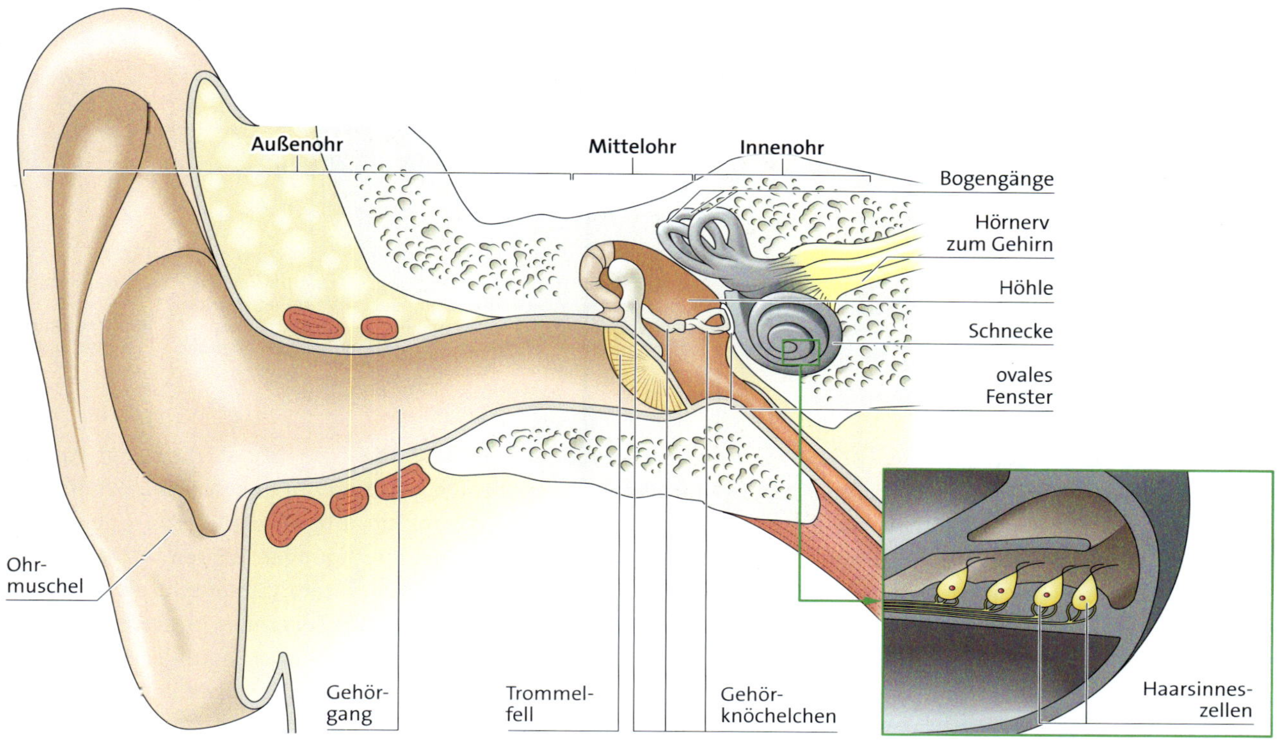

03 Bau des Ohres (Längsschnitt)

das *ovale Fenster*. Diese Membran bildet die Grenze des luftgefüllten Mittelohrs zum flüssigkeitsgefüllten **Innenohr.** Die Weiterleitung des Schalls über die Gehörknöchelchen stellt eine Angepasstheit dar, die verhindert, dass ein Großteil der Schallwellen beim Übergang von Luft zu Flüssigkeit reflektiert wird und es so zu einem sehr leisen Höreindruck käme. Die besondere Anordnung der Gehörknöchelchen führt sogar zu einer Verstärkung des Reizes.

SCHALLUMWANDLUNG · Das Innenohr besteht aus einem kompliziert gebauten Gangsystem, das mit Flüssigkeit gefüllt ist. Ein Teil dessen ist die *Schnecke*, die die **Hörsinneszellen** enthält. Die Hörsinneszellen besitzen am oberen Ende des Zellkörpers haarähnliche Strukturen, weshalb sie auch *Haarsinneszellen* genannt werden. Treten am ovalen Fenster Schwingungen auf, erzeugen diese entsprechende Bewegungen der Flüssigkeit in der Schnecke. Dies führt dazu, dass Haare der Hörsinneszellen gebogen werden. Dieser Bewegungsreiz kann nun in einen elektrischen Impuls umgewandelt werden, welcher über den *Hörnerv* zum Gehirn geleitet und dort verarbeitet wird. Diese Umwandlung von Reizen in Nervensignale ist die Funktion jeder Sinneszelle. Das Ohr dient der Aufnahme, Weiterleitung und Umwandlung von Schallwellen. Das eigentliche Hörerlebnis findet jedoch im Gehirn statt. Ton, Klang, Geräusch und Lautstärke entstehen als unsere Empfindungen im Gehirn.

1 Erstelle eine Tabelle, in der du die einzelnen Strukturen von Außenohr, Mittelohr und Innenohr beschreibst und den Funktionen gegenüberstellst!

2 Stelle den Vorgang von der Schwingung einer Gitarrensaite bis zur Wahrnehmung im Gehirn in Form eines Flussdiagramms dar!

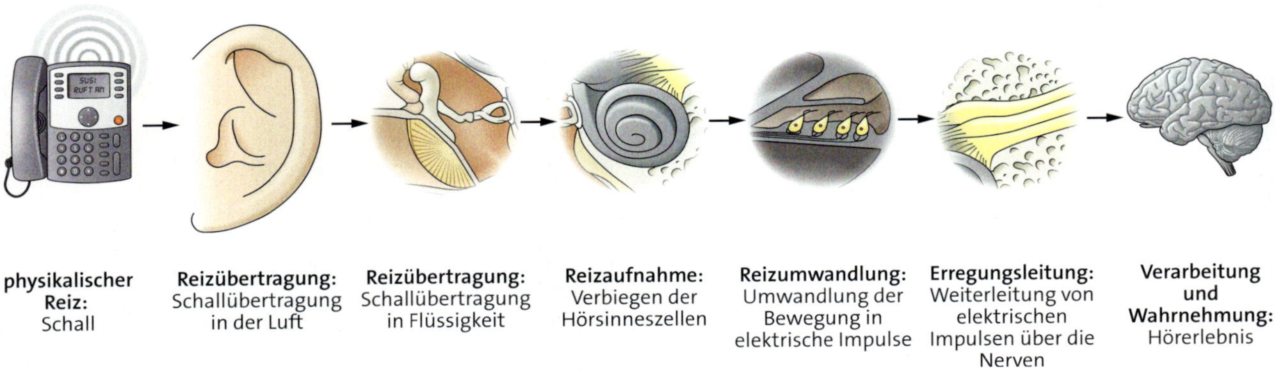

04 Wahrnehmung eines Geräuschs

RICHTUNGSHÖREN · Wenn wir im Straßenverkehr die Sirene eines Krankenwagens hören, drehen wir meistens sofort unseren Kopf in die Richtung der Schallquelle. Dies ist möglich, da wir mithilfe unserer Ohren wahrnehmen können, aus welcher Richtung der Schall kommt. Fährt ein Krankenwagen mit Sirene beispielsweise von rechts an uns vorbei, erreicht der Schall das rechte Ohr früher als das linke. Wir können selbst den Zeitunterschied von einer zehntausendstel Sekunde wahrnehmen. Die Zeit- und Intensitätsunterschiede werden vom Gehirn ausgewertet und führen zu einer Ortung der Schallquelle. Für das Richtungshören ist es daher unerlässlich, dass wir zwei Ohren haben.

TONHÖHE · Die Tonhöhe hängt von der Anzahl der Schwingungen pro Minute, der *Frequenz*, ab und wird in *Hertz* gemessen. Bei hohen Tönen reagieren andere Sinneszellen als bei tiefen Tönen. Das Gehirn verarbeitet die Information, von welchen Sinneszellen das Nervensignal gesendet wurde.
Der menschliche Wahrnehmungsbereich liegt zwischen 16 und 21 000 Hertz und unterscheidet sich je nach Alter. Junge Menschen können weitaus höhere Töne wahrnehmen als ältere Menschen, da einige Sinneszellen im Alter bereits abgestorben sind.

LAUTSTÄRKE · Die Lautstärke hängt von der Stärke der Schwingungen, auch *Schalldruck* genannt, ab und wird in *Dezibel* gemessen. Starke Schwingungen führen zur Wahrnehmung eines lauteren Geräuschs als schwache Schwingungen. Bei großen Entfernungen werden die erzeugten Schwingungen zunehmend schwächer, weshalb Schallwellen, die in weiter Ferne erzeugt werden, für uns leiser klingen als Schallwellen aus der Nähe. Die Mindeststärke der Schwingung, die erreicht sein muss, damit ein Hörerlebnis erfolgt, ist von Lebewesen zu Lebewesen unterschiedlich und auch von der Tonhöhe abhängig.

Ab einer Lautstärke von 85 Dezibel beginnt das Ohr Schaden zu nehmen, ab 130 Dezibel kann es zu Taubheit kommen. Die Lautstärke in Diskotheken fängt meistens erst bei 90 Dezibel an und liegt häufig über 100 Dezibel. Auch die tragbaren Musikgeräte, mit denen Musik über Kopfhörer gehört wird, erreichen Lautstärken über 100 Dezibel. Viele Menschen schädigen auf diese Art und Weise ihr Gehör. Die Hörsinneszellen werden durch die Einwirkung lauten Schalls zerstört. Um einer Schwerhörigkeit durch Lärm vorzubeugen, müssen hohe Dauerbelastungen des Gehörs vermieden werden. An manchen Arbeitsplätzen muss man daher Gehörschutz tragen.

Material A ▸ Versuch zum Richtungshören

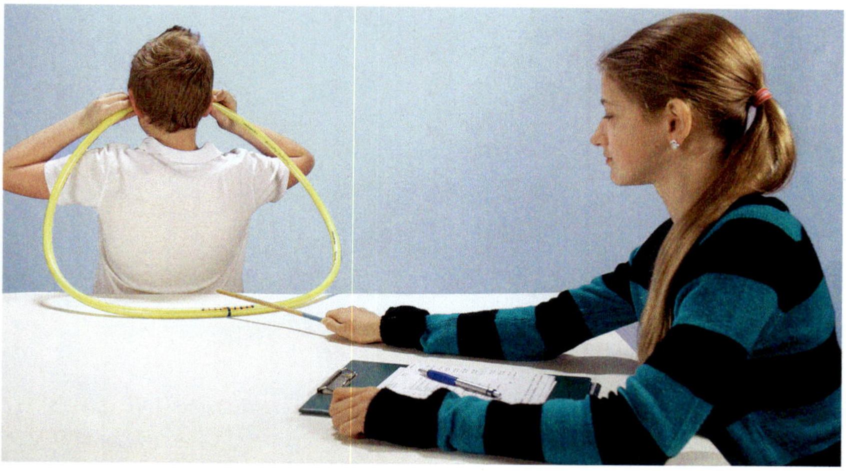

Schlag der Versuchsleiterin auf den Gummischlauch, ausgehend von der Mitte	Angaben der Versuchsperson zur Richtungswahrnehmung des Schalls
6 cm rechts	rechts
3 cm rechts	rechts
1 cm rechts	rechts
0,8 cm rechts	Mitte
0,4 cm rechts	Mitte
Mitte	Mitte
0,6 cm links	Mitte
0,9 cm links	Mitte
1,2 cm links	links
2 cm links	links

A1 Beschreibe die Versuchsdurchführung!

A2 Nenne die Fragestellung, die durch den Versuch geklärt werden soll!

A3 Werte die in der Tabelle dargestellten Versuchsergebnisse aus!

Material B ▸ Modelle zu Schwingungen und zur Schallweiterleitung

A

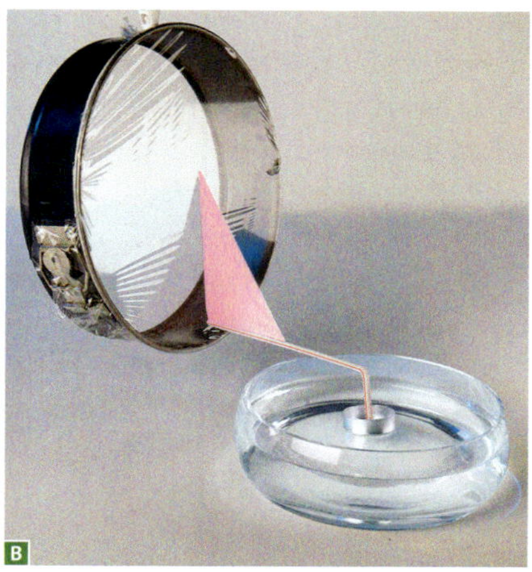
B

Modell A: Die Öffnung eines Trinkglases ist mit einem aufgeschnittenen Luftballon bespannt. Auf ihm liegen Styroporkügelchen. Laute Musik aus einem Lautsprecher in der Nähe lässt die Kügelchen hüpfen.

Modell B: Ein Kuchenring ist mit Folie bespannt. Auf dieser ist mithilfe eines rosafarbenen Papierstreifens ein Strohhalm befestigt, der im Wachs eines Teelichts steckt. Das Teelicht schwimmt in einer Schale mit Wasser. Schlägt man auf den Kuchenring, entstehen in der Schale im Wasser Wellen.

B1 Erkläre, wodurch im Modell A die Styroporkügelchen hüpfen!

B2 Übertrage deine Überlegungen aus Aufgabe B1 auf das Trommelfell! Erläutere die Funktion des Trommelfells, das Außenohr und Mittelohr voneinander trennt!

B3 Ordne in tabellarischer Form die Teile des Modells B den Strukturen des menschlichen Ohrs zu!

B4 Erkläre, warum im Wasser Wellen entstehen, wenn man auf den Kuchenring schlägt!

B5 Erläutere mithilfe des Modells B, warum ein Gongschlag zur Reizung der Haarsinneszellen führt!

01 Starenschwarm

Sinneswahrnehmung bei Tieren

02 Markierung der Vogelwarte Hiddensee

Stare bilden große Schwärme. Gemeinsam gehen sie auf Nahrungssuche und ziehen in ihre Winterquartiere. Wie gelingt es den Staren und auch anderen Tieren, sich zu orientieren?

FLIEGEN IM SCHWARM · Bei den faszinierenden Flugmanövern eines ganzen Schwarms orientiert sich jeder Vogel lediglich an seinen Nachbarn und fliegt gleich schnell mit der gleichen Anzahl an Flügelschlägen. Stare benutzen dabei vor allem ihren Sehsinn. Das ist ähnlich wie bei Rennradfahrern, die zu ihren Nachbarn blicken, wenn sie mit hoher Geschwindigkeit in einer Gruppe fahren.
Stare sind im Schwarm vor Angriffen durch Feinde geschützt. Ein Greifvogel kann sich in einem solchen Schwarm schlecht orientieren, sodass es ihm nicht gelingt, ein einzelnes Tier vom Schwarm zu trennen.

03 Beringter Star

FERNORIENTIERUNG · Viele Stare fliegen zum Überwintern über 1000 Kilometer weit. Mithilfe von Beringung und Beobachtung hat man festgestellt, dass jeder Vogel eine bestimmte Richtung einhält. Die Vögel aus einem Brutgebiet kommen immer an derselben Stelle an.
Sie orientieren sich auf ihrem Flug am Stand der Sonne. Je nach Tageszeit fliegen sie in einem anderen Winkel zur Sonne und somit im-

= nicht überblickter Bereich

= einäugig überblickter Bereich

= zweiäugig überblickter Bereich

04 Sehfelder von Mensch, Katze und Pferd

mer in derselben Richtung. Zusätzlich merken sie sich markante Orientierungspunkte, wie zum Beispiel Flüsse und Seen, die auf ihrer Zugroute liegen. Die Zugrichtung ist angeboren. Wie das Beispiel der Stare zeigt, erfolgt bei den meisten Tieren die Orientierung über den Sehsinn. Dabei unterscheiden sich die Sehfähigkeiten der Tiere aber deutlich.

SEHFELDER · Die Augen von Katze und Mensch sind nach vorne gerichtet. Damit haben beide einen großen Bereich beidäugigen Sehens, aber auch einen relativ großen Bereich, den sie nicht überblicken. Pferde haben dagegen einen großen Bereich einäugigen Sehens und nur einen geringen Bereich, den sie nicht überblicken. Die Entfernung von Gegenständen kann nur im Bereich beidäugigen Sehens sicher eingeschätzt werden. Katzen können folglich die Entfernung der Beutetiere besonders gut wahrnehmen. Ein Pferd kann dagegen nahende Feinde nahezu rundum wahrnehmen und flüchten. Anordnung und Ausrichtung der Augen sind somit Angepasstheiten an Umweltbedingungen, wie zum Beispiel Gefahren durch Beutegreifer.

BASISKONZEPT

Information und Kommunikation

Pferde sind in der Lage, nahende Beutegreifer aus fast allen Richtungen wahrzunehmen. Sie nehmen also ständig ***Informationen*** *aus ihrer Umwelt wahr. Die Information ist wichtig, um beurteilen zu können, ob eine Flucht notwendig wird. Zwischen Pferd und Beutegreifer werden aber keine Informationen ausgetauscht. Es findet folglich keine Kommunikation statt.*
Vögel signalisieren mit arttypischem Gesang ihre Paarungsbereitschaft, sodass Geschlechtspartner von dieser ***Information*** *angelockt werden und sich zeigen. Dies ist also ein Beispiel für den Austausch von Informationen, es findet eine* ***Kommunikation*** *statt.*
So wie die Vögel nehmen alle Lebewesen mit ihren Sinnesorganen Informationen auf und geben Informationen an andere Lebewesen weiter. Durch Senden und Empfangen von Informationen kommunizieren Lebewesen miteinander. Da dies zur Verständigung von Lebewesen dient, spricht man vom ***Basiskonzept Information und Kommunikation.***

05 Schleiereule

06 Lawinenhund

07 Seehund

JAGEN NACH GEHÖR · Im Gesicht der Schleiereule sind die Federn so angeordnet, dass sie eine Art Trichter bilden, die den Schall zu den Ohröffnungen leiten. Mithilfe dieser Hörtrichter hören die Eulen Geräusche, die für Menschen zu leise sind.
Die Tiere können ihren Kopf sehr schnell und sehr weit auf ihrem Hals drehen. So richten sie ihre Hörtrichter genau auf die Schallquelle aus. Damit orten sie ihre Beute. Wegen ihres empfindlichen Gehörs können sie auch in völliger Dunkelheit die Beute finden. Meistens jagen Schleiereulen aber in der Dämmerung. Dann nutzen sie auch ihre Augen, die hierfür spezialisiert sind.

RIECHEN DURCH SCHNEE · Hunde können im Gegensatz zum Menschen auch ganz feine Riecheindrücke wahrnehmen. Diese besondere Funktion der Nase ist mit der Struktur der Nasenschleimhaut zu erklären. Die Oberfläche der Nasenschleimhaut des Hundes ist stark gefaltet und deshalb viel größer als die des Menschen, sodass Hunde viel mehr Riechsinneszellen haben. Deshalb gelingt es Lawinenhunden im Schnee, Verschüttete nach Geruch zu suchen und den Fund anzuzeigen.

TASTEN IM WASSER · Seehunde können Wasserbewegungen, die von schwimmenden Tieren erzeugt werden, bis auf eine Entfernung von 40 Metern wahrnehmen. Über ihre Tasthaare erkennen sie die Wasserbewegung und damit die Beute, selbst wenn sie diese im Wasser nicht sehen können. Seehunde können daher auch im trüben Wasser der Nordsee erfolgreich Fische fangen.

1 Erläutere jeweils mithilfe des Basiskonzepts Struktur und Funktion für Pferd, Schleiereule und Hund, welche Strukturen ihres Körpers besondere Sinnesleistungen ermöglichen!

Material A ▸ Orientierung beim Hai

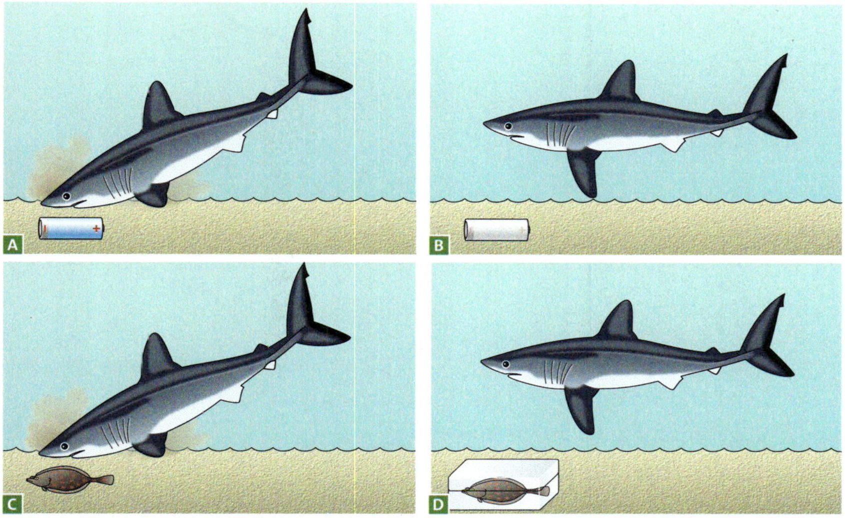

Haie können sich auch im Dunkeln in tiefen Wasserschichten orientieren und ihre Nahrung finden. Der Versuch mit dem Hai zeigt es.
Eine im Sand vergrabene Batterie, die ein elektrisches Feld aussendet, wird vom Hai gefunden. Wenn die Batterie dagegen entladen ist, findet der Hai sie nicht.
In Versuch C wird ein Plattfisch im Sand vergraben, in Versuch D befindet sich der Plattfisch in einer Box, die ein elektrisches Feld abschirmen kann.
Es wird jeweils die Reaktion des Hais beobachtet.
In der Haut der Haie gibt es vor allem im Kopfbereich spezielle Sinneszellen. Sie registrieren den elektrischen Strom.

A1 Beschreibe das Verhalten des Hais in Abbildung A bis D!

A2 Deute das Verhalten des Hais in Abbildung A bis D!

A3 Beurteile, ob es sich bei der Nahrungssuche des Hais um ein Beispiel für das Basiskonzept Information und Kommunikation handelt! Begründe deine Beurteilung!

Material B ▸ Sinnesvielfalt

Bei Rotkehlchen hat man zum ersten Mal festgestellt, dass Tiere das Magnetfeld der Erde wahrnehmen können. Sie finden damit ihre Flugroute. Auch der Stand von Sonne und Sternen kann von verschiedenen Tieren zur Navigation genutzt werden. Der Flusskrebs häutet sich, wenn er wächst. Dabei gehen mit der alten Haut die Sandkörner verloren, die für den Gleichgewichtssinn benötigt werden.
Nach der Häutung ist die neue Haut noch weich. Der Krebs wirbelt den Sand auf und drückt einige Sandkörner in die Öffnung des Gleichgewichtsorgans. Die Körner drücken nach unten auf die Sinneszellen, sodass der Krebs oben und unten unterscheiden kann.

B1 Entwirf einen Versuch zur Orientierung von Rotkehlchen an der Richtung des Magnetfeldes!

B2 Entwirf einen Versuch, bei dem man einen Krebs mit Eisenkörnern und einem Magneten aus dem Gleichgewicht bringt!

Material C ▸ Sonnenorientierung beim Star

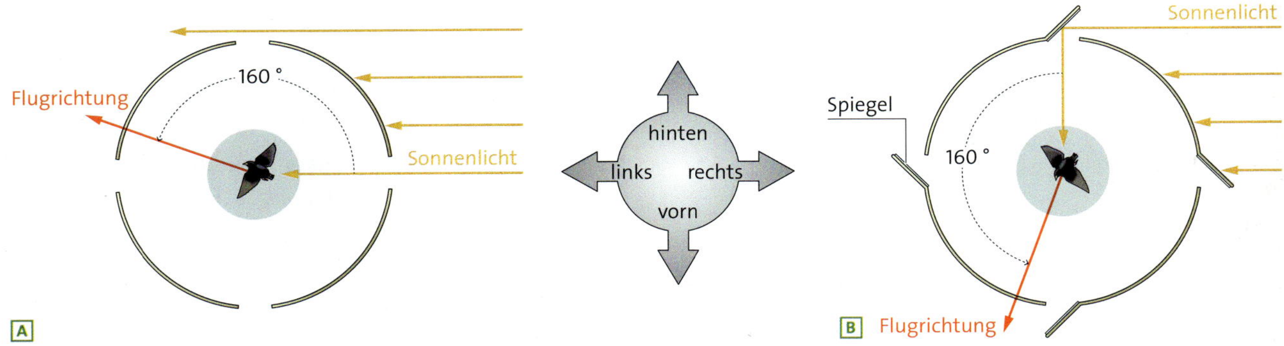

In Abbildung A fällt Sonnenlicht durch Schlitze von rechts in einen Vogelkäfig hinein. Zur selben Uhrzeit sind in Abbildung B die Schlitze für das direkte Sonnenlicht versperrt. Mit einem Spiegel wird es von hinten in den Käfig gelenkt. Die in dem Käfig befindlichen Stare sind in Zugstimmung. An ihrem Hüpfen kann man erkennen, in welche Richtung sie fliegen würden, wenn sie aus dem Käfig herauskönnten.

C1 Beschreibe die Versuchsergebnisse für A und B getrennt!

C2 Vergleiche die Ergebnisse!

C3 Erkläre die Ergebnisse!

Material D ▸ Rufen und Hören

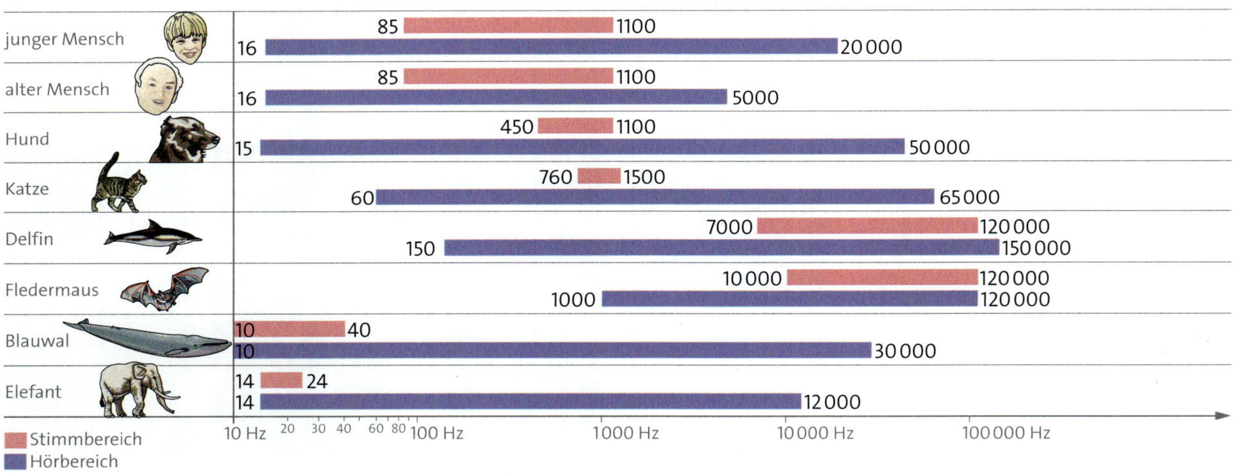

Die Frequenz, die Häufigkeit der Schallschwingungen pro Sekunde, wird in Hertz, kurz Hz, gemessen. Den Frequenzbereich unter 16 Hertz, den Infraschall, und den über 20 000 Hertz, den Ultraschall, können Menschen nicht hören.

Einige Tiere kommunizieren mit Infraschallrufen. Diese haben eine große Reichweite. Ultraschall dient einigen Tieren zur Orientierung im Raum.

D1 Nenne die Tiere, die mithilfe von Infra- beziehungsweise Ultraschall kommunizieren!

D2 Begründe, ob Menschen die Rufe von Fledermäusen hören können!

D3 Stelle Vermutungen an, weshalb die Stimmbereiche der Blauwale und der Fledermäuse eine Angepasstheit an ihre Lebensweise darstellen!

A ▸ Sinnesorgane des Menschen

Kann ich ...

1 beschreiben, was ein Reiz und was eine Erregung ist? *(Seite 8 und 10)*

2 verschiedenen Sinneszellen jeweils einen adäquaten Reiz zuordnen? *(Seite 8 und 9)*

3 beschreiben, wie es zur Wahrnehmung eines Reizes kommt? *(Seite 10)*

4 den äußeren und inneren Bau des Auges beschreiben und die Funktionen der Strukturen nennen? *(Seite 12 bis 14)*

5 die Vorgänge bei der Adaptation und bei der Akkommodation erläutern? *(Seite 12 bis 14)*

6 den Feinbau der Netzhaut beschreiben? *(Seite 17)*

7 Symptome von zwei Formen der Fehlsichtigkeit nennen und ihre jeweilige Ursache erläutern? *(Seite 18)*

8 die Bedeutung des Gehirns bei der Wahrnehmung von Farben und Bewegungen sowie beim räumlichen Sehen beschreiben? *(Seite 20 und 21)*

9 beschreiben, was man unter einer optischen Täuschung versteht? *(Seite 22)*

10 den äußeren und inneren Bau des Ohres beschreiben und die Funktionen der Strukturen nennen? *(Seite 26 und 27)*

11 den Hörvorgang beschreiben? *(Seite 27)*

12 erklären, wir das Hören von Richtung, Tonhöhe und Lautstärke funktioniert? *(Seite 28)*

13 beschreiben, wie Hörschäden entstehen können? *(Seite 28)*

B ▸ Sinnesleistungen von Tieren

Kann ich ...

1 erläutern, weshalb sich die Sehfelder von Katze und Pferd unterscheiden? *(Seite 31)*

2 Unterschiede in der Sinneswahrnehmung von Tieren und Menschen nennen? *(Seite 32)*

3 zwei besondere Sinnesleistungen aus der Tierwelt beschreiben? *(Seite 33)*

Kann ich aus dem Kapitel „Sinne erschließen die Welt“ Beispiele nennen für das Basiskonzept:

- Struktur und Funktion?
- Information und Kommunikation?
- Energieumwandlung?

Immunbiologie

In diesem Kapitel beschäftigst du dich mit

- den Abwehrmechanismen des menschlichen Körpers gegen verschiedene Krankheitserreger. Dabei erfährst du, wie der Körper ihr Eindringen verhindern kann und wie er auf eingedrungene Krankheitserreger sofort reagiert.

- Bakterien als Ursache für Infektionskrankheiten. Du lernst, wie Bakterien in den menschlichen Körper gelangen können und mithilfe welcher Vorgänge der Körper die Bakterien bekämpft.

- dem Bau und der Vermehrung von Viren. Du lernst verschiedene Erkrankungen kennen, die durch Viren hervorgerufen werden. Dabei erfährst du an einem Beispiel, welche Ansteckungswege es gibt und wie man sich davor schützen kann. Außerdem beschäftigst du dich mit den Vorgängen, die bei der Bekämpfung von Viren im Körper ablaufen.

- mit der Fähigkeit des Körpers, sich an bereits bekannte Krankheitserreger zu erinnern. Außerdem lernst du, wie man sich in der Medizin diese Fähigkeit zur Vorbeugung und Behandlung von Infektionskrankheiten zunutze macht.

01 Schürfwunde durch Fahrradsturz

Schutzbarrieren und Entzündungsreaktion

lateinisch inficere = benetzen, eindringen

Verletzen wir uns beispielsweise bei einem Fahrradsturz, so reinigen wir die Wunde vom sichtbaren Schmutz und desinfizieren sie möglichst auch. Tun wir dies nicht, so kann sich die Wunde entzünden. Was passiert bei einer Entzündung im Körper?

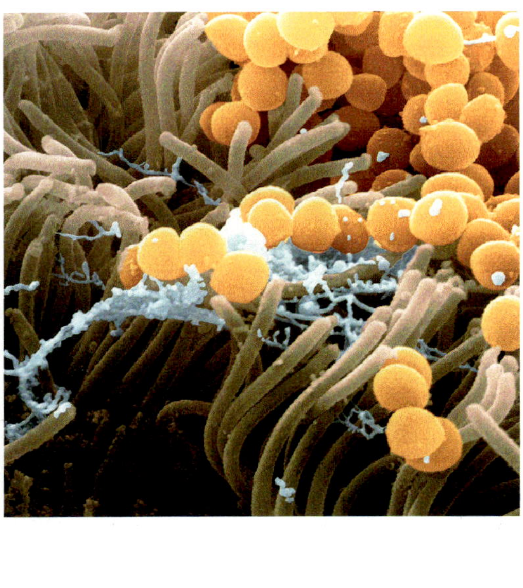

02 Schleimhaut mit Flimmerhärchen und Bakterien

SCHUTZBARRIEREN · In unserer Haut liegen die Zellen dicht beieinander und erschweren den Krankheitserregern das Eindringen. Zudem scheiden Drüsen in der Haut ständig Stoffe aus, die einen für viele Krankheitserreger lebensfeindlichen *Säureschutzmantel* auf der Haut bilden. Die Haut ist also eine *Schutzbarriere*.

Unsere Körperöffnungen, vor allem Mund, Nase und die Geschlechtsöffnungen, bieten einen leichteren Zugang für Eindringlinge. Das Eindringen von Krankheitserregern in den Körper nennt man **Infektion.**

Diese offenen Körperbereiche sind durch besondere Gewebe, die *Schleimhäute*, ausgekleidet. Sie sind zwar dünn und leicht verletzbar, produzieren aber einen feuchten Schleim, der Abwehrstoffe enthält. In diesem Schleim bleiben Erreger hängen und werden mit ihm nach außen transportiert. Zudem können Inhaltsstoffe des Speichels, des Nasenschleims oder des feuchten Belags der Vagina viele Krankheitserreger vernichten.

Manchmal gelangen Krankheitserreger über Mund und Speiseröhre in den Magen. Dort werden sie dann von dem sehr sauren Magensaft abgetötet. Werden Haut oder Schleimhäute verletzt, können die Krankheitserreger in die darunterliegenden Gewebe eindringen. Dann greifen weitere Schutzmechanismen des Körpers.

FRESSZELLEN · Unter den weißen Blutzellen gibt es viele verschiedene Zelltypen. Manche von ihnen können sich kriechend fortbewegen. Sie schieben dazu Teile ihres Zellkörpers als kleine Ausstülpungen vor, und der Rest der Zelle fließt hinterher. Da diese Ausstülpungen wie kleine Füßchen der Zelle aussehen, nennt man sie *Scheinfüßchen*.
Treffen diese *Fresszellen* auf einen Fremdkörper oder einen Krankheitserreger, so können sie ihn durch Umfließen mit den Scheinfüßchen in ihr Zellinneres aufnehmen und dort durch Enzyme verdauen. Dieses „Fressen von Zellen" bezeichnet man als **Phagozytose.** Durch Fresszellen werden daher bereits in den Körper eingedrungene Krankheitserreger unschädlich gemacht. Dies ist ein wichtiger Abwehrmechanismus des Körpers. Alle Abwehrmechanismen bezeichnet man als **Immunsystem,** seine Zellen als **Immunzellen.** Weil die Fresszellen nicht auf bestimmte Krankheitserreger spezialisiert sind, bezeichnet man diese Abwehr als **unspezifische Immunabwehr.** Auch die Schutzbarrieren des Körpers gehören zur unspezifischen Abwehr.

ENTZÜNDUNGSREAKTION · Eine weitere Form der unspezifischen Abwehr ist die *Entzündungsreaktion*. Sie setzt ein, wenn viele Krankheitserreger eingedrungen und zusätzlich Körperzellen verletzt sind. Hierbei kommt es zu typischen Symptomen. Das Gewebe um die Verletzung rötet und erwärmt sich, schwillt an und schmerzt. Diese Symptome entstehen dadurch, dass zunächst die zerstörten Körperzellen Signalstoffe freisetzen, die Abwehrmechanismen des Körpers auslösen: Die Wände der Blutgefäße werden durchlässiger. So können die Fresszellen leichter aus dem Blut in das umliegende Gewebe gelangen. Gleichzeitig gelangt auch Blutplasma in das Gewebe. Dies führt zur Schwellung der Hautregion. Die Reizung von Nervenendigungen durch die Schwellung führt zu Schmerzen. Durch die erweiterten Blutgefäße fließt mehr Blut durch die Haut, sodass sich diese rötet und erwärmt. Zudem gelangen viele Fresszellen in die Region. Die Fresszellen werden durch Stoffe, die die geschädigten Gewebezellen abgeben, zum Infektionsort gelockt. Sie phagozytieren die Krankheitserreger und Fremdkörper und machen sie dadurch unschädlich. Die Fresszellen sterben durch die aufgenommenen Giftstoffe häufig ab. Aus der Ansammlung abgestorbener Fresszellen, zerstörter körpereigener Zellen und Krankheitserreger kann sich eine gelbliche Flüssigkeit, der *Eiter,* bilden.

griech. phagein = fressen

griech. cytos = Zelle /Höhlung

griech. ose = Vorgang

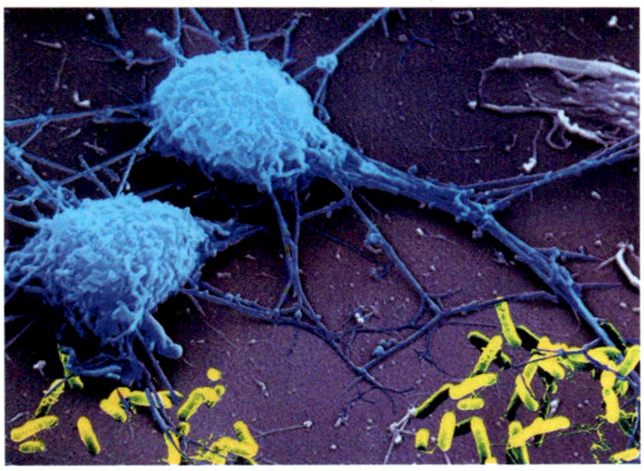

03 Fresszellen greifen Bakterien an

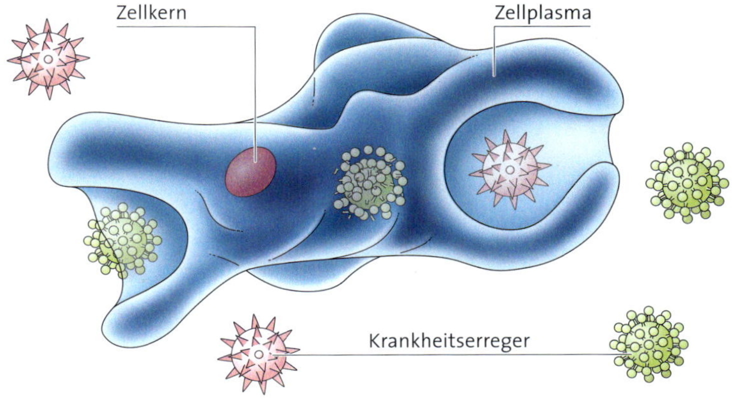

04 Fresszellen vernichtet Krankeitserreger

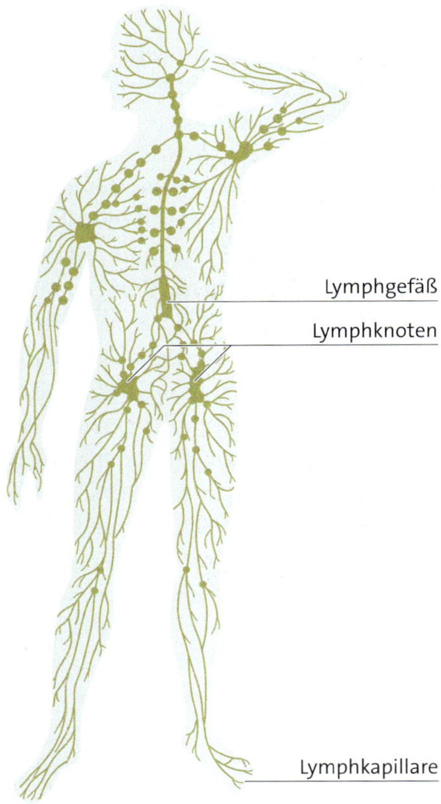

05 Lymphgefäßsystem des Menschen

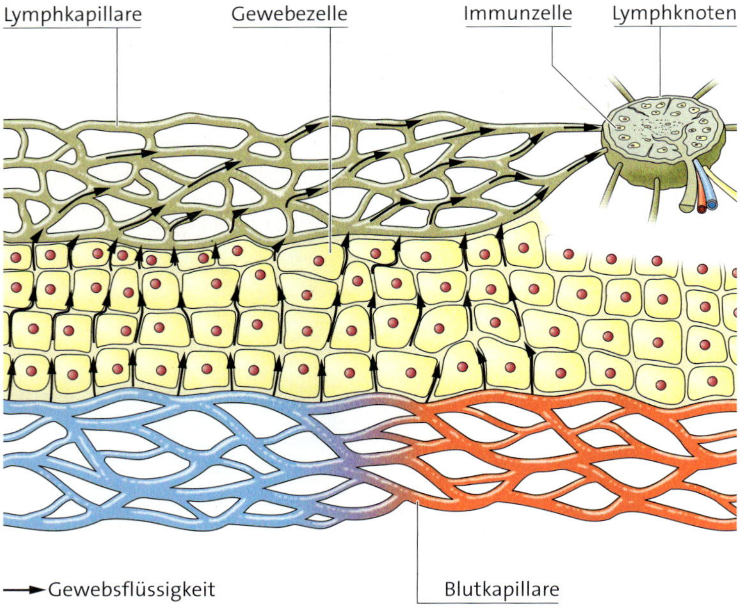

06 Blut- und Lymphgefäßsystem stehen in Verbindung (Schema)

LYMPHGEFÄSSSYSTEM · Das Lymphgefäßsystem stellt einen wichtigen Teil des Immunsystems dar. Außer im Blut und im Gewebe findet man Immunzellen vor allem in diesem System von kleinen Röhren, den *Lymphkapillaren*. Das Lymphgefäßsystem durchzieht ähnlich wie das Blutgefäßsystem den gesamten Körper. Es ist mit einer Flüssigkeit gefüllt, die an frischen Schürfwunden als klare Flüssigkeit austritt. Woher kommt diese klare Flüssigkeit?

Im Kapillarbereich des Blutgefäßsystems tritt ein Teil des Blutserums in die Lymphkapillaren über. Auch die Gewebsflüssigkeit, die sich außerhalb der Blutgefäße zwischen den Zellen eines Gewebes befindet, gelangt in die Lymphkapillaren. Diese Flüssigkeiten werden als **Lymphe** bezeichnet. Sie fließt durch die feinen Lymphkapillaren, die in die größeren Lymphgefäße münden. Entlang der größten Lymphgefäße befinden sich rundliche Strukturen, die **Lymphknoten.** Die Lymphe durchströmt diese Lymphknoten. In den Lymphknoten gibt es sehr viele Immunzellen. Sie filtern aus der Lymphe Giftstoffe, Reste abgestorbener Zellen und Krankheitserreger und bauen sie ab. Im oberen Brustbereich sind Blut- und Lymphgefäßsystem miteinander verbunden. Dort wird die Flüssigkeit dem Blut wieder zugeführt.

Bei einer Infektion sammeln sich Zellen des Immunsystems in den Lymphknoten, die dem Infektionsort am nächsten liegen. Aufgrund der verstärkten Aktivität der Abwehrzellen in den Lymphknoten bei einer Infektion schwellen diese an und schmerzen häufig. Man kann sie dann im Halsbereich, unter den Achseln und in der Leistengegend ertasten. Wenn ein Arzt die Schwellung der Lymphknoten feststellt, weiß er, dass der Patient an einer Infektion leidet.

1 Beschreibe die Funktion der Lymphknoten bei der unspezifischen Immunabwehr!

Material A ▸ Unspezifische Immunabwehr

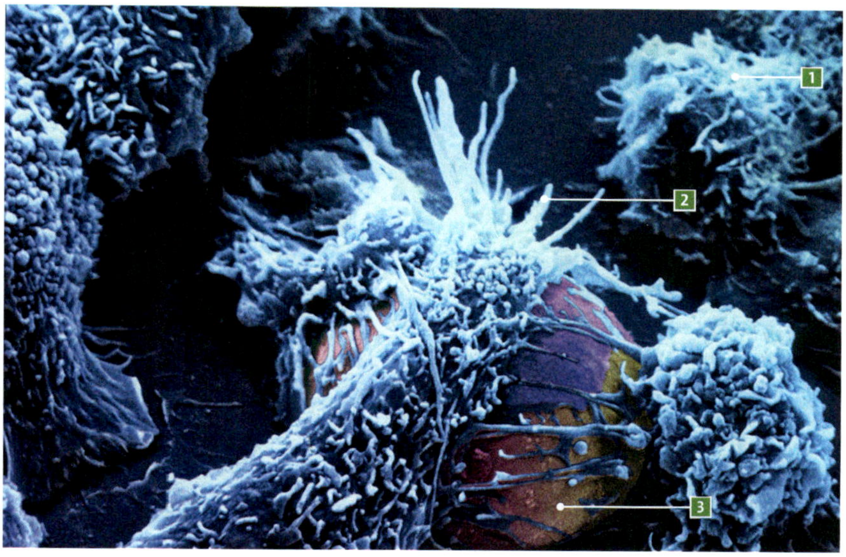

A1 Benenne die mit Zahlen gekennzeichneten Strukturen in der Abbildung!

A2 Erkläre den Begriff unspezifische Immunabwehr!

A3 Nenne vier Abwehrmechanismen und erläutere ihre Funktion!

A4 Stelle eine begründete Vermutung auf, weshalb sich die Lymphknoten besonders in Bereichen um die Körperöffnungen befinden!

Material B ▸ Ablauf einer Entzündungsreaktion

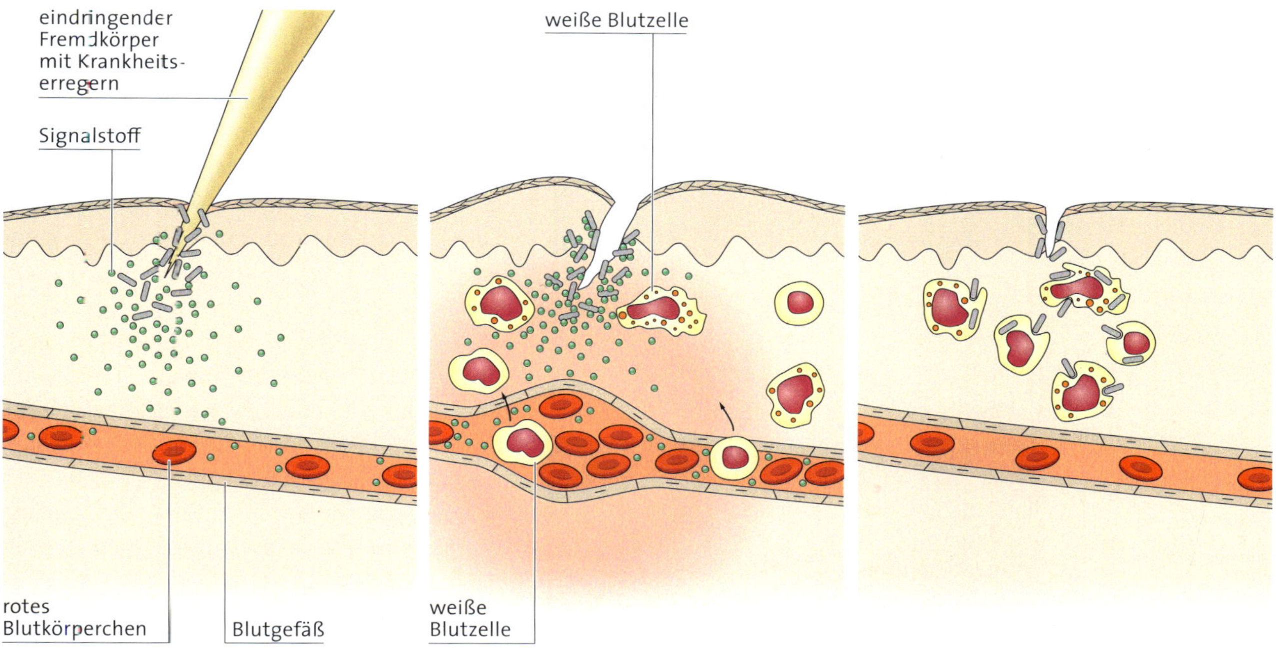

B1 Stelle den Ablauf einer Entzündungsreaktion mithilfe eines Flussdiagramms dar! Verdeutliche auch, durch welche Reaktionsschritte die Symptome wie Rötung, Schmerz, Schwellung und Erwärmung entstehen!

B2 Erläutere das Auslösen der Entzündungsreaktion mithilfe des Basiskonzeptes Information und Kommunikation!

01 Krank im Bett

Bakterien und Antikörperbildung

Stellt ein Arzt bei einem Kind oder Jugendlichen eine Infektion mit Scharlacherregern fest, so verordnet er Bettruhe. Kontakt mit anderen Menschen sollte nach Möglichkeit vermieden werden. Es stellen sich dann meist Symptome wie Halsschmerzen, eine scharlachrote Zunge, Schluckbeschwerden und Fieber ein. Nach einigen Tagen klingen die Symptome ab, der Patient fühlt sich gesund und darf wieder mit anderen Menschen in Kontakt treten. Wie hat der Körper die Infektion besiegt?

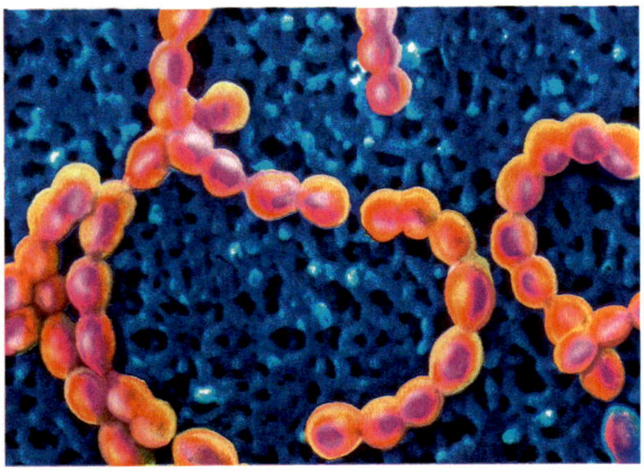

02 Erreger der Scharlachs

BAKTERIEN · Bei Scharlacherregern handelt es sich um Bakterien. Bakterien sind einzellige, einfach gebaute Lebewesen. Sie sind nur wenige tausendstel Millimeter groß. Bakterienzellen besitzen als äußere Begrenzung eine *Bakterienzellwand*, die anders aufgebaut ist als die Zellwand der Pflanzenzellen. Manche Bakterien tragen außen auf der Bakterienzellwand noch eine schützende schleimhaltige *Kapsel*. An der Innenseite der Bakterienzellwand liegt die Zellmembran. Die Erbsubstanz liegt frei im Zellplasma und nicht in einem Zellkern. Viele Bakterien tragen zur Fortbewegung eine oder mehrere fädige Strukturen, die *Geißeln*.

Bakterien findet man in nahezu allen Lebensräumen der Erde. Sie kommen im Boden, in Salz- und Süßwasser und in der Luft vor. Aber auch jede Pflanze, jedes Tier und jeder Mensch ist von unzähligen Bakterien besiedelt. Bakterien kommen meist in großer Anzahl vor und spielen eine wichtige Rolle in der Natur, beispielsweise als Zersetzer von toten Pflanzen oder Tieren. Von den mehreren Millionen

Bakterienstämmen der Erde sind nur wenige Hundert für den Menschen gefährlich.

KRANK MACHENDE BAKTERIEN · Ebenso wie Scharlach werden auch andere Erkrankungen wie Hirnhautentzündung, Darmentzündung, Lungenentzündung oder auch Entzündungen an den Geschlechtsorganen durch Bakterien verursacht.

Eine Infektion mit Bakterien ist über infiziertes Wasser, infizierte Lebensmittel oder durch Kontakt mit infizierten Menschen möglich. Die Übertragung kann über die beim Niesen herausgeschleuderten Flüssigkeitströpfchen erfolgen. Diesen Vorgang nennt man *Tröpfcheninfektion*. Symptome einer bakteriellen Infektion sind Fieber, Erbrechen, Durchfall oder Schmerzen. Eine Ursache für die Symptome sind oftmals giftige Stoffe, die von den Bakterien abgegeben werden. Die Symptome treten dann auf, wenn die Bakterien sich im Körper stark vermehrt haben. Eine weitere Ursache für die Symptome können die **Abwehrmechanismen** des Körpers gegen die Bakterien sein. Die Zeit zwischen dem Eindringen des Krankheitserregers und dem Auftreten der ersten Symptome nennt man *Inkubationszeit*. Je nach Erreger liegt diese Zeit zwischen mehreren Stunden und einigen Tagen. Bei Scharlach beträgt die Inkubationszeit ein bis drei Tage.

SPEZIFISCHE IMMUNABWEHR · Manchmal reicht die unspezifische Immunabwehr nicht aus, um die eingedrungenen Krankheitserreger zu bekämpfen. Sie vermehren sich im Körper weiter. Dann setzt die *spezifische Immunabwehr* ein. Immunzellen der spezifischen Immunabwehr erkennen körperfremde Zellen und wehren sie ab. Da sich die Bakterien und die von ihnen produzierten Gifte immer außerhalb von Körperzellen befinden, wehren die Immunzellen die Bakterien vor allem im Blut und in der Lymphe ab. Daher nennt man diese Reaktion **humorale Immunantwort**. Wie erkennen die Immunzellen die Bakterien im Blut?

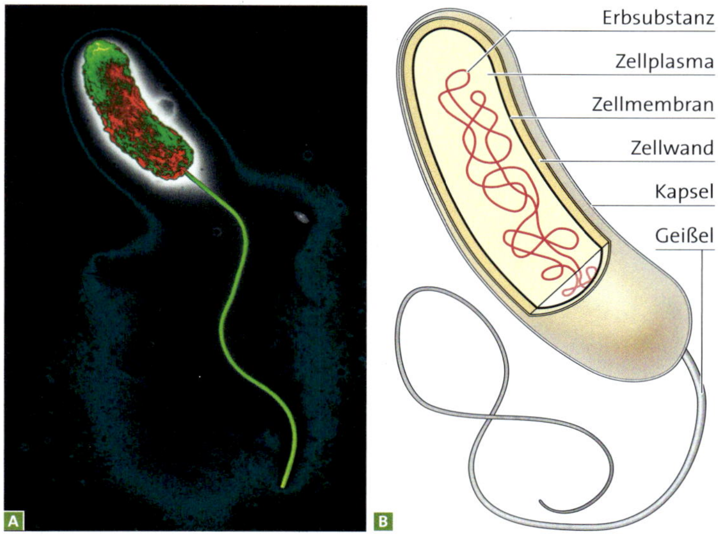

03 Bau einer Bakterienzelle: **A** mikroskopische Aufnahme, **B** Schema

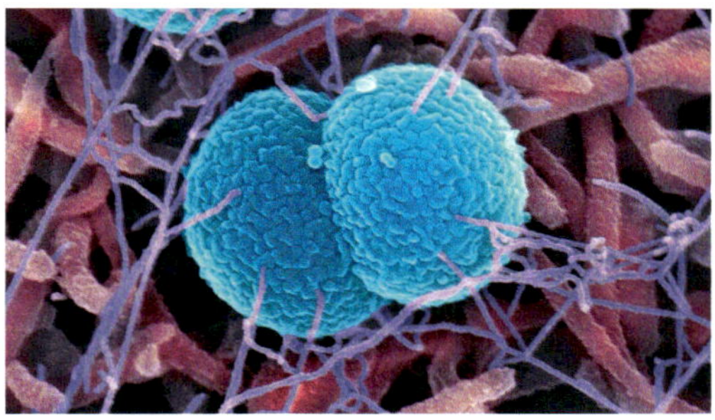

04 Erreger der Hirnhautentzündung

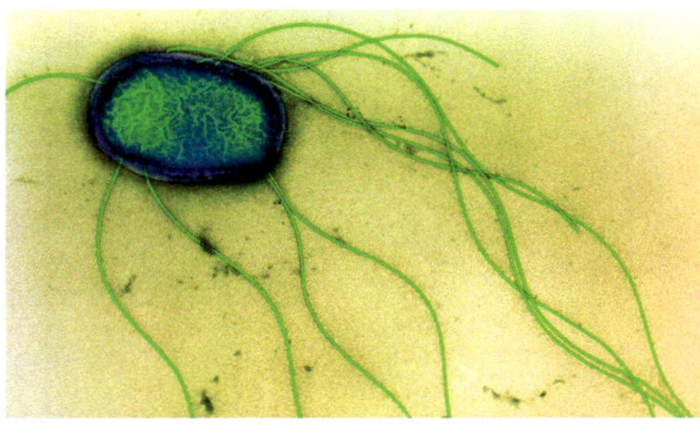

05 Erreger der Darmentzündung

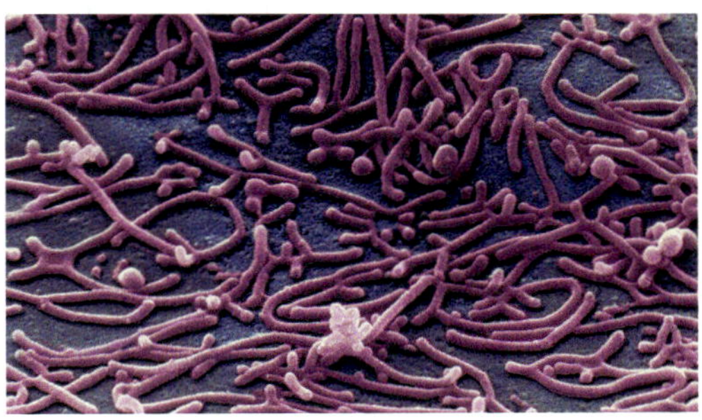

latein. humor = Flüssigkeit

06 Erreger der Lungenentzündung

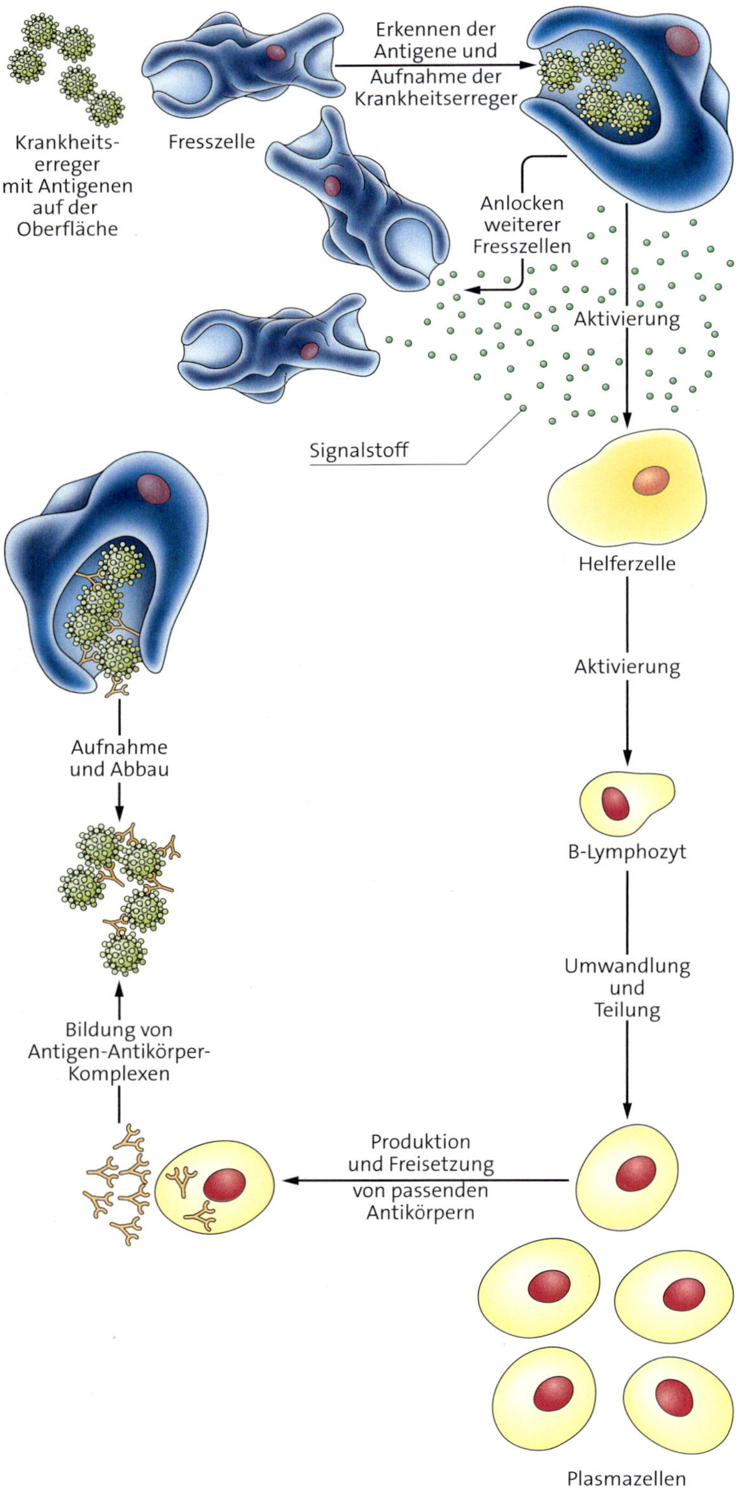

07 Ablauf einer humoralen Immunantwort (Schema)

HUMORALE IMMUNANTWORT · Jede Zelle besitzt auf ihrer Oberfläche charakteristische Strukturen, die **Antigene.** Anhand dieser Antigene können körperfremde Zellen, wie Scharlachbakterien, von den Zellen des Immunsystems erkannt werden. Ist ein Bakterium in den Körper eingedrungen und hat sich dort stark vermehrt, so wird es von den *Fresszellen* als körperfremd erkannt und *phagozytiert.* Gleichzeitig schütten diese Fresszellen Signalstoffe aus, die weitere Fresszellen anlocken, und aktivieren weitere spezielle weiße Blutzellen, die *Helferzellen.*

Den Helferzellen kommt eine Schlüsselfunktion in der humoralen Immunantwort zu: Sie aktivieren spezielle **B-Lymphozyten,** die zu den Krankheitserregern passen. Diese B-Lymphozyten wandeln sich in *Plasmazellen* um und teilen sich vielfach. So entstehen viele spezifische Plasmazellen. Sie besitzen die Fähigkeit, spezifische Abwehrstoffe, die **Antikörper,** in großer Menge zu produzieren und aus der Zelle ins Blut freizusetzen. Die spezifischen Antikörper passen bei jeder Infektion, wie der Scharlachinfektion, nur zu den Antigenen dieses aktuellen Krankheitserregers wie ein „Schlüssel zu seinem Schloss". Jeder Antikörper hat mindestens zwei Bindungsstellen für die Antigene. So kann ein Antikörper zwei Scharlachbakterien miteinander verbinden. Mithilfe mehrerer Antikörper werden die vielen Scharlachbakterien zu größeren Klumpen verbunden, den **Antigen-Antikörper-Komplexen.** Nun können sie sich nicht mehr vermehren. Zudem werden Antigen-Antikörper-Komplexe von den Fresszellen aufgenommen und durch Phagozytose abgebaut.

1 Nenne die an der humoralen Immunantwort beteiligten Strukturen und ihre jeweilige Funktion!

2 Erläutere die Bedeutung des „Schlüssel-Schloss-Prinzips" für die humorale Immunantwort!

Material A ▸ Vermehrung von Bakterien

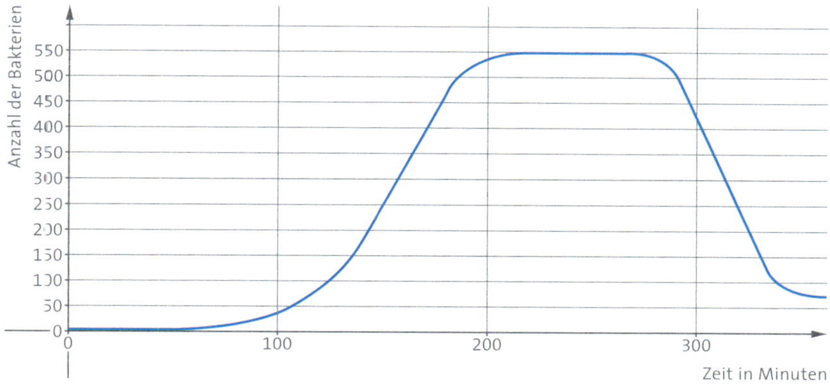

Im Diagramm ist dargestellt, wie sich die Anzahl der Bakterien in einem Kulturgefäß im Lauf der Zeit ändert.

A1 Beschreibe das abgebildete Liniendiagramm und den Kurvenverlauf!

A2 Ermittle, wie viele Bakterien nach drei Stunden aus einer Bakterienzelle entstanden sind, wenn alle 20 Minuten eine Teilung stattfindet! Stelle die errechneten Werte als Liniendiagramm dar!

A3 Vergleiche die von dir erstellte Kurve mit der abgebildeten Kurve!

A4 Stelle Vermutungen an, wie sich die Unterschiede zwischen den beiden Kurven erklären lassen!

Material B ▸ Infektionen und Vorbeugung

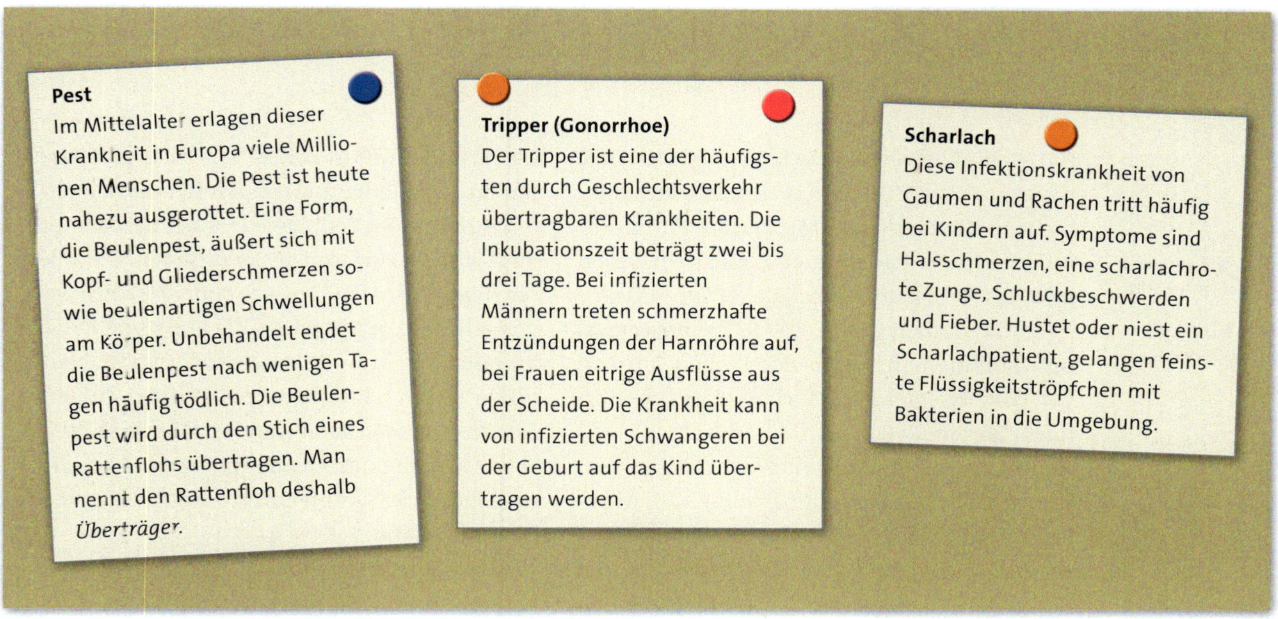

B1 Vergleiche die Übertragungswege der genannten, durch Bakterien verursachten Krankheiten!

B2 Beschreibe Maßnahmen, mit denen man sich vor der Infektion mit den beschriebenen Krankheiten schützen kann!

B3 Stelle Vermutungen an, weshalb im Mittelalter so viele Menschen an der Pest erkrankten!

B4 Nach Naturkatastrophen, zum Beispiel nach einem Erdbeben, treten häufig in großen Gebieten Choleraepidemien auf. Scharlachepidemien dagegen bleiben meistens örtlich begrenzt. Stelle Vermutungen an, wie dieser Unterschied erklärt werden könnte!

IM BLICKPUNKT ZELLBIOLOGIE

Prokaryotische und eukaryotische Zellen

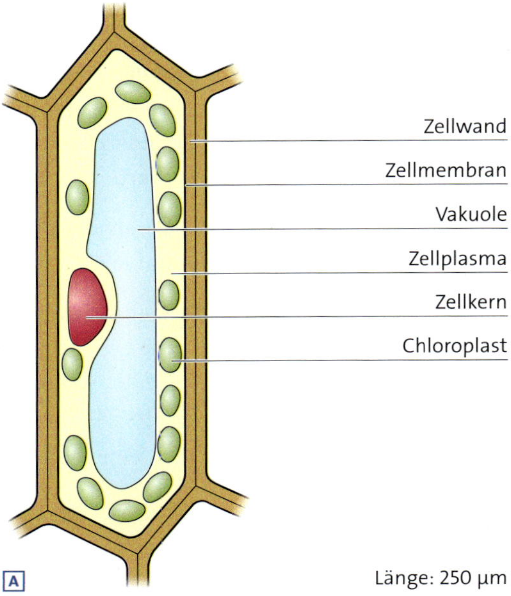

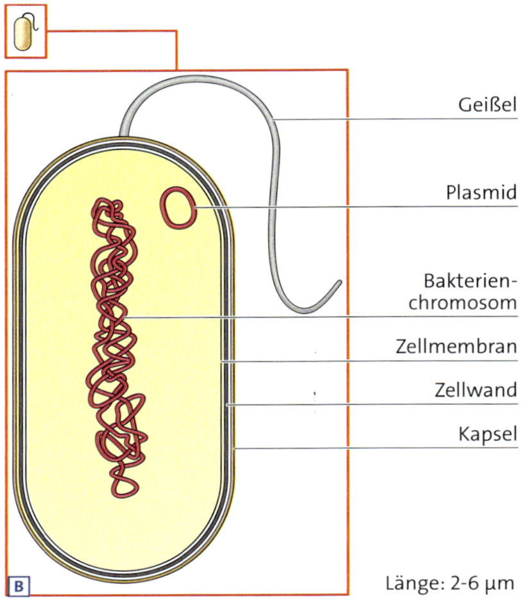

01 Zellen:
A eukaryotische Zelle (Moosblattzelle),
B prokaryotische Zelle (E.-coli-Bakterium)

griechisch eu = wahr, echt

1 µm = 0,0001 cm

griechisch pro = vor

griechisch karyon = Kern

Der Holländer Antoni VAN LEEUWENHOEK baute vor etwa 300 Jahren ein einfaches Mikroskop mit einer Linse. Mit diesem Einlinsenmikroskop beobachtete er Kleinstlebewesen im Wasser – darunter auch Bakterien. Bakterien sind zwischen 0,1 und 700 Mikrometer groß und kommen in unterschiedlichen Formen vor, zum Beispiel als Stäbchen oder kugelförmige Kokken.

Heute kann man mit einem Elektronenmikroskop sogar den inneren Aufbau dieser Zellen untersuchen. Hierbei sieht man deutliche Unterschiede zwischen Bakterienzellen und den Zellen von Pflanzen, Tieren und Pilzen. Einen Zellkern findet man bei Bakterienzellen beispielsweise nicht. Dennoch besitzen die Bakterien Erbmaterial. Dieses liegt als langfädiges Bakterienchromosom frei im Zellplasma. Daneben gibt es noch kleine Ringe aus Erbmaterial, die **Plasmide.** Da Bakterien keinen Zellkern besitzen, bezeichnet man sie als **Prokaryoten.**

Das Erbmaterial in Zellen von Pflanzen, Tieren und Pilzen liegt hingegen in einem „echten" Zellkern im Zellplasma. Daher bezeichnet man diese Lebewesen als **Eukaryoten.** Der unter dem Mikroskop zu sehende Zellkern ist von einer Hülle umgeben, die aus zwei Membranen besteht und für alle Eukaryoten charakteristisch ist. Neben dem Zellkern fehlen den Prokaryoten auch weitere Zellbestandteile wie Mitochondrien oder Chloroplasten, die man bei Eukaryoten unter dem Mikroskop erkennen kann.

Als wesentliche Gemeinsamkeit zwischen Prokaryoten und Eukaryoten ist das Zellplasma nach außen von einer dünnen Zellmembran begrenzt. Ebenso wie Pflanzenzellen haben Bakterien auch eine Zellwand. Zudem ist die Zellwand der Bakterien häufig von einer Schleimhülle, der **Kapsel,** umgeben, die bei Eukaryoten fehlt. Zur Fortbewegung besitzen einige Prokaryoten **Geißeln.**

Alexander FLEMING entdeckt das Penicillin

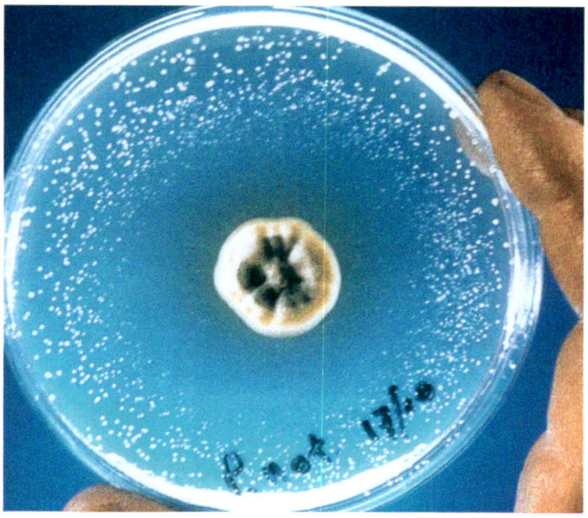

01 Vom Schimmelpilz abgegebenes Penicillin hemmt das Bakterienwachstum

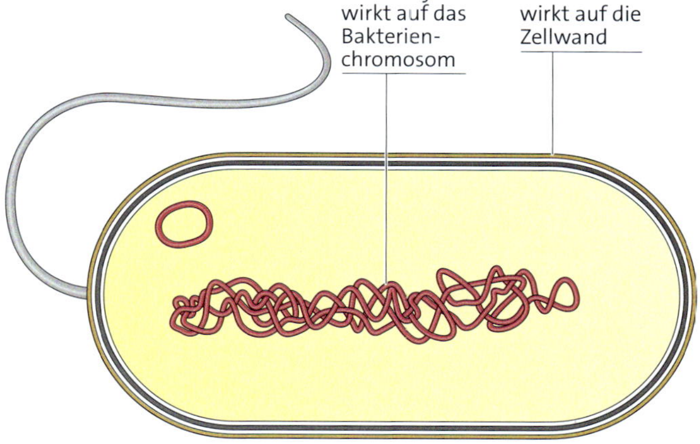

02 Angriffspunkte von Antibiotika auf Bakterien

Alexander FLEMING, ein schottischer Mediziner, experimentierte im Jahre 1928 in einem Londoner Krankenhaus mit Bakterien. Er beimpfte einen Nährboden mit Bakterienkulturen und stellte diesen beiseite. Als er nach den Sommerferien zurück in sein Labor kehrte, entdeckte er, dass sich auf dem Nährboden Schimmel gebildet hatte. Zu seiner Verblüffung waren dort, wo der Schimmelpilz wuchs, keine Bakterien vorzufinden. Offensichtlich wurde das Bakterienwachstum durch einen vom Schimmelpilz abgegebenen Stoff gehemmt. FLEMING untersuchte die Wirkung des bakterientötenden Stoffes genauer und nannte ihn **Penicillin**, abgeleitet vom Artnamen des Schimmelpilzes *Penicillium notatum*. 1929 beschrieb er das von ihm entdeckte Penicillin erstmals für die Öffentlichkeit. Auf die Idee, ein Medikament daraus zu entwickeln, kam er jedoch nicht. Erst im Zweiten Weltkrieg hatte das Penicillin seinen Durchbruch und die Entwicklung als Medikament wurde vorangetrieben. Aufgrund der vielen verwundeten Soldaten mit oft tödlich verlaufenden Wundinfektionen erhöhte sich der Bedarf an einem bakterientötenden Mittel, dem Penicillin. Für seine Entdeckung erhielt Alexander FLEMING 1945 den Nobelpreis für Medizin.

Penicillin wirkt auf Bakterien wachstumshemmend, indem es bei der Zellteilung den Aufbau der prokaryotischen Zellwand stört. Da menschliche Zellen keine Zellwand besitzen, hat Penicillin keine schädliche Wirkung auf die Zellen des Menschen. Dennoch kann es manchmal zu Nebenwirkungen kommen, beispielsweise Störungen des Magen-Darm-Trakts. Das Penicillin zerstört nicht nur die krank machenden Bakterien, sondern auch die nützlichen Bakterien der Darmflora.

Mittlerweile weiß man, dass es neben dem von Alexander FLEMING entdeckten Penicillin auch andere Stoffwechselprodukte von Pilzen und Bakterien gibt, die das Wachstum von Bakterien hemmen oder diese abtöten. Man fasst sie unter dem Begriff **Antibiotika** zusammen. Sie wirken auf unterschiedliche Weise. Das Antibiotikum Actinomycin hemmt beispielsweise die Bildung von Erbmaterial im Zellplasma der Bakterien.

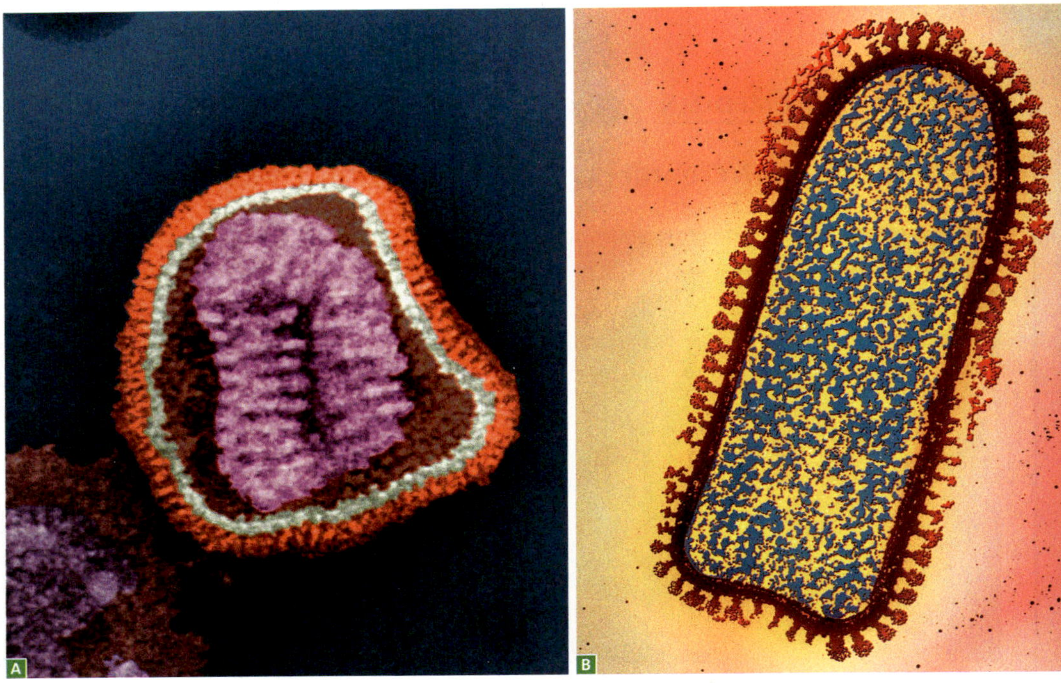

01 Viren im Elektronenmikroskop, gefärbt:
A Grippevirus,
B Tollwutvirus

Viren und zelluläre Immunantwort

Früher glaubte man, dass viele Krankheiten, für die man keine Erreger nachweisen konnte, durch Giftstoffe verursacht wurden. Diese Stoffe bezeichnete man daher als Virus – nach dem lateinischen Wort für Gift. Erst mit dem Elektronenmikroskop konnte man Viren sichtbar machen und ihre Vielfalt und Besonderheit erforschen. Was sind Viren und wie wehrt sich unser Körper dagegen?

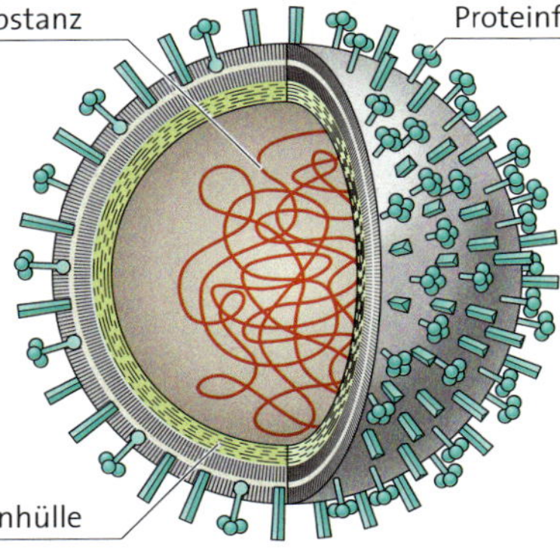

02 Bau eines Virus

BAU VON VIREN · Um 1900 fand man heraus, dass Viren noch kleiner sein müssen als Bakterien. Ließ man nämlich eine Flüssigkeit mit Viren durch einen Filter laufen, der Bakterien zurückhält, konnte man die Viren damit nicht auffangen. Heute ist bekannt, dass Viren nur etwa ein zehntausendstel Millimeter Durchmesser haben und deshalb nur im Elektronenmikroskop sichtbar sind.
Viren bestehen lediglich aus einer **Proteinhülle** und einer **Erbsubstanz.** Die Proteinhülle besitzt zahlreiche kleine *Proteinfortsätze* und umgibt die Erbsubstanz wie eine Kapsel. Es gibt eine Vielzahl verschiedener Viren, die sich in der Größe, dem Bau der Proteinhülle sowie der Art und Menge der Erbsubstanz unterscheiden.

VERMEHRUNG · Viren besitzen keinen eigenen Stoffwechsel, wachsen nicht und können sich nicht selbst bewegen und vermehren. Viren sind daher keine Lebewesen. Zur Vermehrung sind sie auf lebende Zellen angewiesen, auf die *Wirtszellen*. Kommt ein Virus in Kontakt mit einer Wirtszelle, bleibt es mit seinen Fortsätzen an der Zellmembran haften. Meistens wird es von der Membran umschlossen und in einem Membranbläschen in die Zelle aufgenommen. Dort bricht die Proteinhülle auf, und die Erbsubstanz des Virus gelangt in die Wirtszelle. Diese Erbsubstanz stellt den Stoffwechsel der Wirtszelle so um, dass nun Virusbausteine hergestellt werden können. Die Bausteine fügen sich zu zahlreichen neuen Viren zusammen. Dann platzt die Wirtszelle und setzt damit eine große Anzahl von Viren frei, die weitere Zellen befallen können. Jeder Virustyp vermehrt sich nur in ganz bestimmten Wirtszellen. So befallen zum Beispiel Viren, die Kinderlähmung verursachen, die Nervenzellen.

VIRUSERKRANKUNGEN · Viren können viele Krankheiten verursachen. Beim Menschen sind das zum Beispiel Grippe, Herpes, Masern, Pocken, Windpocken, Röteln, Mumps, Kinderlähmung und Tollwut. Die Unterschiede der Krankheiten sind darauf zurückzuführen, dass jeweils unterschiedliche Wirtszellen zerstört werden. Bei Grippe sind vor allem die Schleimhautzellen der Atemwege betroffen. Nach einer Infektion treten zunächst Symptome wie Niesen und Husten auf. Dadurch werden die Grippeviren, in feinste Schleimtröpfchen verpackt, in die Luft geschleudert und können andere Personen beim Einatmen infizieren. Krankheitssymptome treten ein bis drei Tage später auf. Tollwut wird direkt, zum Beispiel durch den Biss eines infizierten Fuchses, übertragen. Diese Übertragungsweise heißt *Kontaktinfektion*. Die Inkubationszeit beträgt in diesem Fall ein bis sechs Monate. Das Tollwutvirus schädigt Nervenzellen. Eine Erkrankung an Tollwut endet ohne Behandlung meistens tödlich.

1 Beschreibe Bau und Vermehrung eines Virus!

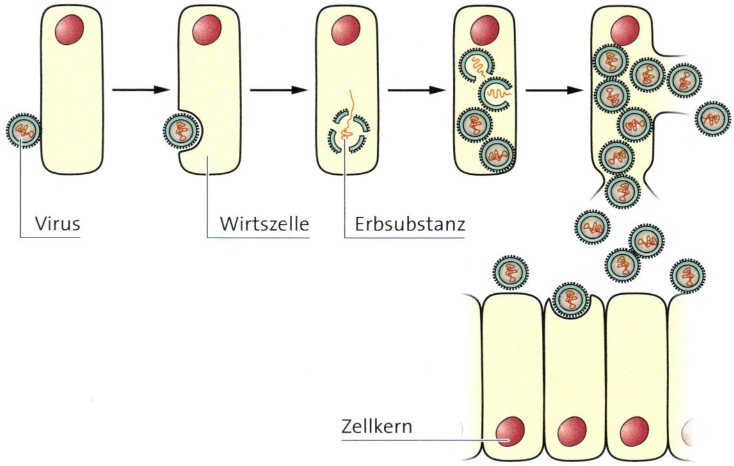

03 Vermehrung von Viren

STECKBRIEF

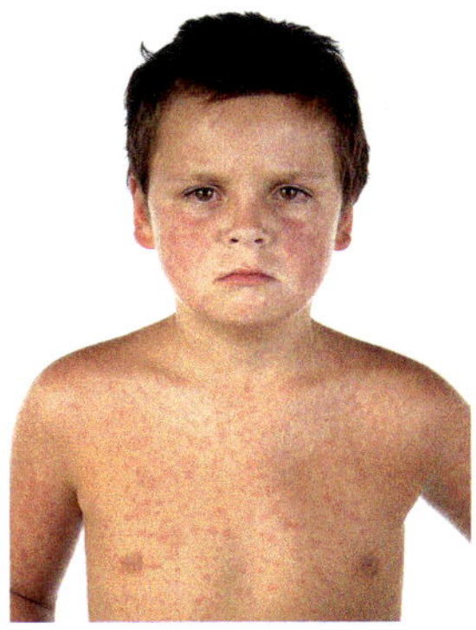

Masern

Übertragung: *Tröpfcheninfektion*

Inkubationszeit: *8–14 Tage*

Symptome: *Schnupfen, Husten und Fieber; nach vier Tagen rote Flecken am Körper, der Masernausschlag; Rückgang des Fiebers am 7. bis 8. Tag. Seltene Folge kann eine Hirnhautentzündung sein.*

Behandlung: *Schutzimpfung; bei Erkrankung: fiebersenkende Maßnahmen.*

STECKBRIEF

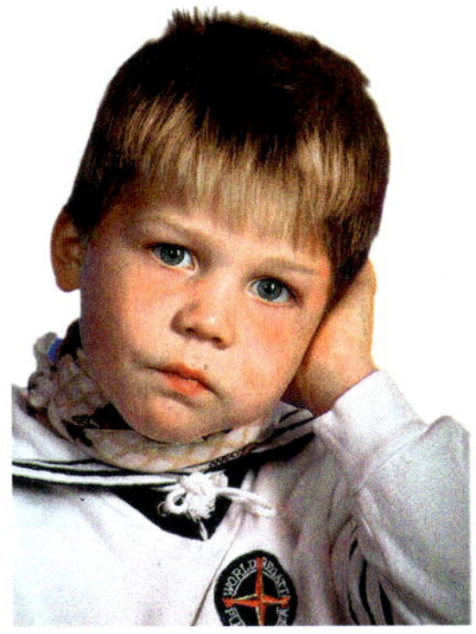

Mumps

Übertragung: *Tröpfchen- oder Kontaktinfektion*

Inkubationszeit: *12–25 Tage*

Symptome: *Fieber, Kopfschmerzen, Erbrechen; Schwellung der Ohrspeicheldrüsen, „Hamsterbacken". Seltene Folge bei Jungen kann eine Hodenentzündung sein.*

Behandlung: *Schutzimpfung; bei Erkrankung: fiebersenkende Maßnahmen.*

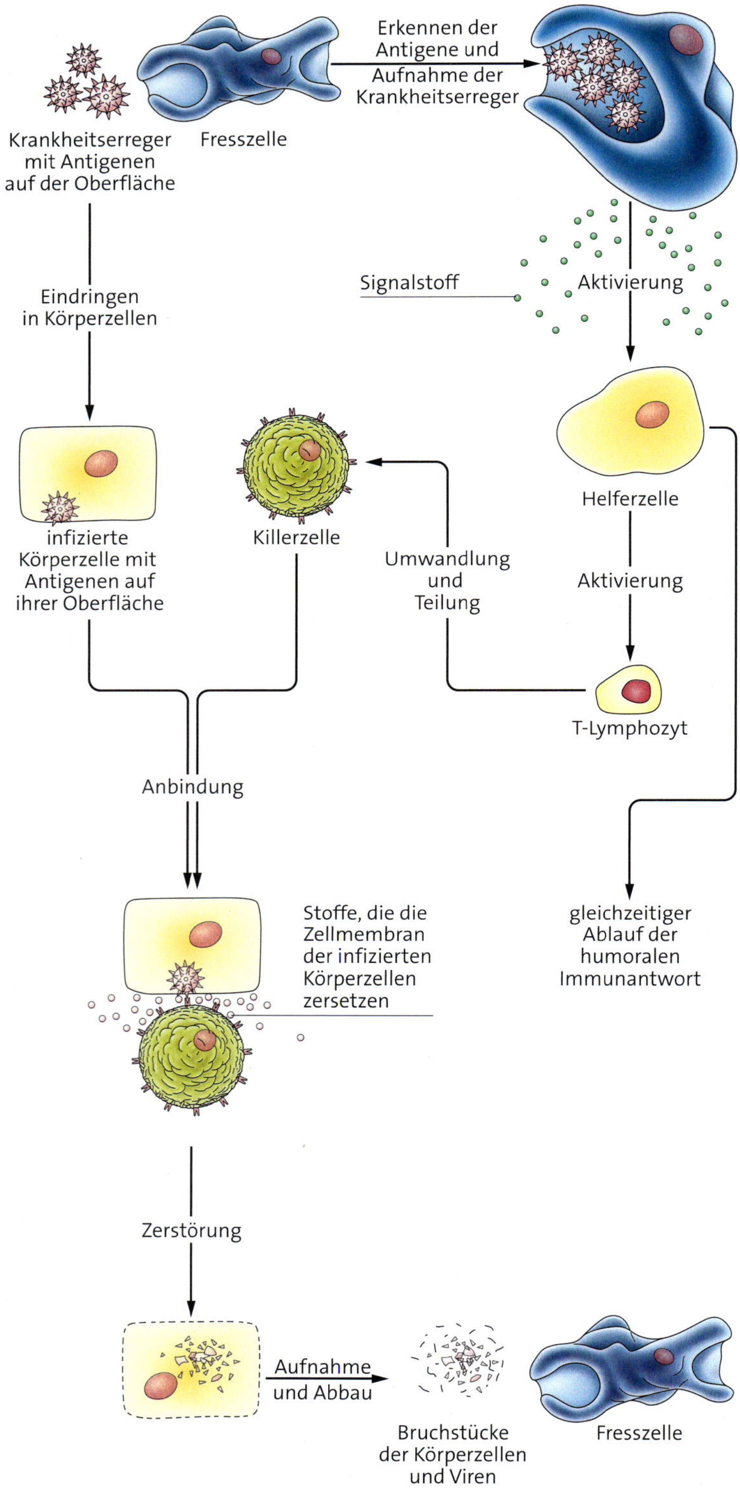

04 Ablauf einer zellulären Immunantwort (Schema)

ZELLULÄRE IMMUNANTWORT · Sind Viren in den Körper eingedrungen, so werden sie zunächst von speziellen weißen Blutzellen, den *Fresszellen*, als körperfremd erkannt und phagozytiert. Es setzt also die *humorale Immunantwort* ein. Fresszellen geben *Botenstoffe* ab, die die *Helferzellen* aktivieren. Sie aktivieren spezielle B-Lymphozten, die zu den Krankheitserregern passen. Diese B-Lymphozyten wandeln sich in Plasmazellen um und teilen sich vielfach. So entstehen viele dieser spezifischen Plasmazellen, die dann in großer Menge *Antikörper* gegen die eingedrungenen Viren, wie beispielsweise die Windpockenviren, bilden. Die im Blut vorhandenen Viren werden durch die Antikörper verklumpt und durch Fresszellen aufgenommen und abgebaut.

Doch durch ihren besonderen Vermehrungszyklus kann sich ein Teil der Viren dieser Immunabwehr entziehen, da sie Körperzellen befallen. Sobald die Viren in Körperzellen eingedrungen sind, können sie von den Fresszellen nicht mehr erkannt und aufgenommen werden. Der Stoffwechsel der infizierten Zelle wird auf die Produktion von Virenbausteinen umgestellt. Während der Produktion der Bausteine präsentiert die Wirtszelle Proteine der Virushülle auf ihrer Oberfläche. Die zelluläre Immunantwort setzt ein. Durch *Botenstoffe* der Helferzellen werden T-Lymphozyten aktiviert und wandeln sich in **Killerzellen** um. Diese Killerzellen binden an die Antigene auf der Oberfläche der infizierten Körperzellen und geben Stoffe ab, die die Zellmembran durchlöchern, sodass die infizierten Körperzellen sterben. Die Viren können sich nicht weiter vermehren. Auch die Bruchstücke der zerstörten Körperzellen werden von den Fresszellen aufgenommen und durch Phagozytose abgebaut.

2 Nenne die an der zellulären Immunantwort beteiligten Strukturen und ordne ihnen ihre jeweilige Funktion zu!

Material A ▸ Übertragungswege von Krankheitserregern

A1 Beschreibe die in den Abbildungen dargestellten Übertragungswege von Krankheitserregern!

A2 Nenne weitere Möglichkeiten der Übertragung von Krankheitserregern aus deinem Schulalltag!

A3 Beschreibe, wie man sich vor Infektionen mit Krankheitserregern schützen kann!

Material B ▸ Antikörper

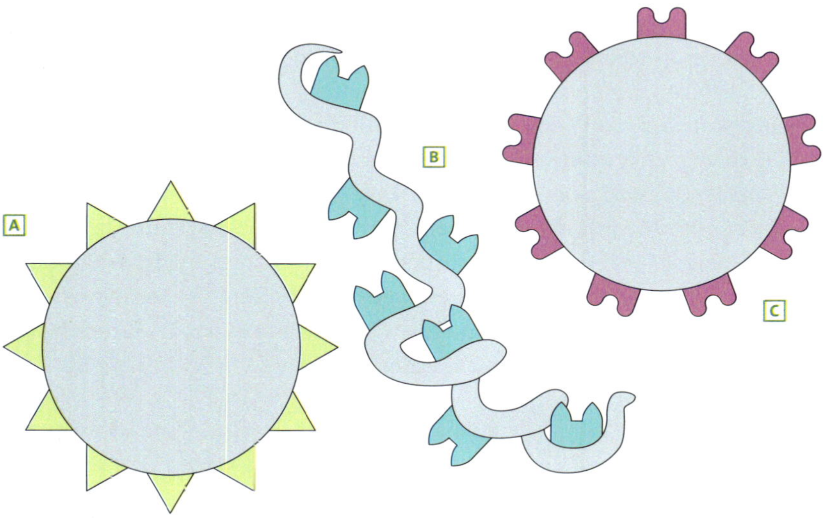

B1 Zeichne zu den drei abgebildeten Erregern die spezifischen Antikörper!

B2 Erläutere anhand dieser Beispiele das Schlüssel-Schloss-Prinzip!

B3 Erläutere die Vorteile der Bekämpfung von Krankheitserregern durch Antikörper!

B4 Nenne ein weiteres Beispiel für das Schlüssel-Schloss-Prinzip!

Material C ▸ Fieber

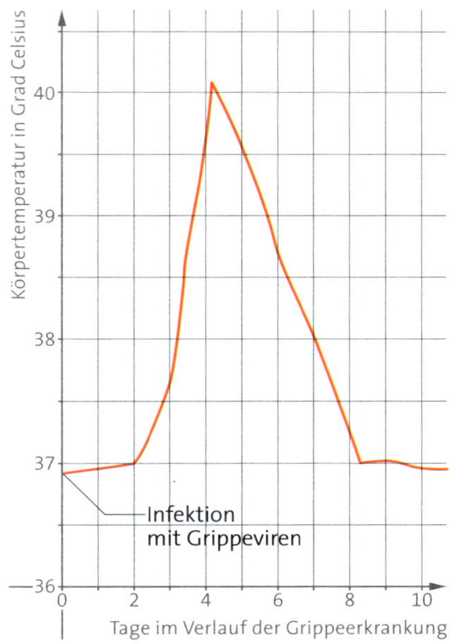

C1 Beschreibe das Diagramm und den Kurvenverlauf!

C2 Erläutere, weshalb das Fieber ab dem vierten Tag zurückgeht!

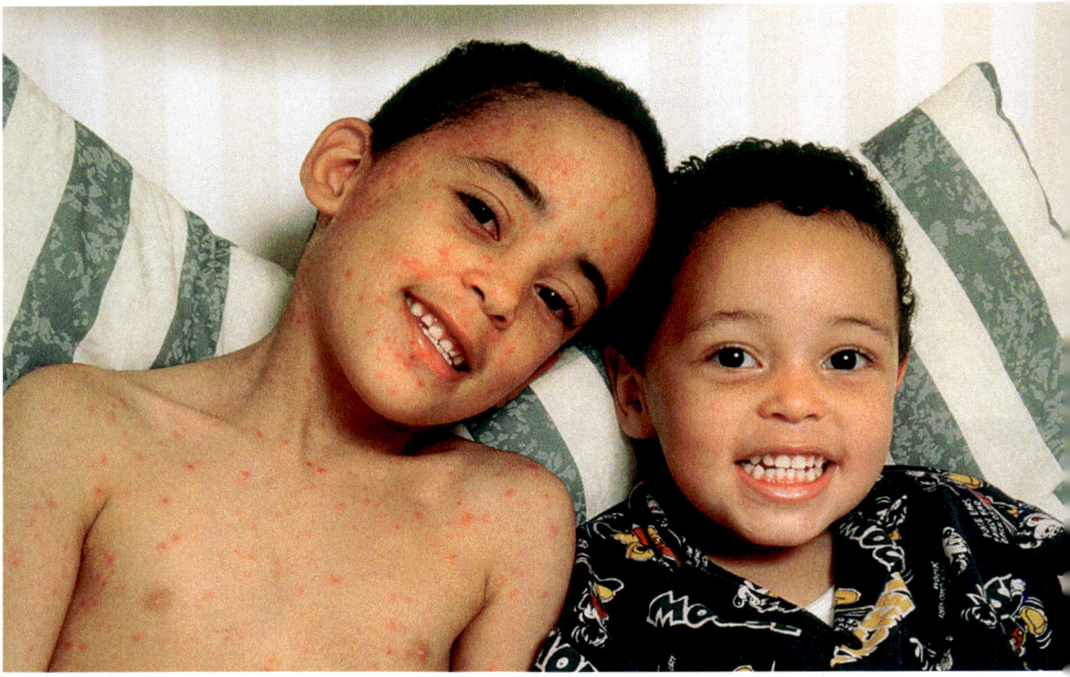

01 Junge mit Windpocken

Immunisierung

Ein Junge leidet unter Windpocken, die auf seiner Haut einen Juckreiz verursachen. Der Name Windpocken leitet sich von der hohen Ansteckungswahrscheinlichkeit ab, da die Viren mehrere Meter über die Luft verbreitet werden und somit auch ohne direkten Kontakt übertragen werden können. Dennoch erkrankt der Bruder des Jungen nicht, obwohl sich beide häufig in denselben Räumen aufhalten. Wie ist das zu erklären?

IMMUNITÄT · Wenn die Windpockenviren zum ersten Mal in den Körper eindringen, nehmen die Immunzellen ihre Tätigkeit auf. Fresszellen vernichten die Erreger und antikörperproduzierende Zellen werden aktiviert. Sie vermehren sich und bilden Antikörper gegen die Antigene der Windpockenviren. Allmählich werden dadurch immer mehr Windpockenviren verklumpt und vernichtet. Die Windpockenviren, die durch die Antikörper nicht abgefangen werden, können bestimmte Körperzellen befallen. Hier greifen jedoch die Killerzellen an. Sie zerstören die befallenen Zellen und verhindern so die Vermehrung der Windpockenviren. Bei dieser **Erstinfektion** läuft die Immunabwehr nicht schnell genug ab, sodass sich die Windpockenerreger trotzdem stark vermehren können. Wie bei dem Jungen kann das Immunsystem daher den Ausbruch der Windpocken nicht verhindern. Vor einigen Jahren ging es seinem Bruder genauso. Weshalb erkrankt der Bruder aber nicht erneut an dieser Kinderkrankheit?

Bei der Erstinfektion wird noch ein weiterer Vorgang eingeleitet: Es bilden sich nicht nur Zellen, die Antikörper produzieren, sondern auch Zellen, die die Information speichern, dass es sich um Windpocken-Antigene handelt. Sie heißen daher **Gedächtniszellen.** Wenn Jahre später bei einer **Zweitinfektion** die Windpockenviren wieder in den Körper eindringen, sorgen die zahlreich vorhandenen Gedächtniszellen dafür, dass in kürzester Zeit eine große Anzahl an Antikörpern entsteht.

Die Windpockenviren werden dadurch schnell bekämpft, bevor sie sich stark vermehren können. Der Körper ist gegen diesen Krankheitserreger **immun** geworden. Der Bruder des Jungen ist also nach der Erstinfektion vor Windpocken geschützt.

AKTIVE IMMUNISIERUNG · Neben den vergleichsweise harmlosen Symptomen können bei einer Windpockenerkrankung aber auch schwere Krankheitserscheinungen auftreten, zum Beispiel eine Hirnhautentzündung mit bleibenden Ausfällen von Gehirnfunktionen. Ärzte empfehlen daher schon für das frühe Kleinkindesalter eine vorbeugende Behandlung, die vor Windpocken schützt. Wie kann eine solche Maßnahme aussehen?
Der Arzt spritzt einem Kleinkind abgeschwächte Windpockenviren in den Oberarm, er **impft** das Kind. Bei anderen gefährlichen Infektionskrankheiten kommen auch abgetötete Erreger oder sogar nur Bruchstücke des Erregers als Impfstoff zum Einsatz. Wie bei einer Erstinfektion bildet das Immunsystem des Kindes nun nicht nur spezifische Antikörper gegen die Antigene der geimpften Erreger, sondern auch die entsprechenden Gedächtniszellen. Die Krankheit bricht nicht aus, weil die Krankheitserreger abgeschwächt oder unvollständig sind, sodass sie sich nicht vermehren können. Gelangen Jahre später vermehrungsfähige, krank machende Erreger in den Körper, können die Gedächtniszellen sofort und in kürzester Zeit dafür sorgen, dass eine große Anzahl von Antikörpern bereitsteht. Diese verhindern den Ausbruch der Krankheit. Nach einer Windpockenimpfung ist das Kind gegen die Windpockenviren immun. Da der Körper bei dieser Impfung selbst einen Schutz gegen eine bestimmte Infektionskrankheit aufbaut, spricht man von **aktiver Immunisierung.** Bei Kleinkindern verwendet man bei solchen *Schutzimpfungen* in der Regel Mehrfachimpfstoffe, die gegen verschiedene Krankheiten vorbeugen. So lässt sich bei der Vielfalt der möglichen Krankheitserreger die Anzahl der erforderlichen Impfungen verringern.

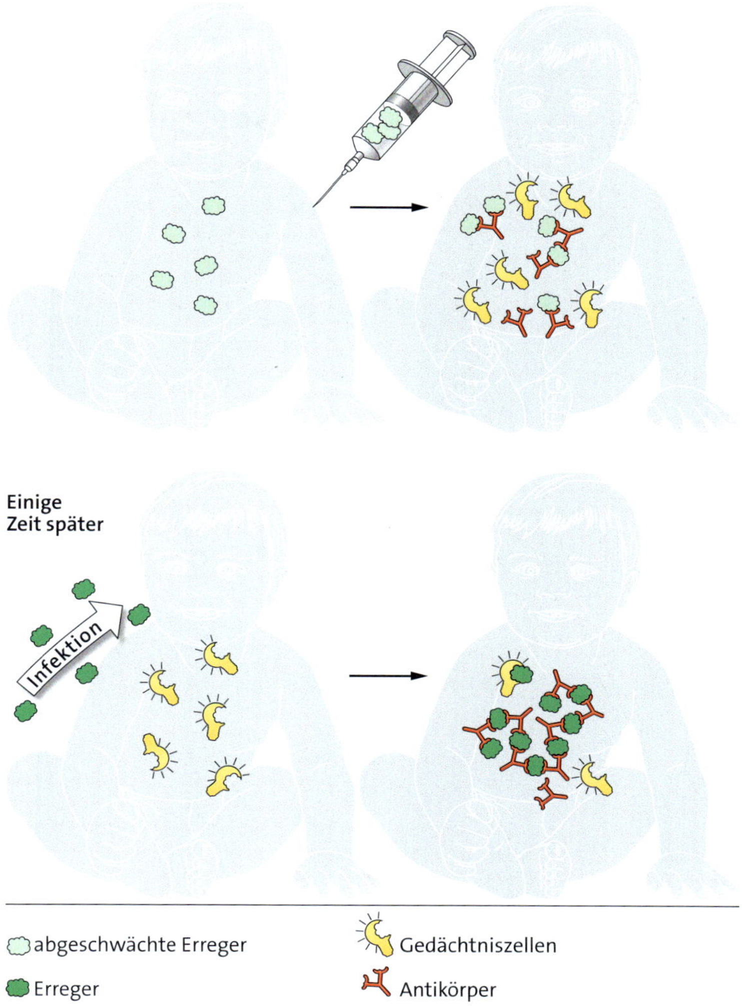

02 Aktive Immunisierung

Die Immunität geht jedoch häufig nach einigen Jahren verloren, weil die bei der aktiven Immunisierung gebildeten Gedächtniszellen nicht lebenslang erhalten bleiben. In solchen Fällen muss der Impfstoff durch eine *Auffrischungsimpfung* erneut gespritzt werden.
Die Impfstoffe für die aktive Immunisierung werden gewonnen, indem man Bakterien oder Viren vermehrt und diese so behandelt, dass sie ihre Fähigkeit zur Vermehrung verlieren.

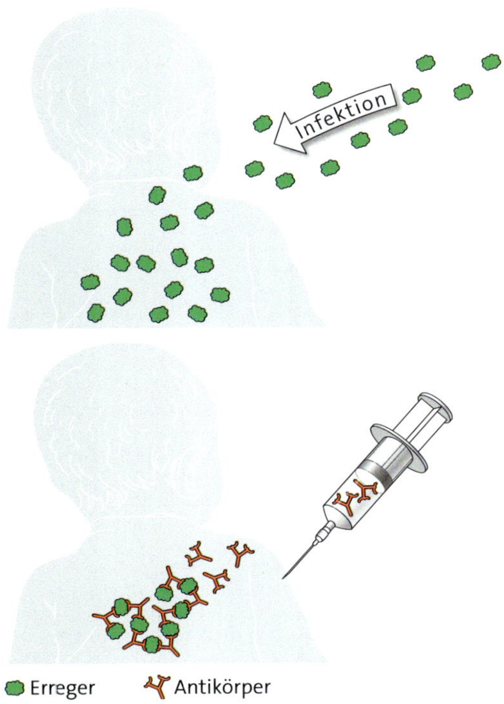

03 Passive Immunisierung

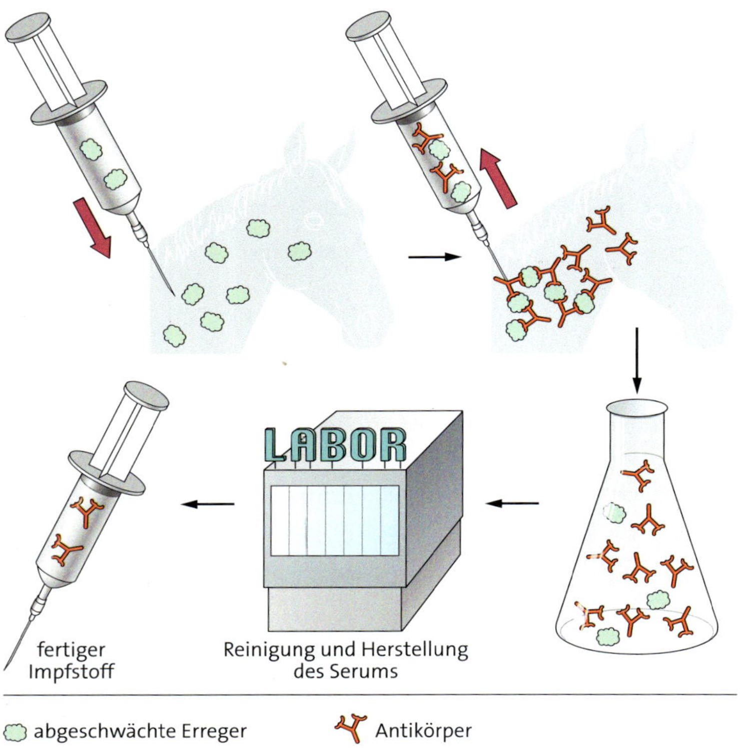

04 Herstellung von Heilserum

PASSIVE IMMUNISIERUNG · Wenn die Windpockenviren sich stark vermehrt haben, bricht die Krankheit aus. In einem solchen Fall kann man spezifische Antikörper gegen Windpockenviren spritzen. Diese Impfung verkürzt deutlich den Heilungsprozess einer bereits erkrankten Person und wird daher als *Heilimpfung* bezeichnet. Da die eingespritzten Antikörper nach einiger Zeit verbraucht oder abgebaut sind, erlischt der vorübergehende Impfschutz. Der Körper ist nicht dauerhaft immun, da die eigene spezifische Immunabwehr durch die schnelle Heilung nicht oder zumindest nicht ausreichend aktiviert wurde. Bei einer Zweitinfektion fehlen die notwendigen Gedächtniszellen für die schnelle Bekämpfung der Windpockenviren. Da der Körper die Krankheitserreger nicht selbst abwehrt, sondern die Heilwirkung auf den gespritzten spezifischen Antikörpern beruht, bezeichnet man diese Art der Impfung als **passive Immunisierung.**

Diese Impfmethode entwickelte 1890 der deutsche Arzt Emil VON BEHRING. Um den Impfstoff zu erhalten, spritzt man Säugetieren, wie zum Beispiel Pferden oder Schafen, abgeschwächte Krankheitserreger. Die Tiere bilden spezifische Antikörper gegen den jeweiligen Krankheitserreger. Diese Antikörper werden anschließend aus dem Blut gewonnen und zur Herstellung von *Heilserum* zur Behandlung erkrankter Personen verwendet.

1 Erkläre, weshalb die aktive Immunisierung als Schutzimpfung bezeichnet wird!

2 Nenne die Unterschiede zwischen aktiver und passiver Immunisierung! Fertige dazu eine Tabelle an!

3 Erstelle ein Flussdiagramm, das die einzelnen Verfahrensschritte zur Herstellung eines Heilserums beschreibt!

Material A ▸ Experiment mit Blut

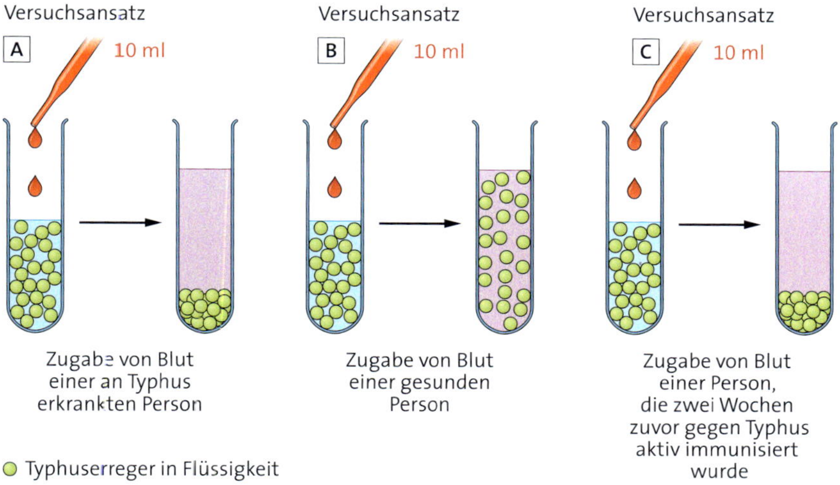

A1 Beschreibe die Durchführung des Experiments!

A2 Formuliere eine Fragestellung, die mit dem Experiment beantwortet werden kann!

A3 Deute die Ergebnisse!

A4 Wenn man in Ansatz C Blut einer Person verwendet, die mehrere Jahre zuvor gegen Typhus aktiv immunisiert wurde, erhält man das gleiche Ergebnis wie in Ansatz B. Erkläre!

Material B ▸ Impfen – pro und kontra

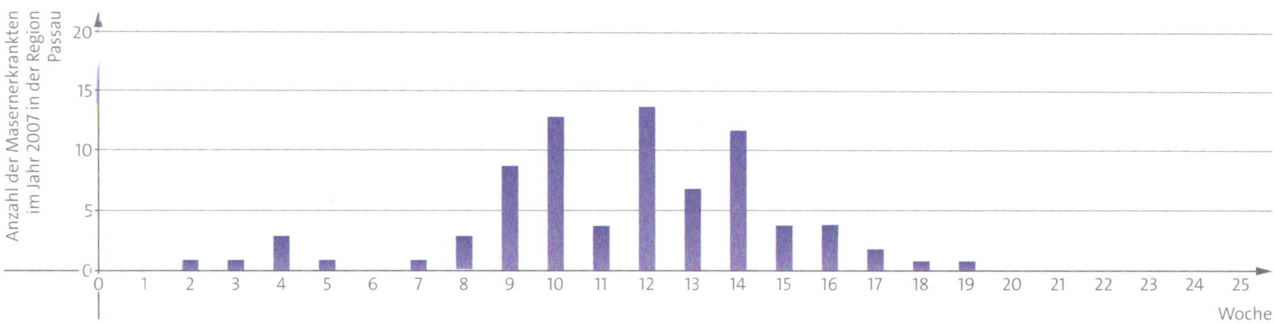

Viele Krankheiten konnten in Europa durch Impfungen ausgerottet werden. Impfen ist jedoch für viele nicht mehr selbstverständlich, da unter dem Stichwort Impfschäden diskutiert wird, ob Impfungen Erkrankungen wie Allergien oder Neurodermitis fördern können. Fehlende Impfungen führen aber dazu, dass bestimmte Krankheiten wie Masern wieder verstärkt auftreten. Masern ist eine Viruserkrankung, die zu Hautflecken führt und die Erkrankten schwächt. Eine zusätzliche Lungenentzündung kann tödlich sein.

Sind 95 Prozent einer Bevölkerung gegen eine Infektionskrankheit geimpft, spricht man vom Herdenschutz. Dieser Herdenschutz ist ein Argument für Impfungen: „Man schützt nicht nur sich selbst, sondern auch diejenigen, die aus medizinischen Gründen wie zum Beispiel Allergien nicht geimpft werden können, etwa Kleinkinder oder ältere und kranke Menschen."

B1 In der Region Passau kam es 2007 zu mehreren Maserninfektionen. Etwa 90 Prozent der Betroffenen waren ohne Impfschutz. Beschreibe und deute den Verlauf der Maserninfektionen anhand des Diagramms!

B2 Mindestens 95 Prozent der Deutschen müssen geimpft sein, um eine Infektionskrankheit wie Masern auszurotten. Erkläre, weshalb eine so hohe Impfrate nötig ist!

B3 Beurteile, ob der Hinweis auf den Herdenschutz ein begründbares Argument darstellt! Beachte hierbei, dass Argumente sowohl durch Tatsachen als auch durch Normen oder Interessen begründet sein sollten!

01 Plakat zum Welt-Aids-Tag

HI-Virus – Angriff auf das Immunsystem

Am Welt-Aids-Tag wird in jedem Jahr an die Krankheit Aids erinnert. Sie wird hervorgerufen durch ein Virus, das HI-Virus. Nach einer Infektion treten zunächst grippeähnliche Krankheitserscheinungen auf. Trotzdem sind HI-Viren sehr viel gefährlicher als Grippeviren. Weshalb sind sie so gefährlich?

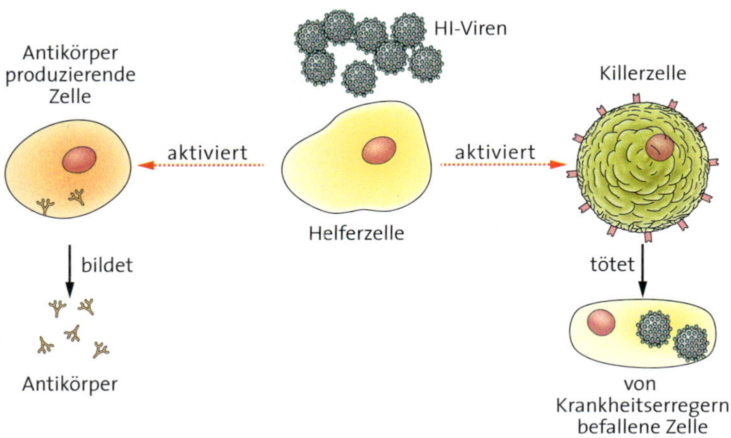

02 Aufgaben der Helferzellen im Immunsystem

HIV · Wie alle Viren benötigen auch HI-Viren für ihre Vermehrung bestimmte Wirtszellen. HI-Viren befallen weiße Blutzellen, vor allem solche, die bei einer Infektion helfen, das Immunsystem zu aktivieren. Man nennt diese Zellen **Helferzellen.** Sie aktivieren sowohl die Produktion von Antikörpern als auch die von Killerzellen. Infizierte Helferzellen werden durch das HI-Virus so stark geschädigt, dass sie absterben. Dringen nun andere Krankheitserreger in den Körper ein, können nicht genügend Antikörper und Killerzellen gebildet werden. Deshalb werden weder die Krankheitserreger im Blut noch die in den Körperzellen ausreichend bekämpft. HI-Viren sind somit besonders gefährlich, weil sie durch den Angriff auf die Helferzellen die wichtigsten Abwehrmöglichkeiten des Immunsystems stark schwächen. Das Virus erhielt daher den Namen **Human Immunodeficiency Virus,** abgekürzt **HIV,** was auf Deutsch menschliches Immunschwächevirus heißt.

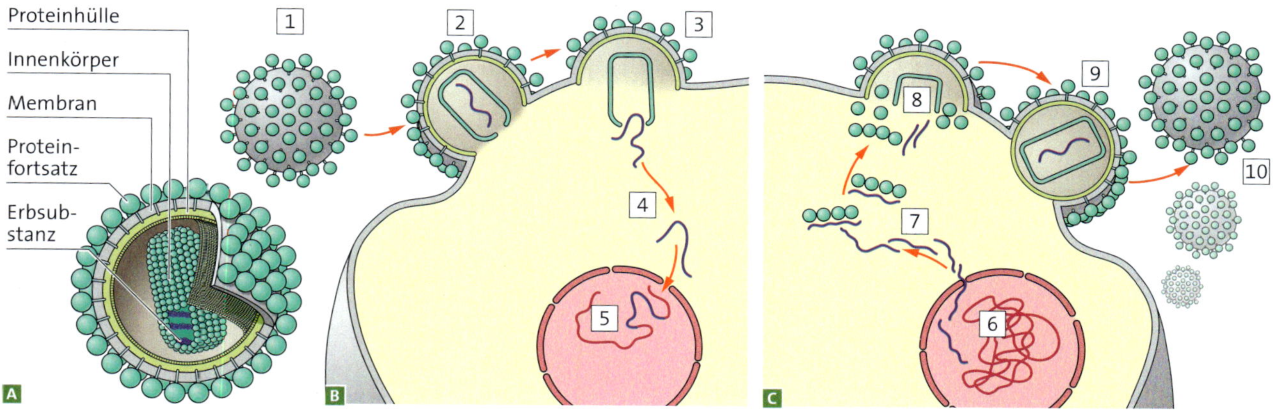

03 HI-Virus: **A** Bau, **B** Infektion (1 bis 5), **C** Vermehrung (6 bis 10)

BAU UND VERMEHRUNG VON HIV · HI-Viren sind wie Grippeviren etwa ein zehntausendstel Millimeter groß und bestehen aus einer Membran und einer Proteinhülle sowie aus Erbsubstanz. Im Unterschied zum Grippevirus besitzt das HI-Virus noch eine zweite, kapselartige Proteinhülle im Inneren, den *Innenkörper*. In diesem ist die Erbsubstanz eingeschlossen. Wenn HI-Viren ins Blut gelangen, bleiben sie mit ihren Proteinfortsätzen an der Zelloberfläche von weißen Blutzellen haften. Dann verschmilzt die Hülle des HI-Virus mit der Membran der Wirtszelle. Dadurch öffnet sich die Proteinhülle des Virus und der Innenkörper gelangt in die Wirtszelle. Die Erbsubstanz des Virus wird freigesetzt. Sie wandert in den Zellkern der Wirtszelle und wird dort in die Erbsubstanz der Wirtszelle eingebaut. Im Zellkern wird die HIV-Erbsubstanz kopiert. Die in den Kopien enthaltene Erbinformation stellt die normalen Vorgänge in der Wirtszelle so um, dass diese nun HIV-Bausteine herstellt. Im Zellplasma der Wirtszelle werden die Bausteine zu neuen HI-Viren zusammengesetzt, welche die Wirtszelle verlassen und weitere Helferzellen befallen können.

ÜBERTRAGUNG VON HIV · Nachdem sich HI-Viren vermehrt haben, kommen sie auch in verschiedenen Körperflüssigkeiten vor. Besonders viele sind im Blut sowie in der Spermien- und Scheidenflüssigkeit vorhanden, während im Speichel, in der Tränenflüssigkeit und im Urin nur wenige vorhanden sind. Man kann sich mit HIV infizieren, wenn die im Blut, in der Spermien- oder Scheidenflüssigkeit enthaltenen HI-Viren ins eigene Blut gelangen. Da oft kleinste, nicht bemerkbare Risse in der Scheidenschleimhaut oder am Penis vorhanden sind, können HI-Viren aus der Spermien- oder Scheidenflüssigkeit beim Geschlechtsverkehr ins Blut gelangen. Das ist einer der häufigsten Übertragungswege. Außerdem ist das Risiko einer Infektion sehr groß, wenn Drogenabhängige Spritzen gemeinsam benutzen und dadurch Blutreste eines Infizierten ins Blut eines Nichtinfizierten gelangen. Die Gefahr, dass eine infizierte Mutter während der Schwangerschaft das Virus auf das ungeborene Kind überträgt, ist gering. Während der Geburt ist aber über den Kontakt mit dem Blut der Mutter oder danach beim Stillen über die Muttermilch eine Infektion möglich. Eine Infektion über Bluttransfusionen im Krankenhaus ist heute weitgehend ausgeschlossen, da Blutkonserven in der Regel einer strengen Kontrolle auf HI-Viren unterliegen.

1 Begründe die Gefährlichkeit von HI-Viren!

2 Beschreibe die in Abbildung 03 dargestellten Vorgänge!

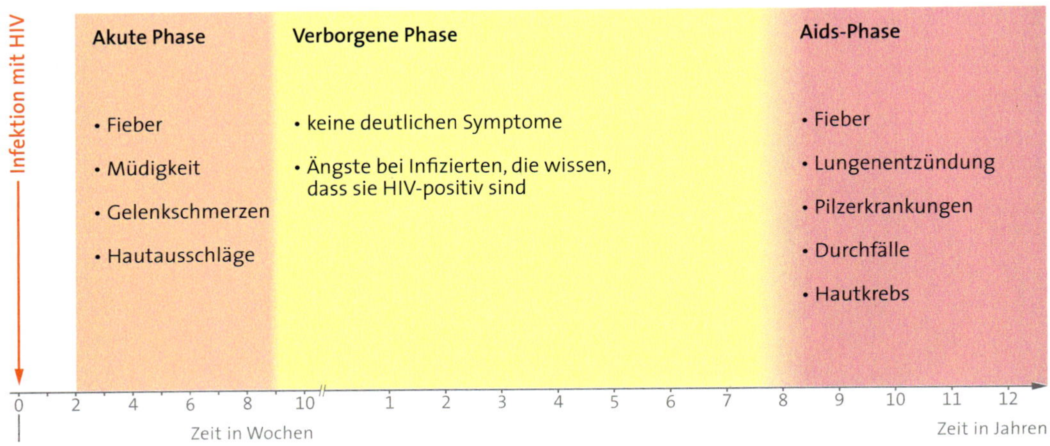

04 Krankheitsverlauf

KRANKHEITSVERLAUF · Etwa zwei bis sechs Wochen nach einer HIV-Infektion treten zunächst grippeähnliche Symptome auf, die nach etwa zwei Wochen wieder abklingen. Man bezeichnet diese Zeit, in der Krankheitserscheinungen auftreten, als **akute Phase.** Danach können viele Jahre ohne deutliche Symptome vergehen. Trotzdem steigt in dieser Zeit die Anzahl an HI-Viren, und die Anzahl an Helferzellen sinkt allmählich. Da die schleichende Schädigung des Immunsystems verborgen abläuft, nennt man diesen Zeitraum die **verborgene Phase.** Die weitere Abnahme der Anzahl an Helferzellen schwächt schließlich die Immunabwehr so stark, dass selbst gewöhnlich harmlose Krankheitserreger nicht mehr bekämpft werden können. Die Symptome der akuten Phase treten erneut auf, verschwinden aber nicht mehr. Damit beginnt die letzte Phase, in der sich die durch die HIV-Infektion erworbene Immunschwäche deutlich auswirkt. Sie wird als **Acquired Immunodeficiency Syndrome,** kurz **Aids,** bezeichnet, was auf Deutsch erworbenes Immunschwächesyndrom heißt. Da der Körper bei Aids allen Krankheitserregern weitgehend schutzlos ausgeliefert ist, sind die Krankheitserscheinungen vielfältig. Häufig treten Pilzerkrankungen, Lungenentzündung und Hautkrebs auf. Der Aidskranke stirbt schließlich an den Folgen dieser nicht mehr heilbaren Erkrankungen.

HIV-TEST · Obwohl bei einer HIV-Infektion die für die Aktivierung der Immunantwort verantwortlichen Helferzellen allmählich zerstört werden, findet auch gegen die HI-Viren eine Immunantwort statt. Es werden Antikörper gebildet, die die HI-Viren verklumpen. Diese Immunantwort kann aber die Vermehrung von HI-Viren nicht stoppen. HIV-Antikörper können zwölf Wochen nach der Infektion im Blut nachgewiesen werden. Auf diesem Nachweis beruht der HIV-Test. Sind HIV-Antikörper vorhanden, spricht man von *HIV-positiv*, fehlen sie, von *HIV-negativ*.

SCHUTZ VOR HIV · Aids ist mit Medikamenten noch nicht heilbar. Man kann mit ihnen nur den Ausbruch der Krankheit verzögern und das Leiden der Aidskranken lindern. Jeder sollte deshalb wissen, wie man sich vor einer HIV-Infektion schützen kann. Da die meisten Infektionen beim ungeschützten Geschlechtsverkehr erfolgen, ist die Verwendung von Kondomen eine wichtige Schutzmaßnahme. Bei der Ersten Hilfe von Verletzten sollte ein Blutkontakt vermieden werden. Drogenabhängige sollten immer eigene sterile Injektionsnadeln verwenden.
Alljährlich erinnern Prominente am Welt-Aids-Tag an die Einhaltung dieser Schutzmaßnahmen. Als Symbol der Verbundenheit mit Aidskranken dient eine rote Schleife.

05 Aidsschleife

Material A ▸ HIV-Übertragung

A

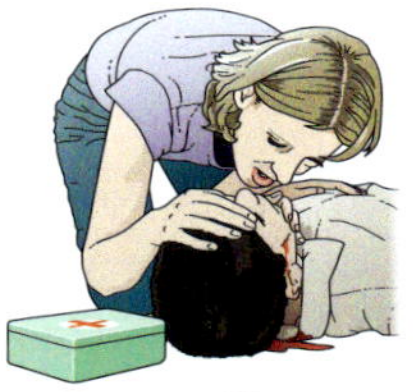
B

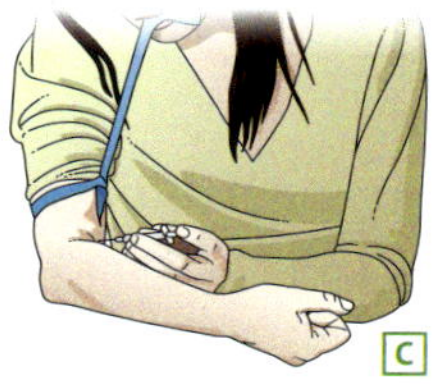
C

D

E

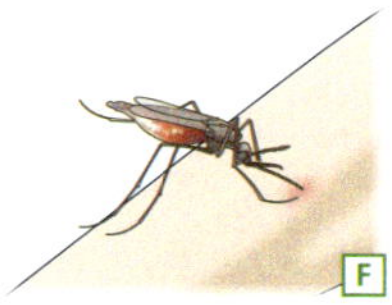
F

A1 Nenne die Abbildungen, die Situationen zeigen, bei denen ein hohes Risiko besteht, sich mit HIV zu infizieren!

A2 Begründe für die Abbildung E das Infektionsrisiko!

A3 Beschreibe ein weiteres Beispiel für eine mögliche HIV-Infektion!

Material B ▸ Krankheitsverlauf

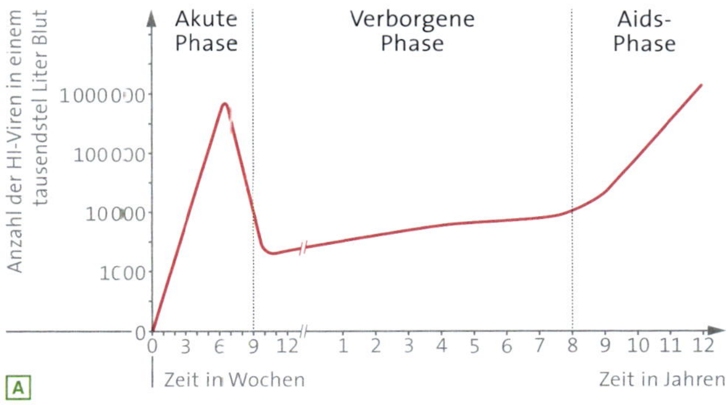

A

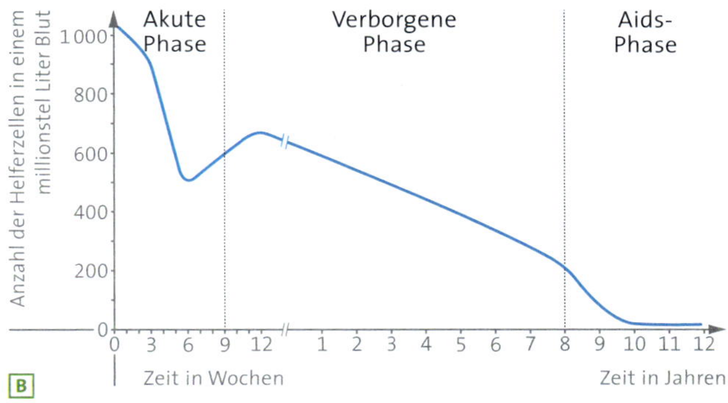

B

B1 Beschreibe die beiden Diagramme und den jeweiligen Kurvenverlauf!

B2 Erkläre den Zusammenhang der beiden Kurven!

B3 Vergleiche Aids-Phase und akute Phase! Begründe, weshalb die Krankheitserscheinungen in der Aids-Phase schwerwiegender sind!

Material C ▸ Schutz vor AIDS

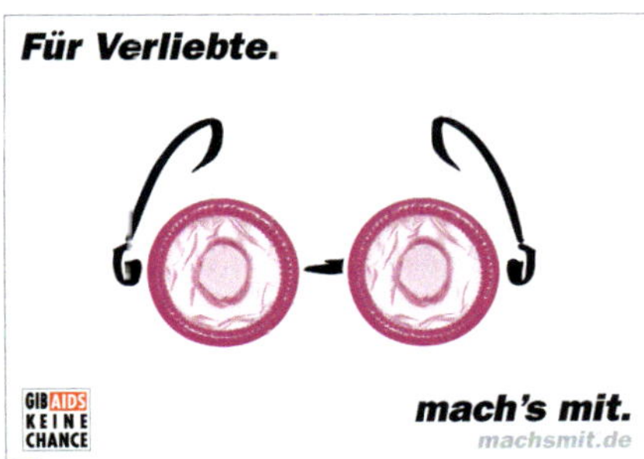

A

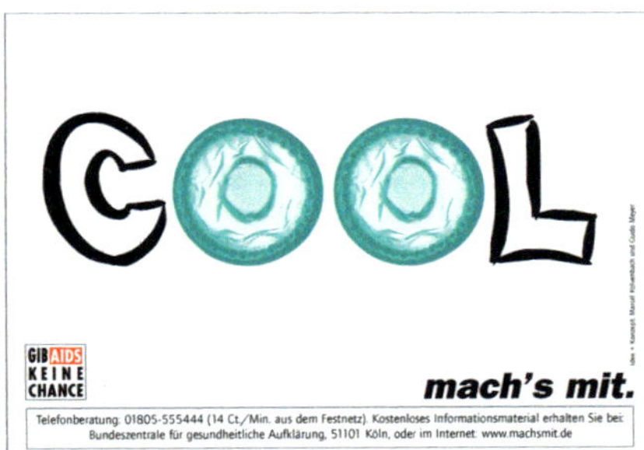

B

C1 Beschreibe die abgebildeten Werbeplakate!

C2 Erläutere die Aussagen eines der beiden Plakate!

C3 Entwirf selbst eine Postkarte zum Thema Aids!

IM BLICKPUNKT MEDIZIN

Blutgruppen

Karl LANDSTEINER (1868 bis 1943)

Bei einer Blutübertragung passt nicht das Blut jedes Spenders zu dem des Empfängers. Es können Unverträglichkeiten auftreten, die zu Verklumpungen der roten Blutzellen führen. Dadurch kommt es zu lebensgefährlichen Verstopfungen der Blutgefäße. Die Ursache dafür liegt darin, dass sowohl die roten Blutzellen als auch das Blutserum nicht bei jedem Menschen gleich sind. Die roten Blutzellen können sich in bestimmten Proteinen auf ihrer Oberfläche unterscheiden, den **Antigenen.** Bei der Bezeichnung der Blutgruppen ging ihr Entdecker, der Wiener Arzt Karl LANDSTEINER, von diesen Antigenen aus. Die roten Blutzellen der Blutgruppe A tragen das Antigen A. Die Blutgruppe B besitzt das Antigen B. Die Blutgruppe AB trägt beide Antigene und die Blutgruppe 0 trägt keine von beiden.

Im Blutserum können **Antikörper** enthalten sein, die zu den Antigenen passen. Das Blutserum der Blutgruppe A enthält Anti-B-Antikörper. Treffen sie auf rote Blutzellen mit dem Antigen B, kommt es zur Verklumpung. Das geschieht durch eine **Antigen-Antikörper-Reaktion.** Blutgruppe B enthält hingegen Anti-A-Antiköper, Blutgruppe 0 enthält beide Antikörpertypen und Blutgruppe AB keine.
Bei Blutübertragungen wird daher nur Blut der gleichen Blutgruppe verwendet. Zur Bestimmung der Blutgruppen genügen zwei *Testseren.* Davon enthält das eine Testserum Anti-A-Antikörper, das andere Anti-B-Antikörper. Wenn zum Beispiel die Blutprobe ausschließlich mit dem Testserum Anti-A verklumpt, handelt es sich um die Blutgruppe A.

1 Erläutere, wie man mithilfe zweier Testseren die Blutgruppe 0 bestimmen kann!

Blutgruppe	Rote Blutzellen	Blutserum
A	Antigene A	Anti - B - Antikörper
B	Antigene B	Anti - A - Antikörper
AB	Antigene A und B	keine Antikörper
0	keine Antigene	Anti - A - Antikörper; Anti - B - Antikörper

01 Blutgruppen A, B, AB und 0

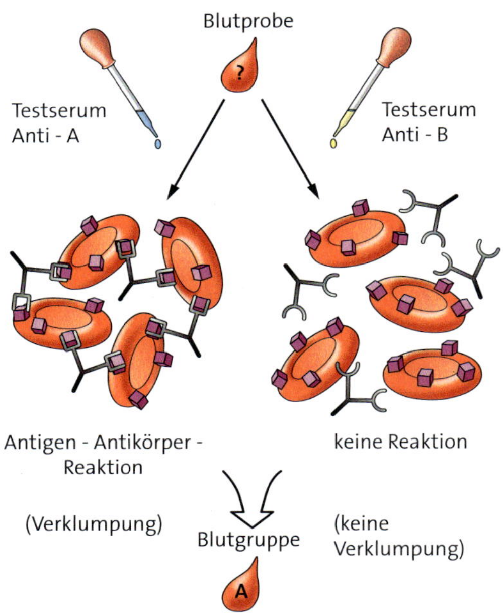

02 Blutgruppenbestimmung

IM BLICKPUNKT MEDIZIN

Allergien

Sobald manche Menschen in Kontakt mit Katzenhaaren kommen, tränen ihre Augen und ihre Nase läuft. Auch Kopfschmerzen und Atembeschwerden können auftreten. Die Katzenhaare tragen Antigene, die bei den meisten Menschen keine Beschwerden verursachen. Bei manchen jedoch lösen sie eine unangemessene Immunantwort aus, eine **Allergie.** Antigene, die eine Allergie auslösen, werden als **Allergene** bezeichnet.

Am häufigsten tragen die Pollen von Blütenpflanzen Allergene. Diese Allergene können *Heuschnupfen* auslösen. Die Nasenschleimhaut schwillt an und bildet sehr viel Schleim. Die Augen jucken, tränen und die Atemwege verengen sich. Bei besonders heftigen Allergien tritt schwere Atemnot auf. Solche allergischen Symptome können auch durch den Kot von Hausstaubmilben hervorgerufen werden. Allergische Hautausschläge entstehen oft durch den Kontakt mit bestimmten Metallen, zum Beispiel Nickel im Schmuck.

Weitere Allergene können auch in Nahrungsmitteln, der Kleidung, Kosmetika, Medikamenten, Insektengiften, Reinigungs- und Waschmitteln vorkommen. Bei manchen Allergenen setzt die allergische Reaktion sofort nach dem Kontakt mit der Haut oder der Schleimhaut ein, bei anderen erst nach Tagen oder Wochen.

Um herauszufinden, welche Allergene für eine allergische Reaktion infrage kommen, führt der Arzt einen *Allergietest* durch. Dazu tropft der Arzt verschiedene Testsubstanzen mit jeweils einem anderen Allergen auf die Haut. Danach sticht er mit einer Nadel durch die Tropfen hindurch in die Haut. Durch eine Rötung der Haut lässt sich das auslösende Allergen erkennen. Zur Milderung der allergischen Symptome kann man Medikamente einsetzen. Allerdings wirken sie nur kurze Zeit. Ganz ohne Beschwerden bleiben Allergiker nur, wenn sie den Kontakt mit dem Allergen vermeiden.

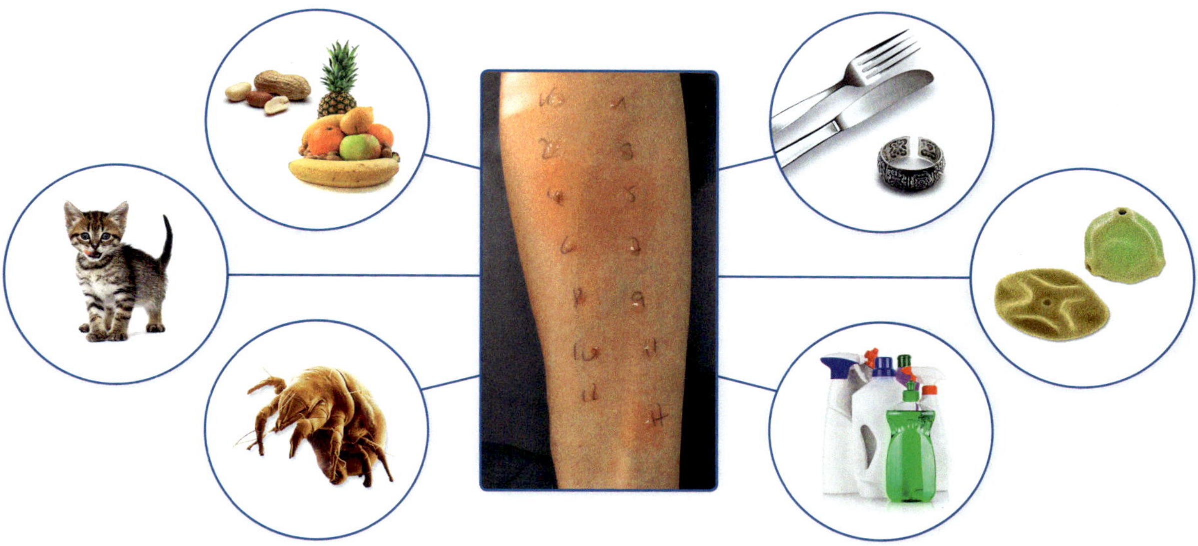

01 Vorkommen von Allergenen und Allergietest

A ▸ Unspezifische Immunabwehr

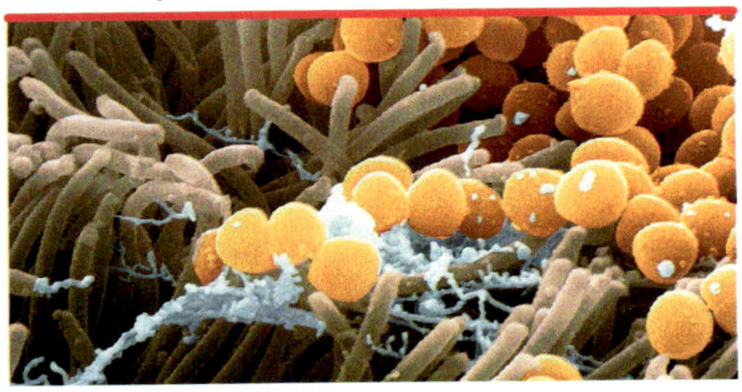

Kann ich ...

1 beschreiben, wie sich der Körper gegen das Eindringen von Krankheitserregern schützt? *(Seite 38)*

2 die Begriffe Infektion und Immunsystem definieren? *(Seite 38 und 39)*

3 beschreiben, wie Fresszellen in den Körper eingedrungene Krankheitserreger durch Phagozytose unschädlich machen? *(Seite 39)*

4 den Verlauf einer Entzündungsreaktion beschreiben und die Ursache einer Entzündung nennen? *(Seite 39)*

5 die Bestandteile des Lymphgefäßsystems nennen? *(Seite 40)*

6 die Funktion der Lymphknoten bei der Immunabwehr beschreiben? *(Seite 40)*

B ▸ Bakterien

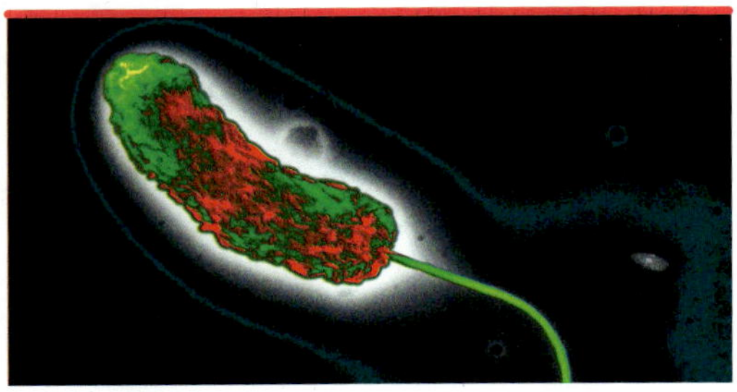

Kann ich ...

1 den Bau von Bakterien beschreiben? *(Seite 42 und 43)*

2 verschiedene bakterielle Infektionskrankheiten nennen? *(Seite 43)*

3 die Symptome einer bakteriellen Infektion nennen und erklären? *(Seite 43)*

4 den Begriff Inkubationszeit definieren? *(Seite 43)*

5 den Ablauf einer humoralen Immunantwort beschreiben? *(Seite 44)*

6 die Entstehung eines Antigen-Antikörper-Komplexes erklären? *(Seite 44)*

7 das Schlüssel-Schloss-Prinzip am Beispiel der spezifischen Immunabwehr erläutern? *(Seite 44)*

C ▸ Viren

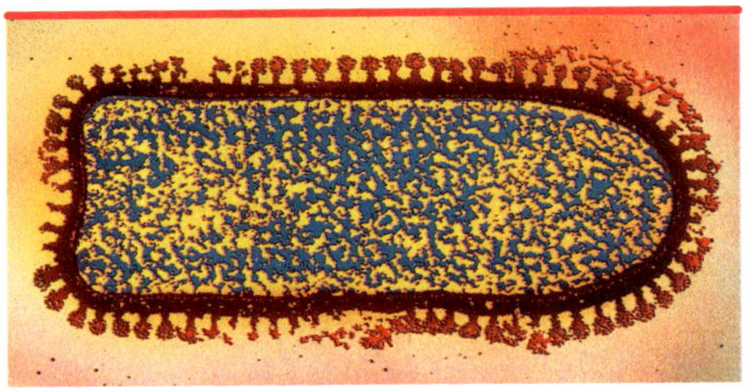

Kann ich ...

1 den Bau und die Vermehrung von Viren beschreiben? *(Seite 48 und 49)*

2 Beispiele für Viruserkrankungen und Möglichkeiten der Übertragung von Viren nennen? *(Seite 49)*

3 die Abläufe im Körper bei der Bekämpfung von eingedrungenen Viren beschreiben? *(Seite 50)*

4 die Unterschiede zwischen der Immunabwehr bei einer bakteriellen Infektion und der Immunabwehr bei einer Viruserkrankung erklären? *(Seite 50)*

D ▸ Immunisierung

Kann ich …

1 die Vorgänge beschreiben, die bei einer Windpockeninfektion ablaufen? *(Seite 52 und 53)*

2 beschreiben, wie es zur Bildung von Gedächtniszellen kommt? *(Seite 52)*

3 beschreiben, wie eine aktive Immunisierung verläuft? *(Seite 53)*

4 erklären, weshalb eine aktive Immunisierung vor Infektionskrankheiten schützen kann? *(Seite 53)*

5 die aktive und die passive Immunisierung hinsichtlich ihrer Impfstoffe, ihrer Einsatzmöglichkeiten und ihrer Wirkungsdauer vergleichen? *(Seite 53 und 54)*

E ▸ HIV und Aids

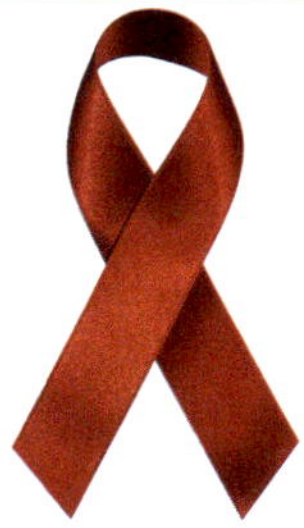

Kann ich …

1 den Bau und die Vermehrung des HI-Virus beschreiben? *(Seite 57)*

2 Situationen nennen, in denen die Gefahr einer HIV-Infektion besonders hoch ist? *(Seite 57)*

3 die Durchführung eines HIV-Tests beschreiben? *(Seite 58)*

4 Schutzmaßnahmen zur Vermeidung einer HIV-Infektion nennen? *(Seite 58)*

5 die Phasen der Aidserkrankung beschreiben und ihre Symptome nennen? *(Seite 58)*

Kann ich aus dem Kapitel „Immunbiologie" Beispiele nennen für das Basiskonzept:

- Struktur und Funktion?
- Information und Kommunikation?
- Angepasstheit?
- Reproduktion?
- Variabilität?

Fortpflanzung und Entwicklung

In diesem Kapitel beschäftigst du dich mit

- der Pubertät. Du lernst etwas über die Veränderungen des Körpers und des Verhaltens während der Zeit des Erwachsenwerdens. Hierbei erfährst du auch etwas über die Wirkung der Geschlechtshormone.
- der Fortpflanzung. Hierbei lernst du etwas über die weiblichen und männlichen Geschlechtsorgane und die Bildung von Geschlechtszellen. Außerdem lernst du die Vorgänge während eines Menstruationszyklus und einer Schwangerschaft kenne
- Liebe und Sexualität. Du lernst dabei etwas über Liebe, Partn schaft und Sexualität. Hierbei erfährst du auch etwas über verschiedene Formen der Sexualität.
- der Familienplanung. Dabei lernst du verschiedene Verhüt methoden kennen.

01 Erwachsenwerden:
A Kindheit,
B Pubertät,
C Erwachsenenalter

Zeit des Erwachsenwerdens

lateinisch pubertas = Geschlechtsreife

Auf dem Weg vom Kind zum Erwachsenen, der Pubertät, durchleben Jungen und Mädchen zahlreiche körperliche Veränderungen. Auch ihr Verhalten ändert sich. Was ist die Ursache dieser Veränderungen?

KÖRPERLICHE VERÄNDERUNGEN • Jungen und Mädchen unterscheiden sich während der ersten Lebensjahre in ihrem Körperbau vor allem durch ihre **primären Geschlechtsmerkmale.** Äußerlich sind dies der Penis und der Hodensack beim Jungen und die Schamlippen beim Mädchen.

Die Pubertät beginnt meistens mit einem Wachstumsschub. Dieser erfolgt bei Mädchen etwa im Alter von zehn bis zwölf Jahren, bei Jungen etwa zwei Jahre später. Zusätzlich finden weitere körperliche Veränderungen statt, an denen man Frauen und Männer schließlich deutlich unterscheiden kann: Die **sekundären Geschlechtsmerkmale** entstehen. Beim Jungen beginnen *Schamhaare, Achselhaare* und *Barthaare* zu wachsen. Auch die restliche Körperbehaarung wird oft stärker. Die Schultern werden breiter, die *Muskulatur* wird *kräftiger*, das Becken dagegen bleibt schmal. Der Kehlkopf mit den darin liegenden Stimmbändern vergrößert sich, wodurch die Stimme während des *Stimmbruchs* tiefer wird. Beim Mädchen entwickeln sich ebenfalls *Scham-* und *Achselhaare.* Die *Brüste* mit den Milchdrüsen wachsen, und durch die Einlagerung von *Fettpolstern* in die unteren Hautschichten wird die Körperform weicher. Vor allem das *Becken* wird *runder* und *breiter,* während die Schultern schmal bleiben.

Die bedeutendste Veränderung aber findet in den Geschlechtsorganen statt: Sie wachsen, und in den Hoden beginnen sich *reife Spermienzellen* zu bilden. Ab diesem Moment ist der Junge fähig, Kinder zu zeugen. Wenn sich viele reife Spermienzellen angesammelt haben, kann es im Schlaf zu einem ungewollten Samenerguss, der *Pollution,* kommen. Auch beim

Mädchen ist die wichtigste Veränderung von außen kaum sichtbar: In den reifenden Geschlechtsorganen wird die erste *reife Eizelle* gebildet. Danach setzt die erste Monatsblutung ein, die *Menstruation*. Das Mädchen kann ab jetzt schwanger werden. Die Pubertät führt also schrittweise zu der Fähigkeit, eigene Kinder zu bekommen, zur **Geschlechtsreife.**

Mit der Pubertät beginnen bei Jungen und Mädchen die *Schweißdrüsen* verstärkt zu arbeiten sowie Drüsen, die Haut und Haare fetten, die *Talgdrüsen*. Deshalb wird die tägliche Körperpflege wichtiger als je zuvor. Wenn die Talgdrüsen der einzelnen Härchen mehr Talg bilden, kann es zur Verstopfung der dünnen Ausfuhrkanäle kommen. Der Talg staut sich nun unter der Haut, ein *Mitesser* ist entstanden. Wenn der Mitesser sich durch das Eindringen von Bakterien entzündet, entsteht Eiter. Dadurch vergrößert sich der Mitesser weiter und wird zum *Pickel*. Treten solche Pickel gehäuft auf, spricht man von **Akne.** Sie kommt vor allem im Gesicht, aber auch an Hals und Rücken vor. Wer unter Akne leidet, sollte zu einem Hautarzt gehen. Mit dem Ende der Pubertät klingt die Akne meistens von selbst wieder ab.

GESCHLECHTSHORMONE • Ursache aller Veränderungen in der Pubertät sind körpereigene Botenstoffe, die bereits in winzigen Mengen wirken, die **Hormone.** Dabei bildet zunächst eine Drüse im Gehirn, die *Hypophyse*, bestimmte Hormone. Diese werden in den Blutkreislauf abgegeben und dadurch im ganzen Körper verteilt. Kommen sie in den Geschlechtsdrüsen an, bewirken sie dort die Bildung von weiteren Hormonen, den **Geschlechtshormonen.** In den Hoden wird vor allem *Testosteron*, in den Eierstöcken *Östrogen* gebildet. Diese werden in die Blutbahn abgegeben und bewirken die Reifung der Geschlechtsorgane und die Ausbildung der sekundären Geschlechtsmerkmale. Beginn und Ende dieses Vorgangs sind individuell sehr unterschiedlich und durch den Willen nicht beeinflussbar.

Die Menge der Geschlechtshormone im Blut wird ständig im Gehirn kontrolliert: Wenn viele Geschlechtshormone im Blut vorhanden sind, bildet die Hypophyse weniger Hypophysenhormone. Daraufhin stellen die Geschlechtsdrüsen weniger Hormone her. Wenn die Menge der Geschlechtshormone im Blut abnimmt, werden wieder mehr Hypophysenhormone produziert.

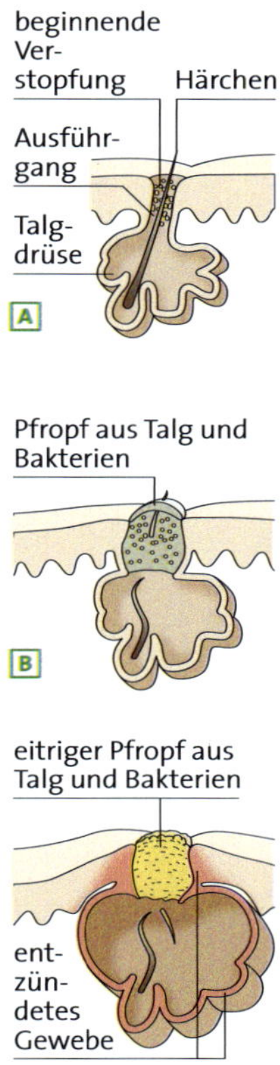

02 Aknebildung

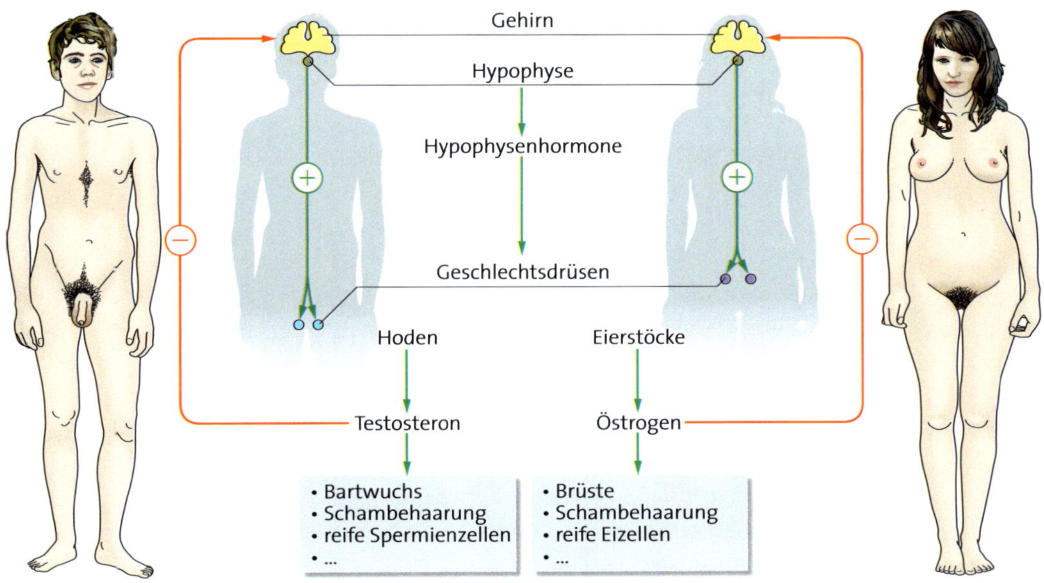

03 Hormonelle Steuerung der Pubertät

VERÄNDERUNGEN IM VERHALTEN • Nicht nur der Körper verändert sich während der Pubertät, sondern auch das Gefühlsleben. Aus Kindern werden Erwachsene, die ihre Umwelt und vor allem das andere Geschlecht mit ganz anderen Augen betrachten. Neue Gedanken und Gefühle, die mit der Sexualität zu tun haben, erwachen: Verliebtsein, Sehnsucht oder auch starke Abneigung gegen andere Menschen. Diese Gefühle sind oft irritierend und beunruhigend.

Es ist ganz natürlich, dass ein Jugendlicher in der Pubertät sich viel mit seinem Körper und dessen Veränderungen beschäftigt. So können bei Jungen wie Mädchen schon allein der Gedanke an einen attraktiven Partner des anderen Geschlechts oder andere sexuelle Fantasien zu sexueller Erregung führen. Auch können Jungen wie Mädchen durch Reizung der eigenen Geschlechtsorgane lustvolle Gefühle bis hin zum Orgasmus herbeiführen. Diese *Selbstbefriedigung,* auch **Masturbation** genannt, kann dem Vertrautwerden mit dem eigenen Körper dienen und ist kein unnormales oder gesundheitsschädliches Verhalten.

Die Entwicklung der sekundären Geschlechtsmerkmale zeigt die Geschlechtsreife an und führt dazu, dass man für das andere Geschlecht attraktiv wird. Auch das Hineinfinden in diese **Geschlechterrolle** ist nicht immer einfach. So muss man erst lernen, wie man durch Kleidung, Mimik und Gestik die Aufmerksamkeit eines möglichen Partners gewinnen kann. Wollen wir durch unser Verhalten Interesse an einem möglichen Partner signalisieren, dann *flirten* wir. Dabei verwenden wir oft unbewusst Signale, die vom anderen Geschlecht ebenso unbewusst verstanden werden, sogenannte **Flirtsignale.** Dazu gehören beispielsweise der *„Hair-Flip“* und der *„Head-Toss“*, bei denen das Mädchen auf eine bestimmte Art die Haare zurückstreicht oder den Kopf nach hinten wirft.

Die neue Rolle hat auch problematische Seiten. Dazu gehören zum Beispiel das Abweisen eines unerwünschten Verehrers bis hin zur Abwehr einer möglichen sexuellen Belästigung, aber auch die Angst, selbst zurückgewiesen zu werden. Deshalb schließen sich Jungen und Mädchen in der Pubertät oft in Gruppen, den **Cliquen,** zusammen, in denen sie von Freunden oder Freundinnen umgeben sind und sich geborgen fühlen. Meistens sind es reine Jungen- oder Mädchencliquen.

1 Vergleiche die körperlichen Veränderungen von Jungen und Mädchen während der Pubertät in Form einer Tabelle!

2 Erläutere die Ursache der körperlichen und seelischen Veränderungen in der Pubertät!

04 Flirtsignale: **A** „Hair-Flip“, **B** „Head-Toss“

Material A ▸ Sekundäre Geschlechtsmerkmale

An öffentlichen Toiletten findet man oft Symbole für Männer und Frauen.

A1 Erläutere, wie die dargestellten Symbole mit den jeweiligen sekundären Geschlechtsmerkmalen zusammenhängen!

A2 Frauen und Männer betonen diese Geschlechtsmerkmale oft durch ihre Kleidung. Nenne für jedes Geschlecht zwei solche Kleidungsstücke!

Material B ▸ Träume sind Schäume

Wie stark sich die sekundären Geschlechtsmerkmale in der Pubertät ausprägen, hängt von der Menge der gebildeten Geschlechtshormone ab.

B1 Interpretiere die Karikatur!

B2 Nimm Stellung zu der Aussage: „Die Ausprägung der sekundären Geschlechtsmerkmale kann man durch den Willen beeinflussen"!

B3 Beurteile, ob die dargestellten Formen von Mann und Frau erstrebenswert sind!

Material C ▸ Flirtsignale

C1 Nenne typische Verhaltensänderungen von pubertierenden Jungen und Mädchen!

C2 Beschreibe die Flirtsignale, die das Mädchen aussendet!

C3 Schreibe eine mögliche Unterhaltung auf, die das Mädchen und der Junge gerade führen könnten!

C4 Erläutere an diesem Beispiel das Basiskonzept Information und Kommunikation!

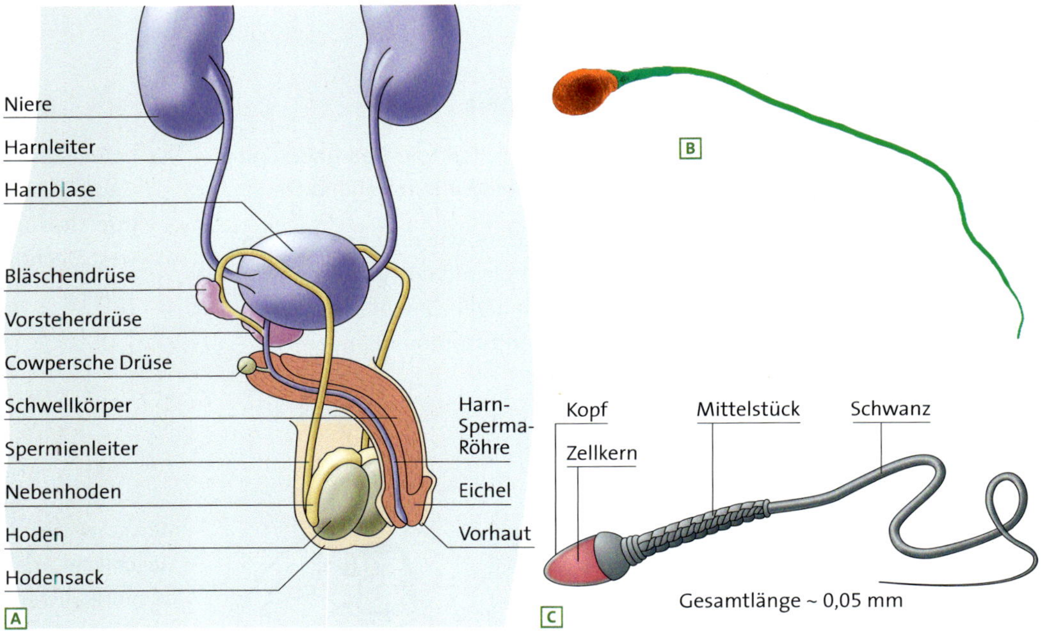

01 Männliche Geschlechtsorgane:
A Bau,
B Spermienzelle (Foto, gefärbt),
C Spermienzelle (Schema)

Geschlechtsorgane

Die Geschlechtszellen, aus denen ein neuer Mensch entsteht, und die Organe, in denen sie gebildet werden, sind bei Mann und Frau sehr unterschiedlich gebaut. Worin bestehen diese Unterschiede?

MÄNNLICHE GESCHLECHTSORGANE · Die äußerlich sichtbaren Geschlechtsorgane bestehen beim Jungen aus dem *Penis* und dem *Hodensack*. Der Hodensack enthält zwei eiförmige, meistens etwas ungleich große *Hoden*, auf denen je ein *Nebenhoden* sitzt. Die Hoden sind die männlichen Geschlechtsdrüsen, in denen ab der Pubertät reife männliche Geschlechtszellen, die **Spermienzellen,** gebildet werden. Sie werden in den Nebenhoden gespeichert. Von den Nebenhoden führt jeweils ein Gang, der *Spermienleiter,* Richtung Penis. Die Spermienzellen können über diesen Gang nach außen transportiert werden. Dabei passieren sie die *Bläschendrüsen* und die *Vorsteherdrüse,* die *Prostata.* Diese Drüsen geben eine weißlich trübe Flüssigkeit ab, in der sich die Spermienzellen bewegen und einige Tage überleben können. Die Spermienzellen und die Flüssigkeit werden zusammen als **Sperma** bezeichnet.
Kurz vor dem Penis vereinigen sich die Spermienleiter mit dem *Harnleiter,* der von der Harnblase kommt. Dieser gemeinsame Gang, die *Harn-Sperma-Röhre,* ist im Penis von *Schwellkörpern* umgeben. Das sind keine Muskeln, sondern Hohlräume. Bei sexueller Erregung füllen sie sich mit Blut. Dadurch wird der Penis dicker, länger und steif. Das etwas verdickte, vordere Ende des Penis, die *Eichel,* ist sehr berührungsempfindlich und durch die Vorhaut geschützt, die sich bei einer Versteifung des Penis zurückzieht.

BAU DER SPERMIENZELLE · Eine einzelne männliche Geschlechtszelle, die Spermienzelle, ist sehr klein und besteht aus drei Teilen: einem ovalen Vorderteil, dem *Kopf,* der den Zellkern mit der Erbsubstanz enthält, einem *Mittelstück,* das die Energie für die Fortbewegung bereitstellt, und einem fadenförmigen *Schwanz,* zur Fortbewegung.

WEIBLICHE GESCHLECHTSORGANE · Im Unterschied zum Jungen befinden sich beim Mädchen die meisten Geschlechtsorgane im Inneren des Körpers. Die beiden weiblichen Geschlechtsdrüsen, die *Eierstöcke,* liegen in der Bauchhöhle und sind etwa so groß wie die Hoden des Mannes. Sie enthalten bis zu 400 000 unreife **Eizellen.**
Von jedem Eierstock führt ein Gang, der *Eileiter,* zur *Gebärmutter,* die man auch *Uterus* nennt. Der trichterförmige Beginn des Eileiters nimmt die reife Eizelle auf, und der Eileiter transportiert sie weiter in die Gebärmutter. Diese besteht aus einem Muskel und ist mit einer gut durchbluteten Schleimhaut ausgekleidet. Die *Gebärmutterschleimhaut* kann eine befruchtete Eizelle aufnehmen und versorgen. Der Ausgang der Gebärmutter, der *Muttermund,* ist eng und meistens durch einen Schleimpfropfen verschlossen.
Vom Muttermund führt ein muskulöser Gang, die *Scheide* oder *Vagina,* nach außen. Ihr Eingang ist von Geburt an von einer dünnen Haut, dem *Jungfernhäutchen,* verschlossen. Es reißt leicht, zum Beispiel beim ersten Geschlechtsverkehr. Über den Eingang legen sich zwei dünne und darüber zwei dickere Hautfalten, die *kleinen* und die *großen Schamlippen.* Schamlippen, Jungfernhäutchen und Schleimpfropfen verhindern das Eindringen von Krankheitserregern.
Zwischen den Schamlippen befinden sich neben der Öffnung der Vagina auch der Ausgang der *Harnröhre* sowie der *Kitzler,* der auch *Klitoris* heißt. Die Klitoris besteht aus einem kleinen *Schwellkörper* und einem von einer Hautkappe bedeckten *Kopf,* der sehr berührungsempfindlich ist. Kitzler und Schamlippen füllen sich bei sexueller Erregung mit Blut und vergrößern sich.

BAU DER EIZELLE · Eine weibliche Geschlechtszelle, die **Eizelle,** entsteht im Eierstock in einem mit Flüssigkeit gefüllten Bläschen, dem *Follikel.* Die Eizelle kann sich nicht selbst fortbewegen. Sie ist von einer *Eihülle* umgeben und enthält einen *Zellkern* mit der Erbsubstanz. Während der Reifung wird ihr Zellplasma mit Nährstoffen, dem *Dotter,* gefüllt und ist schließlich so groß, dass man sie mit bloßem Auge gerade noch sehen kann. Hat sie ihre endgültige Größe erreicht, platzt der Follikel. Dadurch gelangt die Eizelle in den Trichter des Eileiters. Diesen Vorgang nennt man **Eisprung.** Der Eileiter transportiert die Eizelle dann weiter in Richtung Gebärmutter.

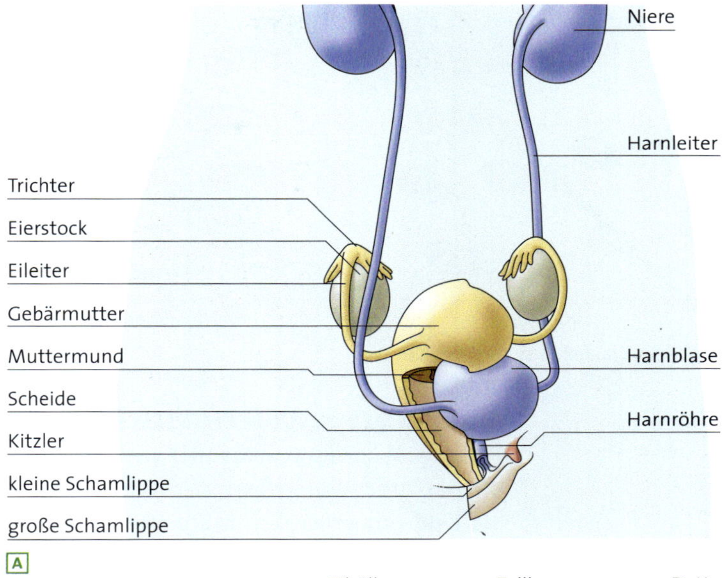

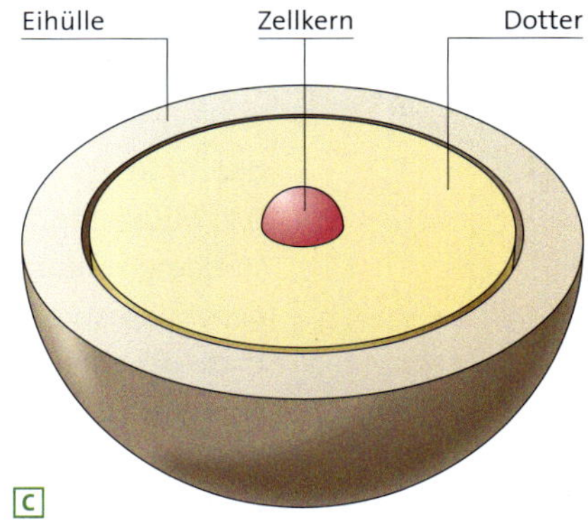

02 Weibliche Geschlechtsorgane: **A** Bau, **B** Eizelle (Foto, gefärbt), **C** Eizelle (Schema)

1 Vergleiche Größe und Bau von Spermienzelle und Eizelle! Erstelle dazu eine Tabelle!

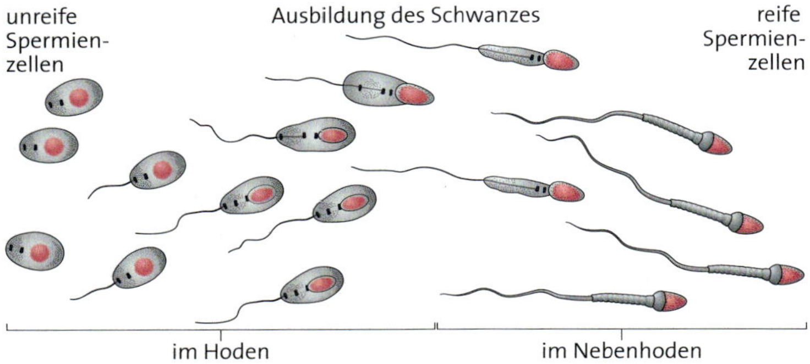

03 Bildung von reifen Spermienzellen

BILDUNG DER GESCHLECHTSZELLEN · In den Hoden eines gesunden Mannes werden täglich bis zu 200 Millionen Spermienzellen gebildet. Sie sind nur etwa 0,05 Millimeter groß und noch unreif. Erst wenn sie in die Nebenhoden gelangen, reifen sie zu ihrer typischen Gestalt mit Mittelstück und Schwanz heran.

Nur einmal im Monat reift in einem Eierstock der Frau ein Follikel und darin eine etwa 0,1 Millimeter große Eizelle heran. Dieser Vorgang dauert etwa 14 Tage und endet mit dem Eisprung. In seltenen Fällen wird auch mehr als eine reife Eizelle gleichzeitig gebildet. So können aus zwei zur selben Zeit gereiften Eizellen zweieiige Zwillinge hervorgehen.

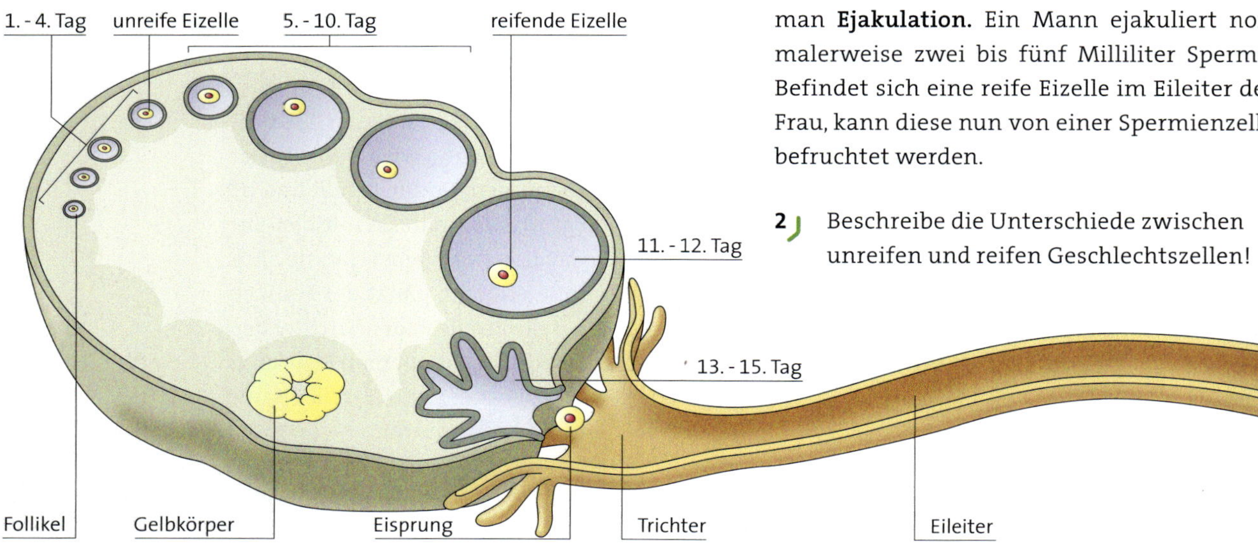

04 Bildung einer reifen Eizelle

GESCHLECHTSVERKEHR · Wird der Mann sexuell erregt, vergrößert und versteift sich der Penis, er richtet sich auf, und die Vorhaut zieht sich zurück. Der Mann hat eine **Erektion.** Drüsen, die in die Harn-Sperma-Röhre münden, die *Cowperschen Drüsen,* erzeugen ein Gleitmittel, das aus dem Penis austritt. Nun kann der Mann seinen Penis in die Vagina der Frau einführen.

Bei sexueller Erregung der Frau vergrößert sich ihr Kitzler, und auch die Schamlippen füllen sich mit Blut. Sie geben dadurch die Öffnung der Vagina frei. Drüsen in der Nähe der kleinen Schamlippen erzeugen zusätzlich ein Gleitmittel, das das Einführen des Penis erleichtert.

Der Mann bewegt seinen Penis in der Vagina hin und her. Dadurch reizt er sowohl seine Eichel als auch den Kitzler und die Vagina der Frau. Beide empfinden durch diese Reizungen große Lust. Wird dieses Lustempfinden bei der Frau sehr stark, können sich die Muskeln im Unterleib rhythmisch zusammenziehen: Es kommt zum **Orgasmus.**

Auch beim Mann kann es zum Orgasmus kommen. Dabei wird das Sperma durch rhythmische Kontraktionen der Muskeln der Spermienleiter und der Harn-Sperma-Röhre aus dem Penis geschleudert. Diesen Vorgang nennt man **Ejakulation.** Ein Mann ejakuliert normalerweise zwei bis fünf Milliliter Sperma. Befindet sich eine reife Eizelle im Eileiter der Frau, kann diese nun von einer Spermienzelle befruchtet werden.

2 Beschreibe die Unterschiede zwischen unreifen und reifen Geschlechtszellen!

Material A ▸ Weibliche und männliche Geschlechtsorgane

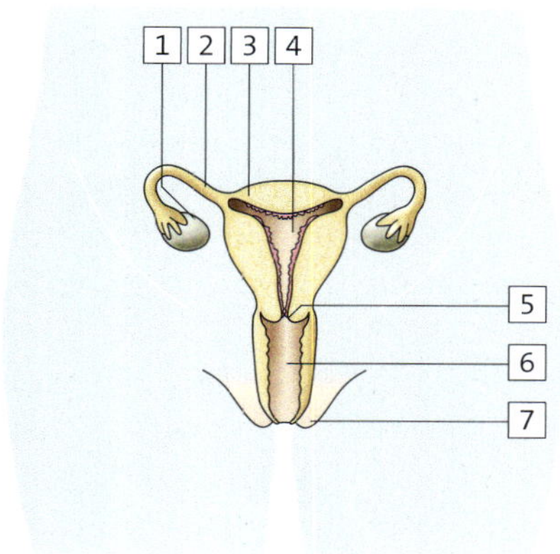

A1 Benenne die Fachbegriffe für die mit Zahlen gekennzeichneten Teile der weiblichen und männlichen Geschlechtsorgane!

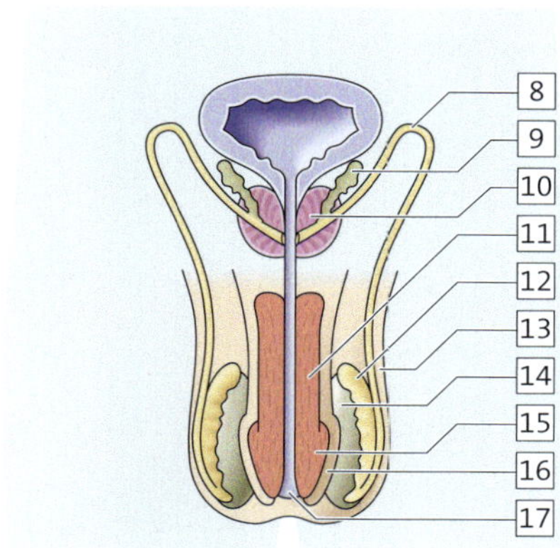

Material B ▸ Eizelle und Spermienzelle

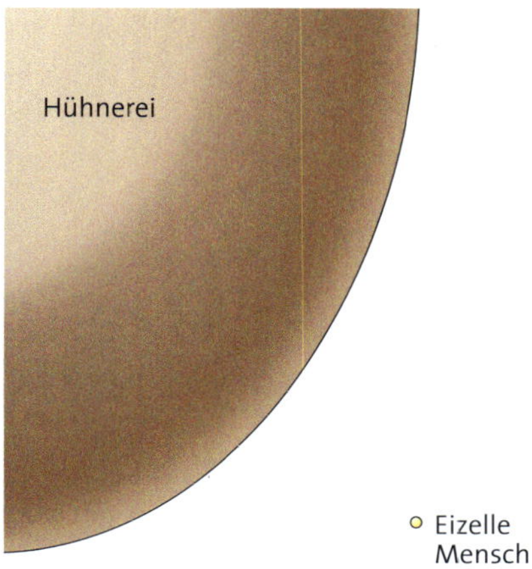

In dem bei einer Ejakulation abgegebenen Sperma des Mannes befinden sich bis zu 200 Millionen reife Spermienzellen, von denen nur einige 100 bis zur Eizelle im Eileiter gelangen.

B1 Erläutere die Funktion von Spermienzellen und Eizelle, die sich aus ihrem jeweiligen Bau ergibt!

B2 Stelle Vermutungen an, weshalb so viele Spermienzellen auf die Reise geschickt werden und am Ende so wenige bei der Eizelle ankommen!

B3 Hühnereier sind sehr viel größer als die Eizelle des Menschen. Erläutere diesen Unterschied!

B4 Pflanzen bilden Samen. Erkläre, weshalb man den Begriff „Samenzellen" für die Spermienzellen nicht verwendet!

Material C ▸ Geschlechtlich übertragbare Krankheiten

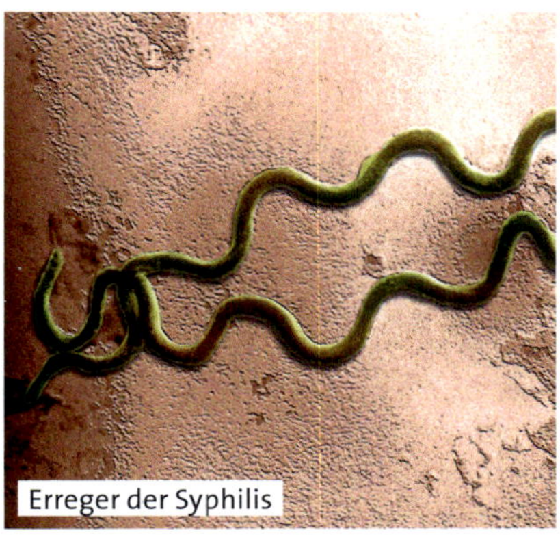
Erreger der Syphilis

Durch ungeschützten Geschlechtsverkehr können Krankheitserreger übertragen werden. Die *Syphilis* wird durch Bakterien verursacht. Sie führt im Anfangsstadium zu scheinbar harmlosen Geschwüren an den Geschlechtsorganen, endet aber nach Jahren oft tödlich. *Aids* wird durch das HI-Virus ausgelöst und führt unbehandelt zum Tod.

C1 Nenne eine Möglichkeit, sich zuverlässig vor einer Infektion mit geschlechtlich übertragbaren Krankheitserregern zu schützen!

C2 Gegen die Syphilis wird mit großem Erfolg Penicillin eingesetzt. Erkläre, weshalb dieses Medikament gegen das HI-Virus nicht eingesetzt werden kann! Nimm dabei die Seite 47 zu Hilfe!

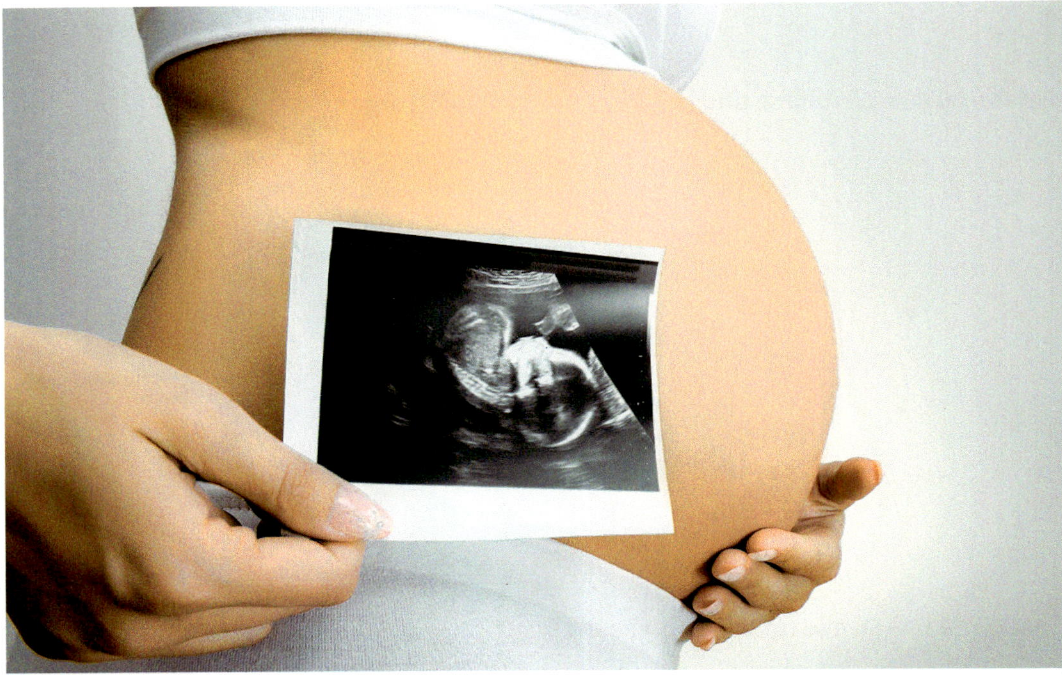

01 Ultraschallbild eines Fetus

Menstruationszyklus und Schwangerschaft

In der Pubertät reifen die Geschlechtsorgane. Mädchen bekommen ihre erste Monatsblutung und können schwanger werden. Wie hängen diese Vorgänge zusammen?

MENSTRUATIONSZYKLUS · Ursache aller Veränderungen in der Pubertät sind körpereigene Botenstoffe, die bereits in winzigen Mengen wirken, die **Hormone.** Die meisten Hormone werden in Drüsen produziert und in die Blutbahn abgegeben. Mit dem Blut gelangen sie zu allen Organen, entfalten aber nur in bestimmten Zielorganen ihre Wirkung. Ab dem Beginn der Pubertät wird im Gehirn des Mädchens ein Hormon freigesetzt, das die *Hirnanhangsdrüse,* auch *Hypophyse* genannt, beeinflusst. Zwei verschiedene Hormone der Hypophyse bewirken daraufhin die Reifung der Eierstöcke. In den Eierstöcken entstehen infolgedessen weibliche Geschlechtshormone, die **Östrogene.** Diese bewirken ihrerseits die Reifung der Geschlechtsorgane und die Ausbildung der sekundären Geschlechtsmerkmale des Mädchens.

Von nun an wird monatlich eine reife Eizelle freigesetzt. Das wird von dem ersten der beiden Hormone der Hypophyse ausgelöst: Dieses Hormon führt dazu, dass in einem der beiden Eierstöcke ein Follikel und darin eine Eizelle heranreifen. Die Hülle des reifenden Follikels bildet ein *Östrogen,* das seinerseits dazu führt, dass sich in der Gebärmutter die Schleimhaut verdickt. Das Östrogen regt außerdem die Hypophyse dazu an, das zweite Hormon zu produzieren. Dies löst am 14. Tag den Eisprung aus, bei dem die reife Eizelle in den Eileiter abgegeben wird. Der Follikel wird danach gelblich und deshalb nun *Gelbkörper* genannt. Der Gelbkörper bildet kein Östrogen mehr, sondern das **Gelbkörperhormon.** Dieses bewirkt, dass die verdickte Gebärmutterschleimhaut nun gut durchblutet wird und eine befruchtete

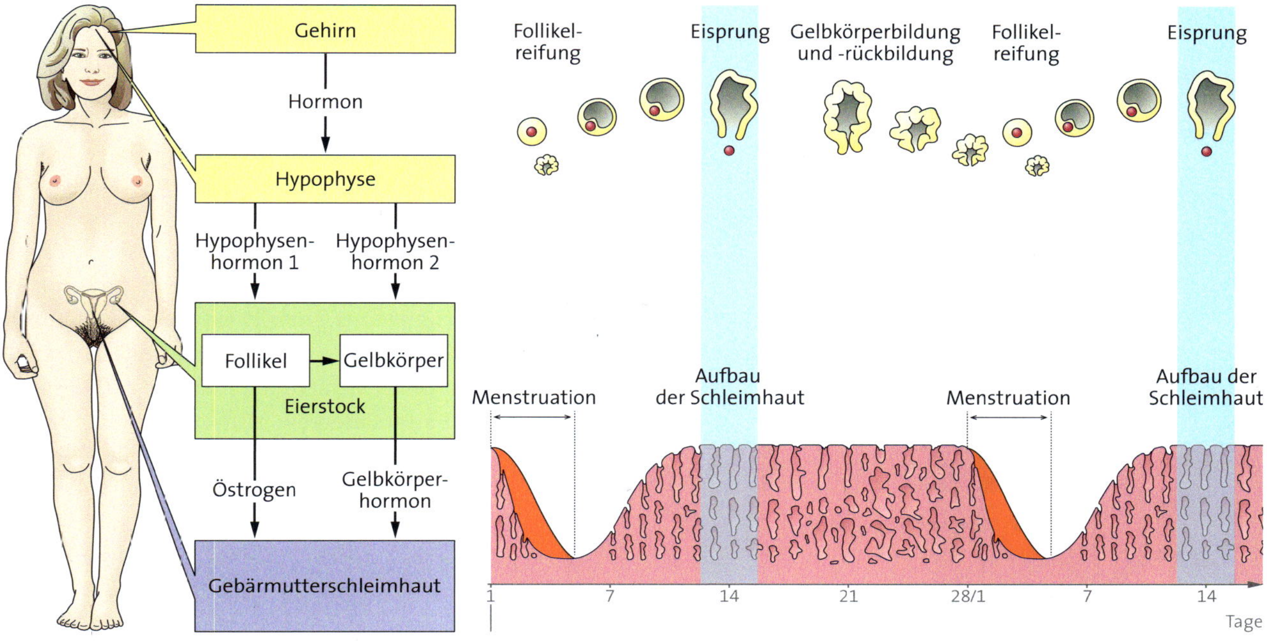

02 Steuerung und Vorgänge während des Menstruationszyklus

Eizelle aufnehmen könnte. Daher kann ein Mädchen schon ab dem ersten Eisprung schwanger werden.

Wird die Eizelle nicht befruchtet, schrumpft der Gelbkörper zusammen und bildet immer weniger Gelbkörperhormon. Daraufhin löst sich der größte Teil der stark durchbluteten Gebärmutterschleimhaut ab und wird durch die Scheide nach außen abgegeben. Um das zu ermöglichen, wird auch der Schleimpfropf aufgelöst, der sonst den Muttermund verschließt. Diesen Vorgang nennt man *Monatsblutung, Periode, Regel, Tage* oder **Menstruation.** Sie dauert meistens vier bis fünf Tage, und die dabei abgegebene Blutmenge beträgt 50 bis 150 Milliliter.

Die abnehmende Menge des Gelbkörperhormons führt außerdem dazu, dass die Hypophyse wieder mehr von dem ersten Hormon produziert, woraufhin ein neuer Follikel in einem Eierstock zu reifen beginnt. Weil sich diese Vorgänge immer wiederholen, spricht man von einem *Zyklus*. Die Zeitspanne vom Beginn einer Blutung bis zum Beginn der nächsten Blutung bezeichnet man als *weiblichen Zyklus* oder **Menstruationszyklus.** Die erste Menstruation bekommt ein Mädchen meistens im Alter zwischen 11 und 14 Jahren. Die Länge des Zyklus ist anfangs sehr unterschiedlich. Mit der Zeit pendelt er sich auf eine Länge von etwa 26 bis 30 Tagen ein. Die Dauer des Zyklus kann sich auch noch bei erwachsenen Frauen durch seelische oder körperliche Belastungen stark verkürzen oder verlängern, zum Beispiel durch Stress, Krankheit oder Reisen.

Oft geht die Menstruation mit Übelkeit, Bauch-, Kopf- oder anderen Schmerzen einher. Bei ungewöhnlich starken Beschwerden sollte man einen Frauenarzt um Rat fragen. Auch ist während der Menstruation besonders auf die *Hygiene* der Geschlechtsorgane zu achten. Im Muttermund fehlt der schützende Schleimpfropf, sodass Krankheitserreger besonders leicht eindringen können. *Binden* oder *Tampons* fangen das austretende Blut auf.

Was geschieht aber, wenn die Eizelle nach dem Eisprung befruchtet wird?

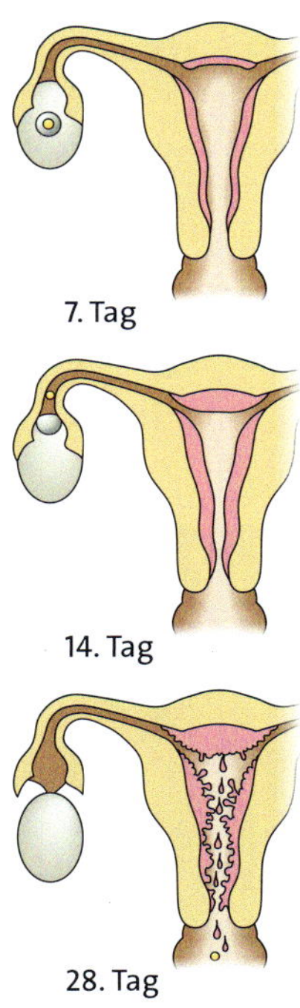

03 Phasen des Zyklus

lateinisch cyclus = Kreis, Kreislauf

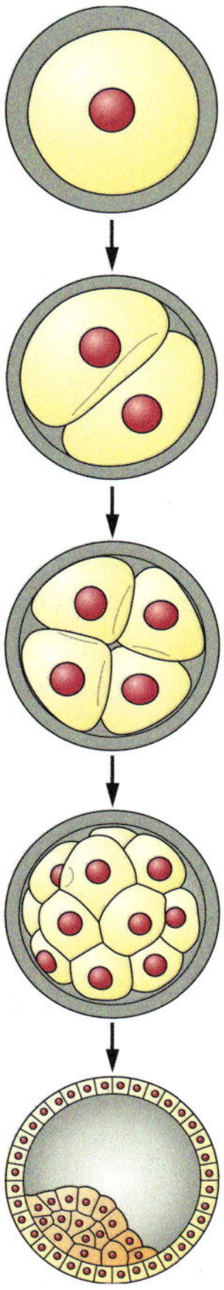

04 Entwicklung der Zygote vor der Einnistung

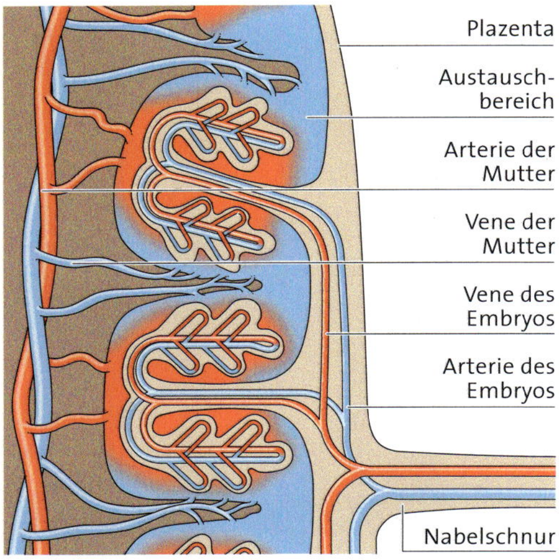

05 Schema der Plazenta

SCHWANGERSCHAFT · Die Eizelle hat nach dem Eisprung eine sehr kurze Lebensdauer von 12 bis 24 Stunden. Nur in dieser Zeit kann der Kopf einer Spermienzelle, die den Weg in den Eileiter geschafft hat, in die Eizelle eindringen. In der so befruchteten Eizelle, der **Zygote,** haben sich nun die Erbsubstanz des Vaters und der Mutter vereinigt. Die Zygote beginnt sich daraufhin zu teilen. Aus dieser einen Zelle werden zwei, aus den zwei Zellen vier, und so geht es weiter.

Die Flimmerhärchen im Eileiter transportieren das werdende Zellhäufchen in Richtung Gebärmutter. Es nimmt allmählich eine kugelige Form an und wird nun **Maulbeerkeim** genannt. Dieser kommt nach etwa vier Tagen in der Gebärmutter an. Im Inneren der Kugel sammelt sich Flüssigkeit, der Maulbeerkeim wird zum **Bläschenkeim.** Wenn dieser Kontakt zur Gebärmutterschleimhaut bekommt, wachsen seine äußeren Zellen in die Schleimhaut hinein, die **Einnistung** erfolgt. Die Zellen im Inneren des Bläschenkeims entwickeln sich zum **Embryo** weiter. Er wird von der Gebärmutterschleimhaut, in der sich ein fein verzweigtes Geflecht von Blutgefäßen der Mutter und des Embryos entwickelt, über die *Nabelschnur* mit Nährstoffen und Sauerstoff versorgt. Diese Versorgungsschicht wächst ebenfalls und wird zum *Mutterkuchen,* der **Plazenta.** Über Plazenta und Nabelschnur können auch Giftstoffe wie Alkohol, Nikotin und Medikamente zum Embryo gelangen und ihn schwer schädigen. Etwa acht Wochen nach der Befruchtung hat der Embryo bereits alle inneren Organe angelegt. Er wird nun **Fetus** genannt. Bei der Geburt ist er meistens etwa 50 Zentimeter groß und drei bis vier Kilogramm schwer.

Einen Sonderfall stellen Zwillinge dar. Zerfällt das Zellhäufchen, das sich aus der Zygote entwickelt, zufällig in zwei Teile, entstehen *eineiige Zwillinge. Zweieiige Zwillinge* wachsen dagegen aus zwei verschiedenen Zygoten heran.

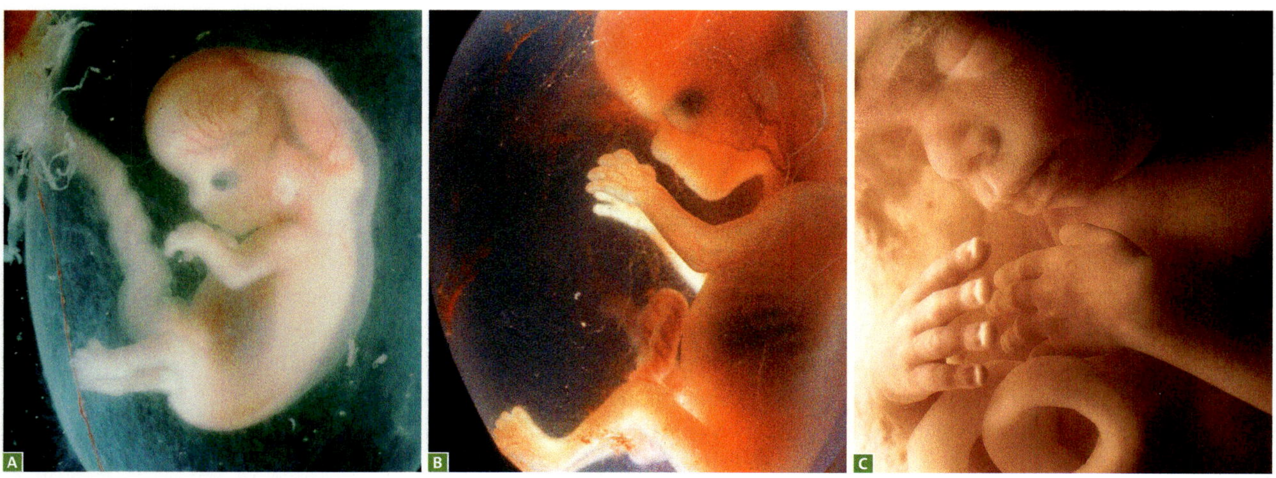

06 Entwicklung des Bläschenkeims nach der Einnistung: **A** 2. Monat, **B** 3. Monat, **C** 5. Monat

Material A ▸ Menstruationskalender

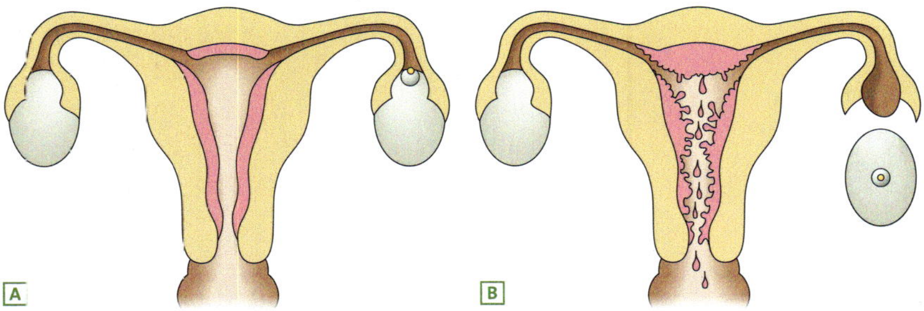

März						
Mo	Di	Mi	Do	Fr	Sa	So
1	2	3	4	5	6	7
8	9	10	~~11~~	~~12~~	~~13~~	~~14~~
~~15~~	~~16~~	17	18	19	20	21
22	23	24	25	26	27	28
29	30	31				

April						
Mo	Di	Mi	Do	Fr	Sa	So
			1	2	3	4
5	6	7	~~8~~	~~9~~	~~10~~	~~11~~
~~12~~	~~13~~	14	15	16	17	18
19	20	21	22	23	24	25
26	27	28	29	30		

Zur Kontrolle trägt eine Frau die Tage ihrer Monatsblutungen in einem Menstruationskalender ein.

A1 Ordne die beiden Abbildungen den entsprechenden Tagen des dargestellten Zyklus zu! Begründe deine Zuordnungen!

A2 Ermittle, an welchen Tagen ein Eisprung stattgefunden hat! Nenne die Zeiträume, in denen eine Befruchtung hätte stattfinden können!

Material B ▸ Veränderungen in der Schwangerschaft

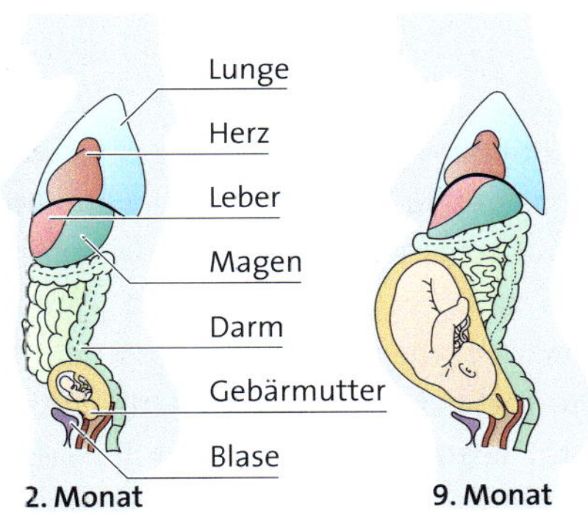

Das werdende Kind beansprucht den Körper seiner Mutter in vielfältiger Weise.

B1 Beschreibe die sichtbaren körperlichen Veränderungen zwischen dem 2. und dem 9. Monat!

B2 Spätestens ab dem 7. Monat fällt der Mutter das Atmen immer schwerer. Stelle zwei Vermutungen über mögliche Ursachen an!

B3 Das ungeborene Kind wiegt im 3. Monat etwa 15 Gramm und bei der Geburt 3 bis 4 Kilogramm. Die Mutter nimmt im gleichen Zeitraum um 10 bis 11 Kilogramm zu. Erkläre diesen Unterschied!

Material C ▸ Vierlinge

Katharina, Rebecca, Bastian und Hannes sind ganz besondere Geschwister, nämlich Vierlinge.

C1 Gib an, aus wie vielen Eizellen die Vierlinge vermutlich entstanden sind! Begründe deine Entscheidung!

C2 Stelle Vermutungen an, durch wie viele Plazenten die Vierlinge im Mutterleib ernährt wurden!

01 Erste Liebe

Liebe und Sexualität

Liebe erfahren wir schon als Kind von unseren Eltern. Liebe kann aber auch zwischen Jugendlichen oder zwischen Erwachsenen entstehen. Worin besteht der Unterschied?

LIEBE · Bereits direkt nach der Geburt entwickelt sich ein intensiver Kontakt zwischen der Mutter und dem Neugeborenen. Der Säugling ruft schreiend, strampelt und bewegt suchend den Mund. Die Mutter legt ihn an die Brust, wo er saugt und Milch trinkt. Diese und andere liebevolle Kontakte führen bald zu einer starken Bindung und tiefem Vertrauen zwischen dem Säugling und seinen Eltern, auch *Urvertrauen* genannt. Es verbindet sich später mit einem warmen und zärtlichen Gefühl, das das Kind seiner Familie gegenüber empfindet, der **Liebe.** In der Pubertät beginnt man, Gefühle der Liebe auch anderen Menschen gegenüber zu entwickeln. Das Urvertrauen liefert die Grundlage für eine nun mögliche Beziehung, nämlich Selbstvertrauen und Vertrauen in andere.

02 Ausdrucksformen der Liebe:
A Mutter- und Vaterliebe,
B Verliebtsein

PARTNERSCHAFT · Die Veränderung der Gefühle beginnt meistens damit, dass man sich zu einem Jungen oder Mädchen hingezogen fühlt. Dies zeigt sich darin, dass man diesem Menschen nahe sein möchte. Man ist **verliebt.** Oft genügt schon der Gedanke an sie oder ihn für ein Kribbeln im Bauch oder Herzklopfen. Verliebte träumen oft stundenlang davon, wie es wäre, mit ihm oder ihr zusammen zu sein. Deswegen fällt es ihnen häufig schwer, sich auf andere Dinge wie den Unterricht in der Schule oder die Aufgaben in der Familie zu konzentrieren.

Wie aber soll man dem anderen zeigen, dass man in ihn verliebt ist? Es erfordert viel Mut, dem anderen seine Gefühle zu offenbaren. Vielleicht gefällt man ihm nicht, oder er erwidert die eigenen Gefühle nicht. Oft warten Jungen und Mädchen deshalb darauf, dass der andere den ersten Schritt tut. Einer muss ihn schließlich wagen, trotz des Risikos, zurückgewiesen zu werden. Das kann sehr wehtun. Doch wie schön ist es, wenn der Mensch, in den man verliebt ist, die Gefühle erwidert. Man „geht" dann miteinander, hält Händchen und möchte sich auch körperlich nahe sein. Aus dem Verliebtsein entwickelt sich eine **Beziehung.** Wenn die Partner sich vertrauen und ihre Eigenarten und Wünsche gegenseitig respektieren, kann aus so einer Beziehung eine dauerhafte **Partnerschaft** entstehen. Deshalb ist es wichtig, viel miteinander zu reden und die Einstellungen und Erwartungen des anderen kennenzulernen. Auch Probleme müssen offen und ehrlich angesprochen werden. Manchmal hält so eine **erste Liebe** sehr lange, doch oft zerbricht sie auch schnell. Die Gründe dafür können vielfältig sein. So spielen Verliebte oft eine Rolle, um dem anderen zu gefallen, und sie verbergen dabei, wie sie wirklich sind. Häufig übernehmen Jungen und Mädchen Rollen, die sie von Vorbildern oder Idolen abgeschaut haben, oder sie benehmen sich typisch männlich „cool" oder weiblich „sexy" und bedienen damit Rollenklischees. Neben Unehrlichkeit ist Untreue ein weiterer häufiger Grund dafür, dass Partnerschaften scheitern.

SEXUALITÄT · Wer verliebt ist, möchte dem anderen auch körperlich nahe sein, ihn berühren, Zärtlichkeiten austauschen, ihn küssen. Vielleicht möchte er sogar mit ihm schlafen. **Sexualität** ist also ein schöner und wichtiger Teil einer Partnerschaft. Dabei sollten beide dem anderen deutlich zu verstehen geben, was sie mögen oder nicht mögen, und die Einstellung des anderen auch respektieren. Wenn ein Partner etwas tut, nur um die Erwartungen des anderen zu erfüllen, endet das häufig in negativen Gefühlen wie Unzufriedenheit oder Enttäuschung. Im schlimmsten Fall kann man sich sogar sexuell ausgenutzt fühlen. Außerdem sollten sich beide im Klaren sein, dass ein Mädchen schwanger werden kann, auch schon beim „ersten Mal". Deshalb sollten die Partner offen über gemeinsame *Verhütung* sprechen.

A

B

03 Ausdrucksformen der Sexualität:
A Küssen,
B miteinander schlafen

HOMOSEXUALITÄT · Menschen, die sich zu Partnern des anderen Geschlechts hingezogen fühlen, nennt man **heterosexuell.** Als **homosexuell** bezeichnet man Frauen und Männer, die sexuelle Beziehungen zu Menschen des gleichen Geschlechts eingehen oder sich diese wünschen. Homosexuelle Frauen nennt man auch *lesbisch*, homosexuelle Männer *schwul*.
Gegen Homosexuelle gab es in der Vergangenheit zahlreiche Vorurteile, sodass sie in vielen Ländern verachtet oder sogar verfolgt wurden. Diese **Diskriminierung** wird seit Langem kritisiert, da Heterosexualität und Homosexualität heute als gleichwertige Ausdrucksformen menschlicher Sexualität gelten. Wissenschaftliche Studien zeigen, dass etwa zehn Prozent aller Menschen homosexuell sind und dass auch viele Tierarten homosexuelle Verhaltensweisen zeigen.
Die vorurteilsfreie Sichtweise auf Homosexualität hat dazu geführt, dass homosexuelle Paare heute in vielen Ländern wie Spanien und Kanada heiraten können. Sie genießen dort den gleichen Schutz ihrer Partnerschaft wie heterosexuelle Paare und dürfen auch Kinder adoptieren. Trotz dieser Entwicklungen gibt es noch heute Menschen, die Homosexualität verurteilen. Die eigene Homosexualität zu erkennen, ist für viele Menschen daher oft mit Ängsten und Verunsicherungen verbunden. Das erste Mal mit anderen über die eigene Homosexualität zu sprechen, das **Coming-out,** fällt daher vielen schwer.

INTERSEXUALITÄT · Das Geschlecht eines Menschen wird anhand von körperlichen Merkmalen als männlich oder weiblich identifiziert. Dieses **biologische Geschlecht** ist jedoch nicht immer eindeutig ausgeprägt. So zeigen manche Säuglinge eine stark vergrößerte Klitoris, die als *Mikropenis* bezeichnet wird. Solche uneindeutigen Ausprägungen des biologischen Geschlechts werden als **intersexuell** bezeichnet.

Eine Form von Intersexualität besteht darin, dass Betroffene genetisch männlich sind, sich ihre Geschlechtsmerkmale aber durch Hormondefekte nicht vollständig ausprägen. Früher wurden diese Menschen operiert, um ein eindeutig weibliches Erscheinungsbild herzustellen. Dennoch erlebten sie sich später oft als männlich. Das Erleben des eigenen Geschlechts bezeichnet man als **Geschlechtsidentität.**
Biologisches Geschlecht und Geschlechtsidentität können auch bei Nicht-Intersexuellen voneinander abweichen. Diese **Transsexuellen** verhalten und kleiden sich häufig identitätsgemäß, werden hierfür jedoch oft verurteilt.

1 Erläutere, was man unter Sexualität versteht!

2 Erläutere die Begriffe Hetero-, Homo-, Inter- und Transsexualität!

3 Nenne Merkmale, die zum biologischen Geschlecht und zur Geschlechtsidentität gehören!

04 Formen der Sexualität: **A** schwules Paar, **B** heterosexuelles Paar, **C** lesbisches Paar

Material A ▸ Geschlechtsentwicklung und ihre Steuerung

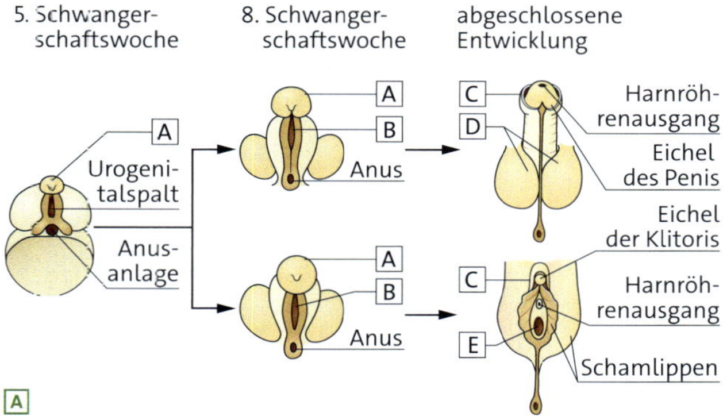

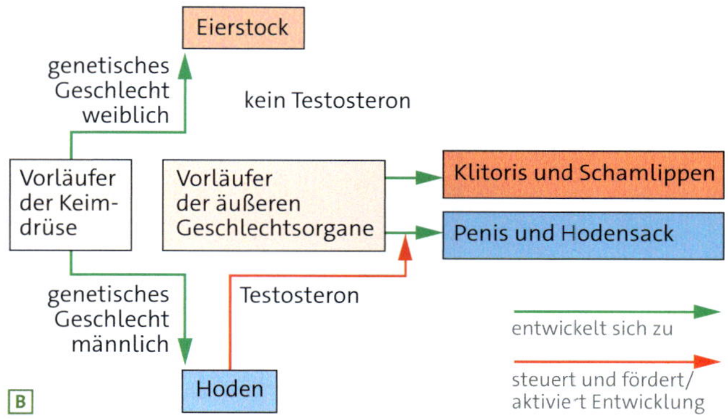

A1 In Abbildung A zur Entwicklung des äußeren Geschlechts fehlen folgende Bezeichnungen: Genitalhöcker, Urogenitalspalt, Hoden, Vagina, Vorhaut. Ordne diese den Buchstaben A bis E zu!

A2 Vergleiche den Aufbau des äußeren Geschlechts bei Mädchen und Jungen in der 8. Schwangerschaftswoche!

A3 Leite aus Abbildung A ab, welche Strukturen bei Mädchen und Jungen aus dem Genitalhöcker hervorgehen!

A4 Erläutere anhand von Abbildung B, wie es durch die jeweilige genetische Anlage zur Entwicklung weiblicher oder männlicher Geschlechtsmerkmale kommt!

A5 Manche Embryonen zeigen einen Hormondefekt, bei dem das gebildete Testosteron kaum wirksam ist. Stelle Vermutungen darüber an, wie sich dies bei einem genetisch männlichen Embryo auswirkt!

Material B ▸ Intersexualität und Geschlechtsidentität

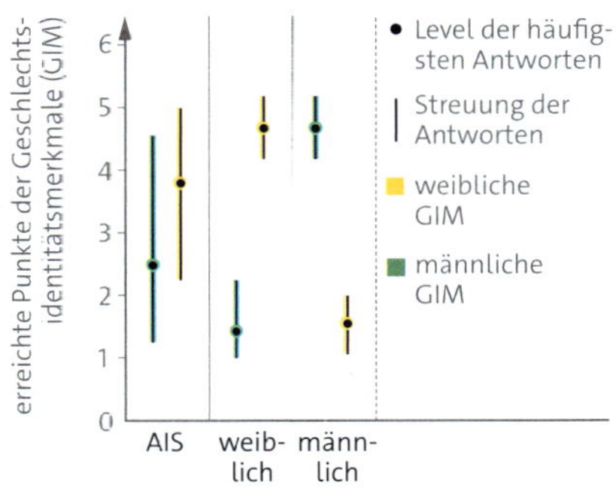

Ausprägung weiblicher und männlicher GIM bei operierten AIS-Patienten und Nicht-Intersexuellen (weiblich und männlich)

Intersexuelle mit dem Androgen-Insensitivitäts-Syndrom, kurz AIS-Syndrom, sind genetisch männlich, zeigen aber ein weitgehend weibliches Erscheinungsbild. Da das in ihrem Körper gebildete Testosteron nicht oder nur in geringem Maße wirksam ist, entwickeln sich keine eindeutigen männlichen Geschlechtsorgane. Die Bildung von Eierstöcken und einer Gebärmutter bleibt ebenfalls aus. Bei Neugeborenen mit dem AIS-Syndrom wurde lange Zeit durch Operationen, meist durch Verkleinerung der vergrößerten Klitoris und Weitung der Vagina, eine äußerlich möglichst eindeutige Geschlechtszugehörigkeit hergestellt. Hiermit wollte man den Betroffenen einen unproblematischen Umgang mit ihren Mitmenschen ermöglichen. Zudem war man überzeugt, dass sich in einem äußerlich weiblichen Körper eine weibliche Identität entwickelt. Viele operierte AIS-Patienten haben aber große Identitätsprobleme.

B1 Sammle Argumente für und gegen Operationen bei AIS-Neugeborenen!

B2 Werte die Untersuchungsergebnisse zur Geschlechtsidentität von AIS-Betroffenen aus und ergänze falls nötig weitere Argumente!

B3 Gewichte alle Pro- und Kontra-Argumente mit einer Zielscheibe und entscheide, ob du eine operative Herstellung eines weiblichen Erscheinungsbildes befürwortest oder nicht!

01 Wie wollen wir verhüten?

Verhütungsmethoden

Viele Paare wünschen sich irgendwann Kinder. Sie möchten aber den Zeitpunkt selbst bestimmen. Wie kann man eine ungewollte Schwangerschaft verhindern?

lateinisch coitus = Beischlaf, lateinisch interruptus = unterbrochen

EMPFÄNGNISVERHÜTUNG · Wenn man jemanden liebt, möchte man ihm auch körperlich nahe sein, ihn berühren, streicheln, küssen, vielleicht auch mit ihm schlafen. Dabei kann es bereits beim „ersten Mal" zu einer Befruchtung kommen. Manchmal führt schon das gegenseitige Berühren und Streicheln, das sogenannte *Petting*, zu starken lustvollen Empfindungen, die einen *Orgasmus* auslösen können. Gelangen dabei freigesetzte Spermienzellen in die Vagina, ist auch so eine Befruchtung theoretisch möglich. Echte Liebe bedeutet deshalb auch, sich gemeinsam Gedanken darüber zu machen, wie man eine ungewollte Schwangerschaft verhindert. Eine solche **Empfängnisverhütung** ermöglicht einem Paar zu planen, ob und wann eine Spermienzelle auf eine Eizelle treffen kann. Dafür gibt es viele verschiedene Methoden.

NATÜRLICHE VERHÜTUNG · Eine Möglichkeit der Verhütung besteht darin, dass der Mann kurz vor dem Orgasmus den Penis aus der Vagina zieht, sodass der Samenerguss außerhalb der Scheide stattfindet. Dieses „Herausziehen", auch **Coitus interruptus** genannt, ist eine extrem unsichere Methode, da bereits lange vor dem eigentlichen Samenerguss einzelne Spermienzellen aus dem Penis austreten können. Bei einer anderen Methode protokolliert die Frau über mehrere Monate den Ablauf ihrer Menstruationszyklen und errechnet daraus, an welchen Tagen des Zyklus sie schwanger werden könnte. Diese Methode heißt **Kalendermethode.** Noch genauer lassen sich die fruchtbaren Tage bestimmen, wenn die Frau regelmäßig vor dem Aufstehen ihre Körpertemperatur misst. Diese **Temperaturmethode** erfordert wie die Kalendermethode regelmäßige Zyklen und viel Erfahrung. Solche Verhütungsmethoden sind deshalb unsicher und für Jugendliche nicht geeignet. Zusammen mit dem Coitus interruptus werden sie *natürliche Verhütungsmethoden* genannt.

MECHANISCHE VERHÜTUNG · Eines der bekanntesten Verhütungsmittel ist eine hauchdünne, dehnbare Gummihaut, die vor dem Geschlechtsverkehr über den steifen Penis gezogen wird, das **Kondom.** Es fängt die Spermienzellen beim Samenerguss in einem *Reservoir* am vorderen Ende auf und ist das einzige Verhütungsmittel, das außerdem vor sexuell übertragbaren Krankheiten wie AIDS schützt. Für die Frau gibt es eine Gummikappe mit einem biegsamen Rand, die vor dem Geschlechtsverkehr in die Vagina eingeführt wird und den Muttermund verschließt, das **Diaphragma** oder **Pessar.** Es muss vom Arzt angepasst werden und erfordert einige Übung im richtigen Einsetzen. Kondom und Diaphragma sind – richtig angewandt – recht sichere Verhütungsmittel.

Wegen möglicher Nebenwirkungen nicht für junge Frauen geeignet ist die **Spirale,** ein häufig T-förmiges, mit Kupfer umwickeltes Plastikstück, das vom Arzt in die Gebärmutter eingesetzt wird. Die Spirale hemmt die Beweglichkeit der Spermienzellen und verhindert die Einnistung eines Keimes in die Gebärmutterschleimhaut. Das Kondom, das Diaphragma und die Spirale bezeichnet man als *mechanische Verhütungsmittel.*

CHEMISCHE VERHÜTUNG · Zur Verhütung geeignet sind auch Substanzen, die die Spermienzellen abtöten und zusätzlich eine mechanische Barriere bilden. Am bekanntesten sind die **Schaumzäpfchen,** die einige Zeit vor dem Geschlechtsverkehr in die Vagina eingeführt werden und eine Schaumbarriere vor dem Muttermund bilden. Es gibt sie aber auch in anderen Formen wie **Salben, Gels** oder **Schaumsprays.** Diese *chemischen Verhütungsmittel* gelten als relativ unsicher. Allerdings erhöhen sie die Sicherheit der Verhütung, wenn sie in Kombination mit anderen Verhütungsmitteln angewandt werden. So wird zum Beispiel der Rand eines *Diaphragmas* vor dem Einführen in die Scheide mit einem solchen Gel bestrichen. Der Schaum des Gels kann dann verhindern, dass Spermienzellen lebend durch kleine Lücken zwischen dem Rand des Diaphragmas und der Scheidenwand gelangen. Die Kombination mit einem *Kondom* kann je nach Präparat die Sicherheit erhöhen, aber auch herabsetzen, da manche Schaumpräparate das Kondom porös machen.

1 Nenne Vor- und Nachteile von natürlichen, mechanischen und chemischen Verhütungsmethoden!

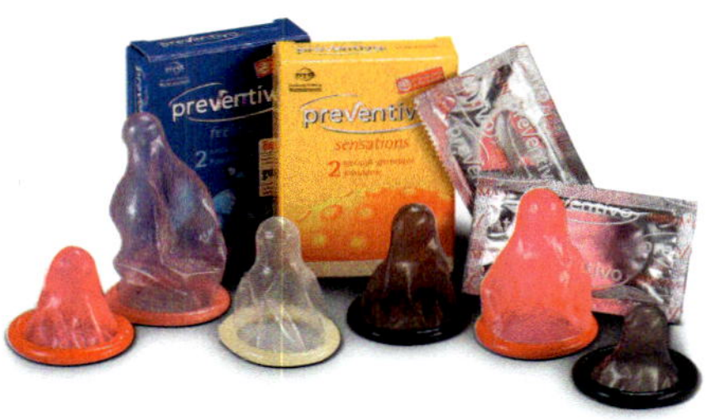

A

B

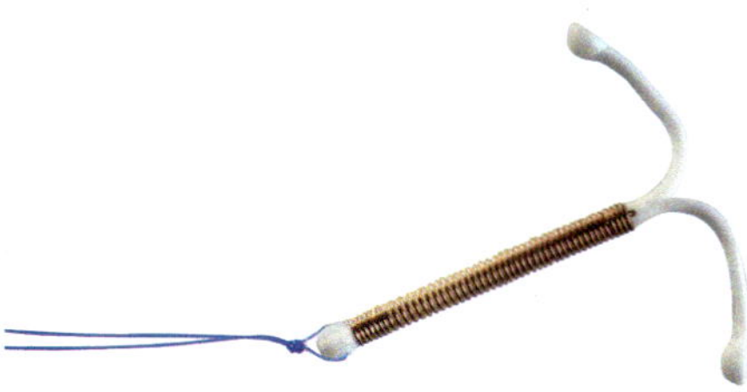

C

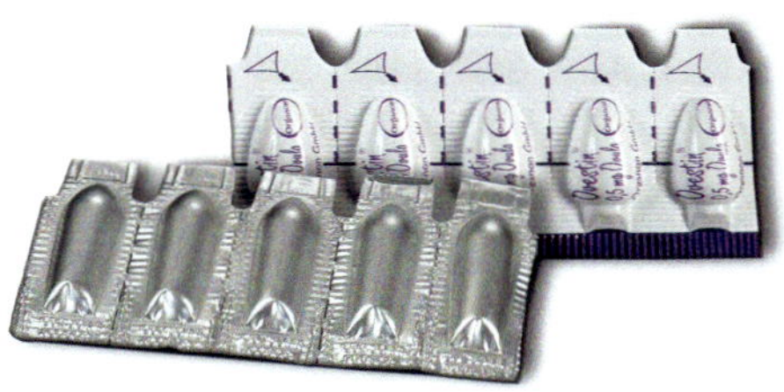

D

02 Verhütungsmittel:
A Kondome,
B Diaphragma,
C Spirale,
D Schaumzäpfchen

HORMONELLE VERHÜTUNG · Ein sehr häufig verwendetes Verhütungsmittel ist eine hormonhaltige Tablette, die **Pille.** Sie enthält eine Mischung weiblicher Sexualhormone, die eine Follikelreifung und damit auch den monatlichen Eisprung verhindern. Zudem verfestigt sich der Schleim im Gebärmutterhals, und auch die Gebärmutterschleimhaut wird nicht vollständig aufgebaut. Die Pille gibt es in vielen verschiedenen Formen, die sich in ihrer hormonellen Zusammensetzung unterscheiden. Sie ist ein Medikament und muss deshalb von einem Frauenarzt verschrieben werden. Bis zum Alter von 16 Jahren ist dafür normalerweise die Zustimmung der Eltern erforderlich. Die Pille wird meistens 21 Tage lang täglich eingenommen. Danach wird 7 Tage pausiert, und es kommt zu einer Blutung, die meistens schwächer ist als eine normale. **Mini-** und **Mikropillen** enthalten weniger Hormone als die Pille und müssen täglich auf die Stunde genau eingenommen werden, um wirksam zu sein.
Andere Verhütungsmittel geben regelmäßig kleine Hormonmengen ab. Dazu gehören zum Beispiel kleine Stäbchen, die unter die Haut eingepflanzt werden und monatelang wirken, die sogenannten **Verhütungsstäbchen.** Eine weitere Form ist ein dünner, flexibler Kunststoffring, der in die Vagina eingesetzt wird und dort Hormone freisetzt. Dieser **Verhütungsring** bleibt drei Wochen wirksam.

Auch nur auf Rezept erhältlich ist die **Pille danach.** Sie soll eine mögliche Schwangerschaft nach ungeschütztem Geschlechtsverkehr verhindern. Es treten oft starke Nebenwirkungen wie Übelkeit, Kopf- und Bauchschmerzen sowie Zwischenblutungen auf. Sie ist nicht als reguläres Verhütungsmittel geeignet, sondern darf nur in Ausnahmefällen eingenommen werden.
Alle Verhütungsmittel, die Hormone enthalten, die *hormonellen Verhütungsmittel,* sind aufgrund ihrer Wirkungsweise sehr sicher. Sie sind auch für junge Frauen gut geeignet, und man muss nicht kurz vor oder während des Geschlechtsverkehrs daran denken, sie zu benutzen. Manchmal wird die Pille nur deshalb verschrieben, weil sie die Menstruationsbeschwerden lindern kann. Die Verwendung hormoneller Verhütungsmittel hat aber auch gewisse Nachteile: Die Einnahme der Hormone kann unerwünschte Nebenwirkungen wie zum Beispiel Gewichtszunahme haben. Bei Raucherinnen, die die Pille nehmen, besteht eine erhöhte Gefahr der Thrombose. Wird die Einnahme der Pille nur einmal vergessen, besteht in dem Monat kein sicherer Empfängnisschutz mehr. Das ist auch bei Erbrechen oder Durchfall nach Einnahme der Pille der Fall.

2 Nenne Vor- und Nachteile der Pille!

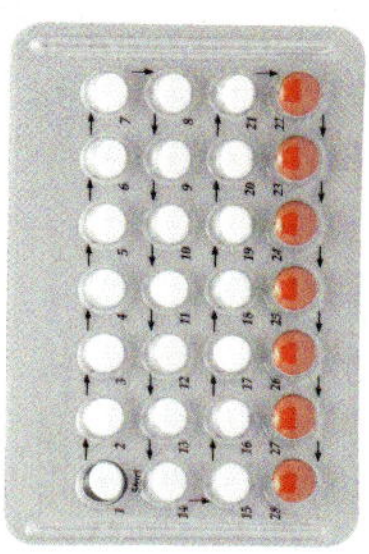

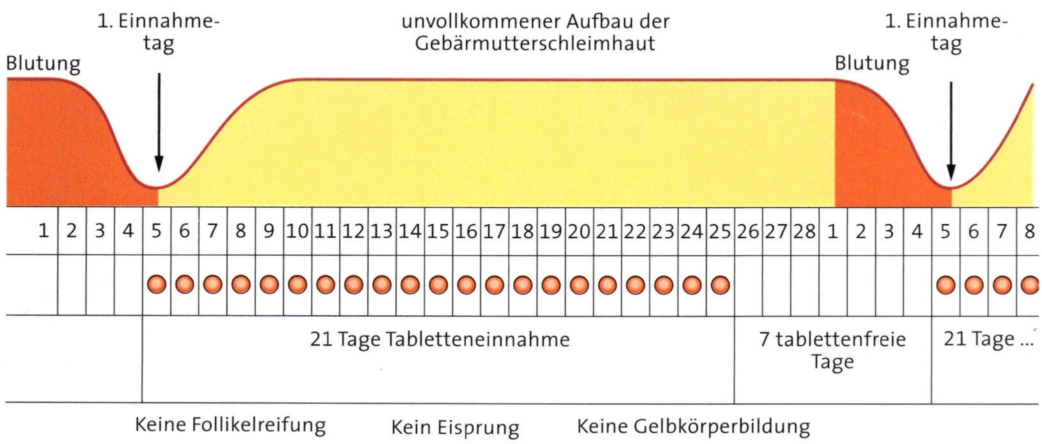

03 Empfängnisverhütung mit der Pille

Material A ▸ Pearl-Index

Verhütungsmethode	Pearl-Index
Coitus interruptus	4–18
Kalendermethode	9
Temperaturmethode	0,8–3
Kondom	2–12
Diaphragma/Pessar	1–20
Spirale	0,9–3
Chemische Verhütungsmittel	3–21
Pille	0,1–0,9
Minipille	0,5–3

Der Pearl-Index gibt an, wie viele von hundert Frauen schwanger werden, wenn sie ein Jahr lang mit der entsprechenden Methode verhüten.

A1 Ordne die Verhütungsmittel nach dem Grad ihrer Sicherheit!

A2 Nenne die Verhütungsmethoden, die sich für Jugendliche weniger eignen! Begründe!

Material B ▸ Pille oder Kondom?

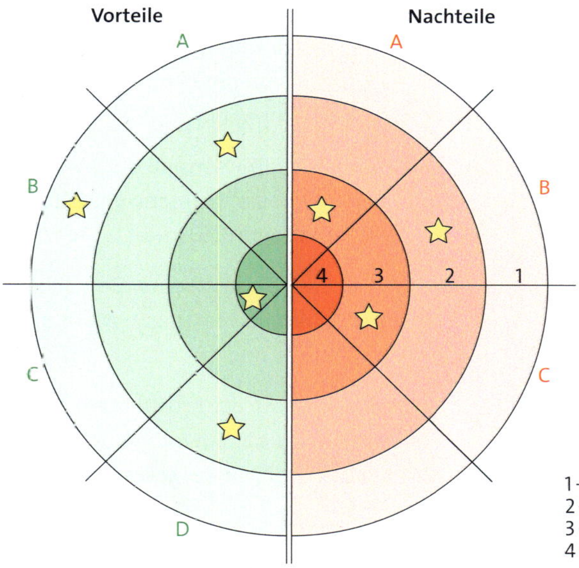

1 – wenig wichtig
2 – wichtig
3 – sehr wichtig
4 – überaus wichtig

Für viele Paare ist es nicht ganz einfach, sich auf eine Verhütungsmethode zu einigen. Manche bevorzugen die Pille, andere setzen auf Kondome. Deshalb lohnt es sich, die Vor- und Nachteile dieser beiden häufigsten Verhütungsmittel einmal genauer zu betrachten.

B1 Sammelt zu zweit jeweils Vor-und Nachteile der beiden Verhütungsmittel Pille und Kondom!

B2 Entwerft gemäß der Abbildung für jedes Verhütungsmittel je eine Zielscheibe und notiert an der linken Seite die Vorteile und an der rechten Seite die Nachteile! Fertigt für jeden von euch beide Zielscheiben mit den gleichen Vor- und Nachteilen an! Entscheidet dann individuell, wie wichtig euch die einzelnen Vor- und Nachteile jeweils erscheinen und setzt entsprechende Kreuze!

B3 Vergleicht zu zweit eure Gewichtungen der einzelnen Vor- und Nachteile! Diskutiert die Unterschiede zwischen euren Gewichtungen!

B4 Berechnet mithilfe eurer eigenen Zielscheibe, welche der beiden Verhütungsmittel ihr bevorzugt! Entwickelt hierzu selbstständig einen Berechnungsweg! Vergleicht dann in der gesamten Klasse eure Ergebnisse nach Jungen und Mädchen getrennt!

B5 Im Jahre 2009 haben acht Prozent aller Jugendlichen angegeben, beim ersten Geschlechtsverkehr keine Verhütungsmittel eingesetzt zu haben! Sammle mögliche Gründe, wie es dazu kommen kann!

B6 Beschreibt vorbereitende Maßnahmen, durch die die Anwendung von Verhütungsmitteln beim ersten Geschlechtsverkehr erleichtert werden kann!

A ▸ Pubertät

Kann ich ...

1. die körperlichen Veränderungen eines Jungen und eines Mädchens während der Pubertät vergleichen? *(Seite 66 und 67)*
2. die Wirkung der Geschlechtshormone während der Pubertät erläutern? *(Seite 67)*
3. jeweils Beispiele für die Veränderungen im Verhalten von Jungen und Mädchen während der Pubertät beschreiben? *(Seite 68)*
4. erläutern, was man unter Geschlechtsreife versteht? *(Seite 67)*
5. beschreiben, wie sich Akne bilden kann? *(Seite 67)*
6. verschiedene Flirtsignale erläutern? *(Seite 68)*
7. den Bau der männlichen Geschlechtsorgane beschreiben? *(Seite 70)*
8. den Bau der weiblichen Geschlechtsorgane beschreiben? *(Seite 71)*
9. den Bau und die Bildung von Spermienzellen beschreiben? *(Seite 70 und 72)*
10. den Bau und die Bildung einer Eizelle beschreiben? *(Seite 71 und 72)*
11. erläutern, was man unter Erektion, Orgasmus und Ejakulation versteht? *(Seite 72)*

B ▸ Menstruationszyklus und Schwangerschaft

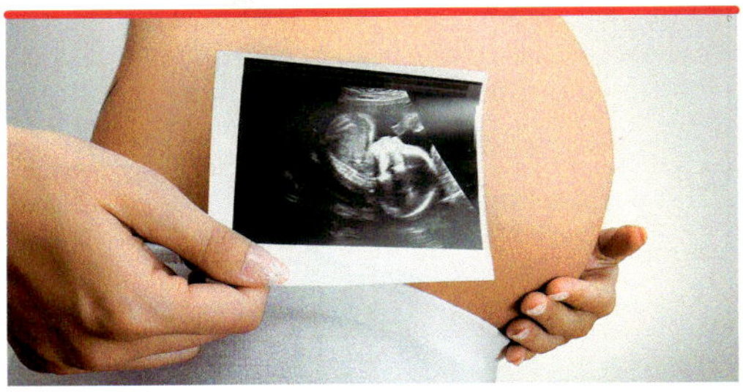

Kann ich ...

1. erläutern, was man unter Menstruation versteht? *(Seite 75)*
2. die Vorgänge während des Menstruationszyklus anhand eines Schemas beschreiben? *(Seite 74 und 75)*
3. Bedingungen nennen, unter denen der Monatszyklus von der normalen Dauer abweichen kann? *(Seite 75)*
4. erklären, weshalb während der Menstruation besonders auf Hygiene geachtet werden muss? *(Seite 75)*
5. erklären, weshalb nach einer Befruchtung keine Monatsblutungen mehr auftreten? *(Seite 74 und 75)*
6. erklären, weshalb die Erbsubstanz in den Zellen eines Kindes sowohl vom Vater als auch von der Mutter stammt? *(Seite 76)*
7. Vorgänge nennen, die von Geschlechtshormonen ausgelöst werden? *(Seite 66 und 67, 74 und 75)*
8. beschreiben, wie sich die befruchtete Eizelle weiterentwickelt? *(Seite 76)*
9. beschreiben, wie der Embryo im Mutterleib versorgt wird? *(Seite 76)*
10. den Unterschied zwischen eineiigen und zweieiigen Zwillingen erklären? *(Seite 76)*

C ▸ Liebe und Sexualität

Kann ich ...

1. verschiedene Ausdrucksformen der Liebe beschreiben? *(Seite 78)*
2. beschreiben, woran man erkennt, dass man sich verliebt hat? *(Seite 79)*
3. beschreiben, wie sich eine Partnerschaft entwickeln kann? *(Seite 79)*
4. beschreiben, welche Probleme in einer Partnerschaft entstehen können? *(Seite 79)*
5. verschiedene Ausdrucksformen der Sexualität beschreiben? *(Seite 79)*
6. erläutern, was man unter den Begriffen heterosexuell, homosexuell und bisexuell versteht? *(Seite 80)*
7. beschreiben, was ein Coming-out ist? *(Seite 80)*

D ▸ Verhütungsmethoden

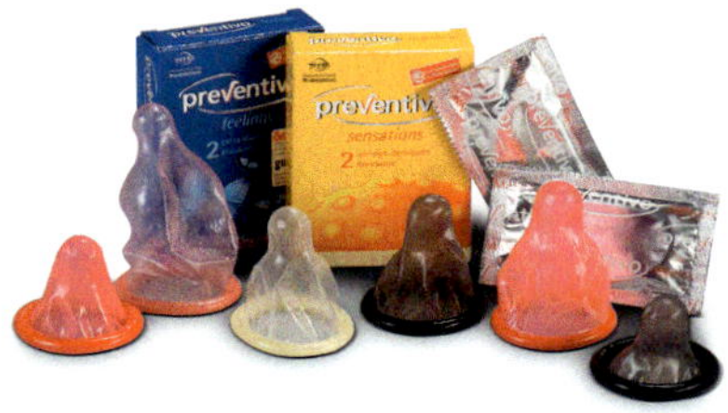

Kann ich ...

1. verschiedene Verhütungsmethoden beschreiben? *(Seiten 82 bis 84)*
2. die Verhütungsmethoden nach dem Grad ihrer Zuverlässigkeit ordnen? *(Seite 85)*
3. Verhütungsmethoden nennen, die sich auch für Jugendliche eignen? *(Seiten 82 bis 84)*
4. die Wirkung hormoneller Verhütungsmethoden beschreiben? *(Seite 84)*
5. beschreiben, worauf man bei der Verwendung der Pille achten muss? *(Seite 84)*

Kann ich aus dem Kapitel „Fortpflanzung und Entwicklung" Beispiele nennen für das Basiskonzept:

- Reproduktion?
- Struktur und Funktion?
- Information und Kommunikation?

Reproduktion und Vererbung

In diesem Kapitel beschäftigst du dich mit

- dem Wachstum von Lebewesen. Du lernst, wie sich die Zellen eines Organismus teilen und welche Vorgänge dabei im Zellkern ablaufen. Du erfährst, in welcher Form die Erbinformationen im Zellkern vorliegen und wie sichergestellt wird, dass alle Zellen nach ihrer Teilung dieselben Erbinformationen im Zellkern enthalten.

- dem Zusammenhang zwischen den Erbanlagen eines Lebewesens und seinen Merkmalen. Dabei lernst du, weshalb es Ähnlichkeiten, aber auch Unterschiede im Aussehen von Kindern und ihren Eltern gibt.

- der Weitergabe von Erbanlagen an die Nachkommen. Hierbei lernst du, welche Regeln es bei der Vererbung gibt und wie sie entdeckt wurden. Du erfährst, mit welchen Methoden die Erbgänge beim Menschen untersucht werden können.

- der Bildung der Geschlechtszellen. Du erfährst, welche Vorgänge dabei im Zellkern ablaufen und welche Bedeutung sie für die Verschiedenheit der Individuen einer Art haben. Außerdem lernst du, welche Fehler bei diesen Vorgängen auftreten können und welche Folgen diese haben.

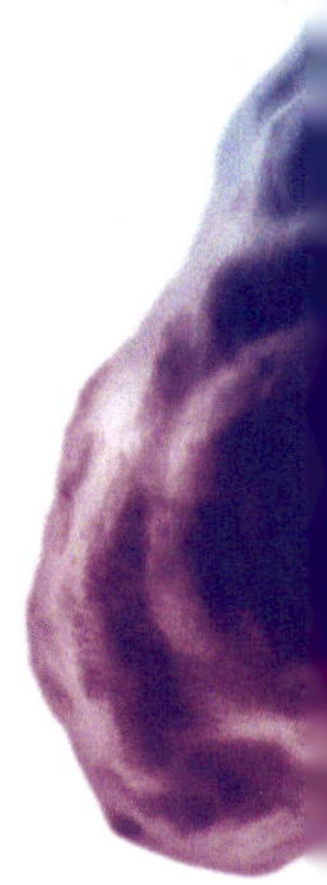

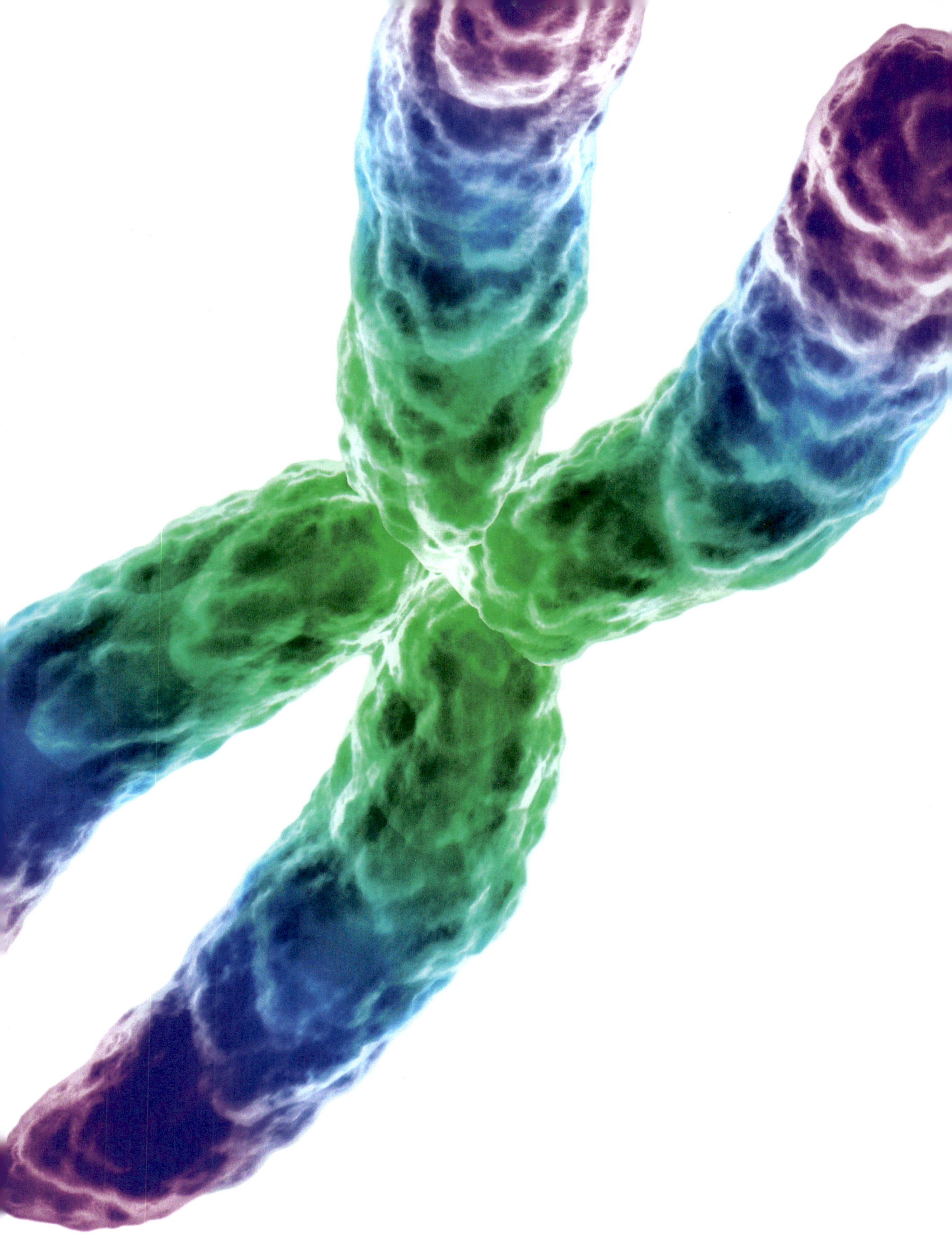

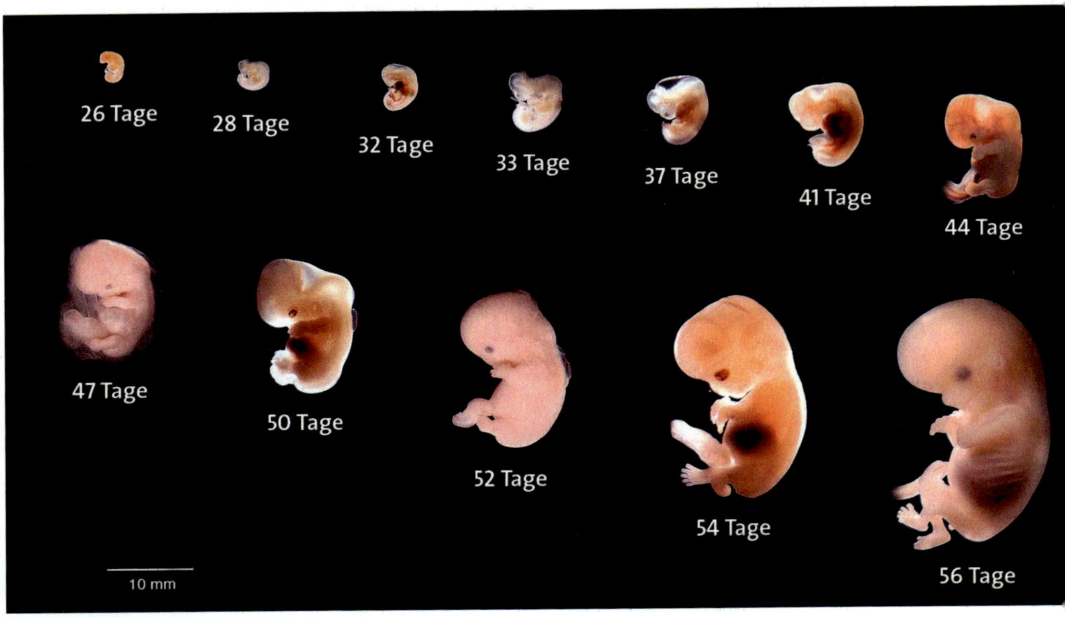

01 Wachstum eines Embryos

Teilung und Wachstum

Die Entwicklung eines menschlichen Embryos beginnt mit einer einzigen kleinen Zelle, der befruchteten Eizelle. Bis zur Geburt eines ungefähr 50 Zentimeter großen Säuglings entstehen aus dieser einen Zelle Milliarden von Zellen. Wie erfolgt dieses Wachstum durch Zellvermehrung?

WACHSTUM · Lebewesen wachsen, indem sich ihre Zellen vermehren. Ihre zusätzlichen Zellen entstehen hierbei jedoch niemals ganz neu. Sie gehen stets aus Verdopplungen bereits vorhandener Zellen hervor. Diese Verdopplung nennt man **Zellteilung,** bei der aus einer vorhandenen Zelle zwei **Tochterzellen** entstehen. Die Tochterzellen sind nach der Teilung jeweils etwa halb so groß wie die ursprüngliche Zelle. Durch die Zellteilung allein findet somit noch kein Wachstum statt. Nach der Zellteilung vergrößern sich jedoch die Tochterzellen meist jeweils auf die Größe der ursprünglichen Zelle. Erst hierdurch kommt es zum eigentlichen Wachstum. Danach können sich die Tochterzellen erneut teilen, sodass 8, 16, 32, 64 und viele weitere Zellen entstehen können.

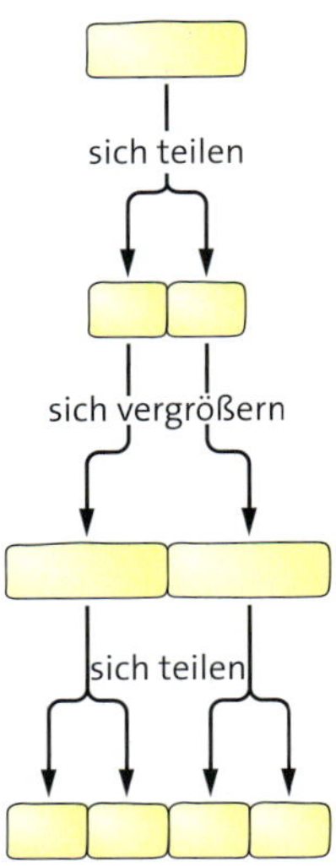

02 Teilung und Wachstum (Schema)

MITOSE · Alle Zellen, die durch Zellteilung aus einer Zygote hervorgehen, haben einen Zellkern mit entsprechenden Erbinformationen. Diese Erbinformationen sind von großer Bedeutung, da sie die Prozesse in jeder Zelle steuern. Auch die aus einer Zellteilung hervorgegangenen Tochterzellen enthalten jeweils die vollständigen Erbinformationen der ursprünglichen Zelle. Dies ist möglich, da sich die Erbinformationen vor der Zellteilung zunächst verdoppeln. Dann werden sie gleichmäßig auf die Tochterzellen verteilt. Diese Aufteilung der Erbinformation, bei der sich der ursprüngliche Zellkern auflöst und zwei neue Zellkerne entstehen, nennt man Kernteilung oder **Mitose.**

CHROMOSOMEN · Die Erbinformationen einer Zelle sind in Form langer, fädiger Strukturen im Zellkern gespeichert. Jeder Einzelfaden wird als **Chromosom** bezeichnet. Die Anzahl dieser Chromosomen ist von Art zu Art unterschiedlich. In menschlichen Zellen gibt es stets 46 Chromosomen. Liegen diese Chromosomen als lange, fädige Strukturen vor, sind sie aktiv und steuern die Vorgänge der Zelle.

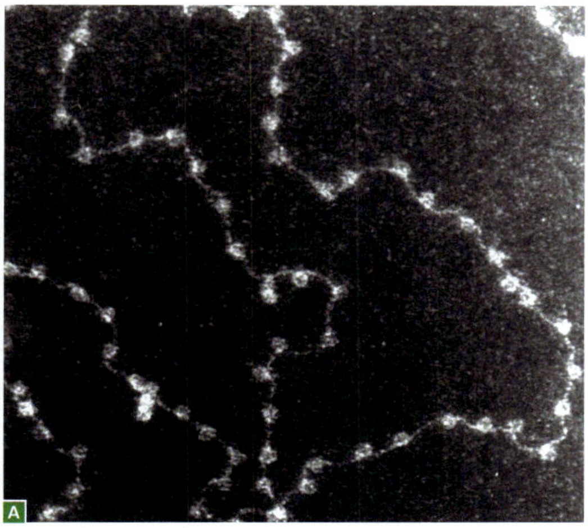

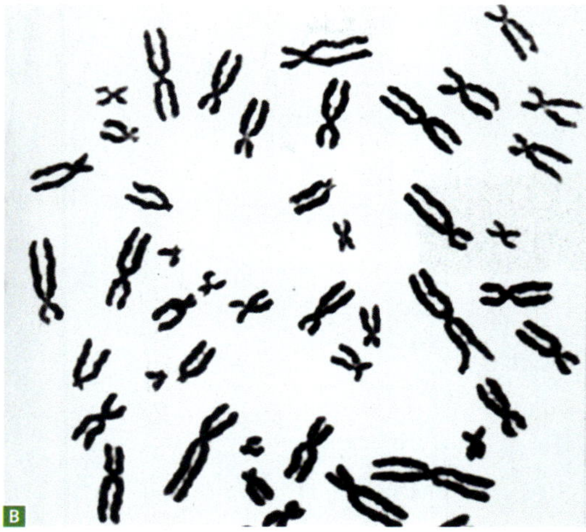

03 Chromosomen:
A Arbeitsform,
B Transportform

Daher bezeichnet man diesen Zustand der Chromosomen als **Arbeitsform.** Vollzieht eine Zelle jedoch eine Mitose, so liegen die Chromosomen als stark verkürzte, X-förmige Strukturen vor. Diese **Transportform** der Chromosomen entsteht durch starke Verkürzung der Chromosomenfäden, indem sich diese spiralig aufwickeln. Die X-Form der Chromosomen bildet sich durch eine Verdopplung der einfädigen Chromosomen vor der Mitose. Die identischen fädigen Chromosomen bleiben durch das **Zentromer** miteinander verbunden, sodass die X-Form entsteht. Jeder Einzelfaden wird hierbei als **Chromatid** bezeichnet. Vor der Verdopplung bezeichnet man daher Chromosomen als **Ein-Chromatid-Chromosomen,** nach der Verdopplung als **Zwei-Chromatiden-Chromosomen.** Dabei sind die Erbinformationen der beiden Chromatiden eines Zwei-Chromatiden-Chromosoms jeweils gleich.

Während der Mitose werden die beiden Chromatiden eines jeden Zwei-Chromatiden-Chromosoms voneinander getrennt und jeweils auf die Tochterzellen verteilt. So erhalten die Tochterzellen von jedem Chromosomen der ursprünglichen Zelle eine Kopie in Form eines Ein-Chromatid-Chromosoms. Durch diese gleichartige Verteilung der Erbinformationen entstehen bei einer Mitose *identische Tochterzellen.*

ZELLZYKLUS · Die Häufigkeit, mit der sich Zellen teilen, hängt vom Zelltyp ab. Zellen eines Embryos können schon wenige Stunden nach einer Zellteilung erneut in einen Teilungsprozess eintreten. Vollzieht eine Zelle keine Mitose, so befindet sie sich in der **Interphase.** Je länger diese Interphase andauert, desto länger ist die Zeitspanne zwischen den Zellteilungen. Die Abfolge aus Mitose und Interphase bezeichnet man insgesamt als *Zellzyklus.* In der Interphase liegen die Chromosomen in ihrer Arbeitsform vor. Die Interphase wird unterbrochen durch eine Phase, in der sich die Chromatiden verdoppeln, sodass Zwei-Chromatiden-Chromosomen entstehen.

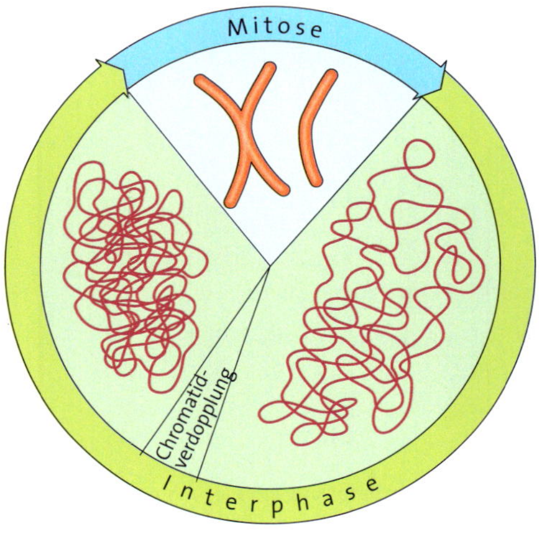

04 Zellzyklus am Beispiel eines Chromosoms in seiner Arbeits- und Transportform sowie als Ein-Chromatid- und Zwei-Chromatiden-Chromosom

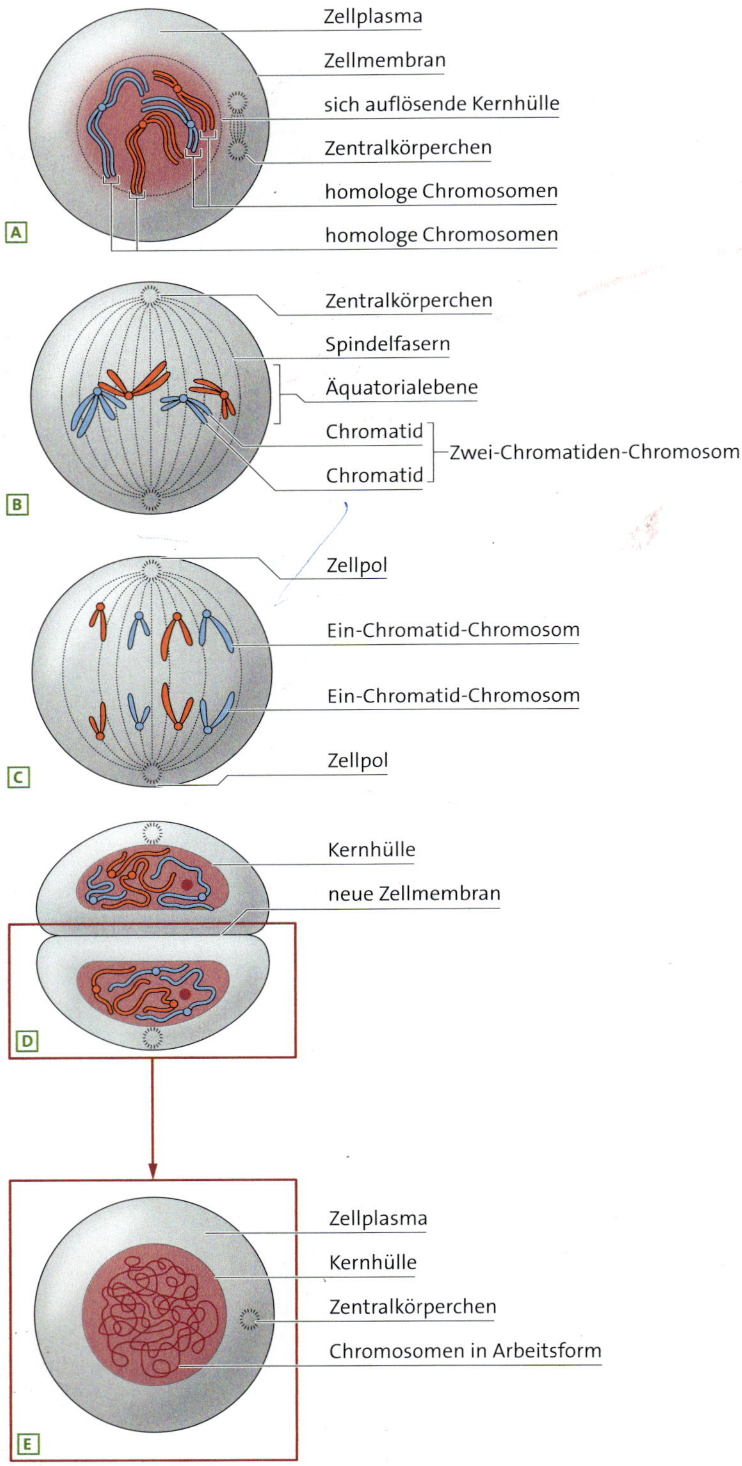

05 Phasen der Mitose einer Tierzelle: **A** Vorbereitungsphase, **B** Anordnungsphase, **C** Aufteilungsphase, **D** Trennungsphase, **E** Interphase

ABLAUF DER MITOSE · Die Bildung genetisch identischer Tochterzellen erfolgt nach einem immer gleich ablaufenden Muster, das in folgende Phasen unterteilt wird:

Vorbereitungsphase: Zu Beginn der Mitose erfolgt die Verkürzung der Chromosomen in ihre Transportform. Gleichzeitig beginnt die Auflösung der Zellkernhülle. Diese Phase wird auch als *Prophase* bezeichnet.

Anordnungsphase: In dieser Phase ordnen sich die Chromosomen auf einer Ebene in der Mitte der Zelle an, der **Äquatorialebene.** In Vorbereitung dieser Anordnung wandern zwei Zentralkörperchen, die sich in der Vorbereitungsphase gebildet haben, an gegenüberliegende Seiten der Zelle. Von diesen Zentralkörperchen aus bilden sich Spindelfasern, an denen sich die Chromosomen in der Äquatorialebene anordnen. Diese Phase wird auch als *Metaphase* bezeichnet.

Aufteilungsphase: Nach der Anordnung aller Zwei-Chromatiden-Chromosomen in der Äquatorialebene werden die Chromatiden voneinander getrennt. Die jeweils identischen Ein-Chromatid-Chromosomen werden entlang der Spindelfasern zu jeweils einem der gegenüberliegenden Zentralkörperchen transportiert. Diese Phase wird auch als *Anaphase* bezeichnet.

Trennungsphase: In der letzten Phase der Mitose bilden sich zwei neue Kernhüllen, die jeweils eine der beiden Chromosomengruppen umschließen. Bei menschlichen Zellen befinden sich nun jeweils 46 Ein-Chromatid-Chromosomen in beiden Zellkernen. Gleichzeitig schnürt sich die Zelle in der Mitte ein, sodass zwei Tochterzellen mit jeweils einem Zellkern entstehen. Die Chromosomen in den Zellkernen entspiralisieren sich und gehen in ihre Arbeitsform über. Diese letzte Phase der Mitose wird auch als *Telophase* bezeichnet.

INTERPHASE: Im Anschluss an die Mitose gehen die Zellen in die Interphase über. Erst dann kommt es zur Vergrößerung der Zellen, die im Wechsel mit den Zellteilungen das Wachstum von Lebewesen ermöglicht.

Material A ▸ Phasen der Mitose in einer Pflanzenzelle

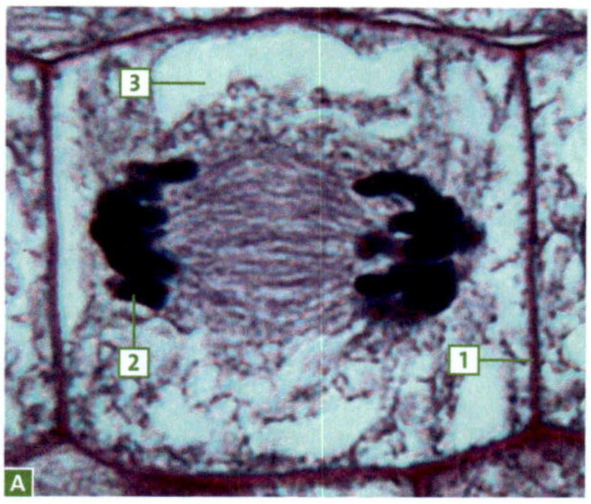

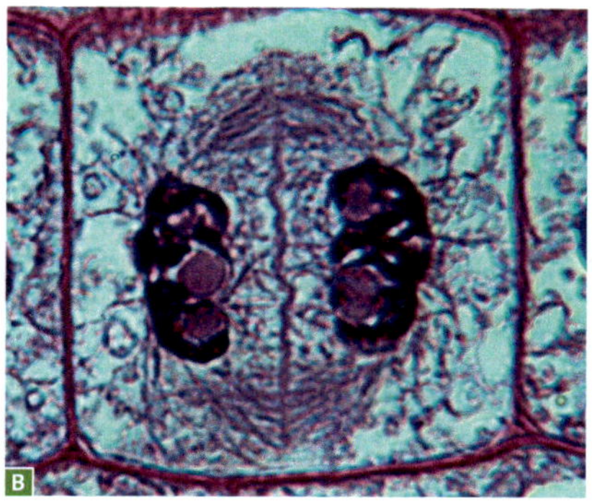

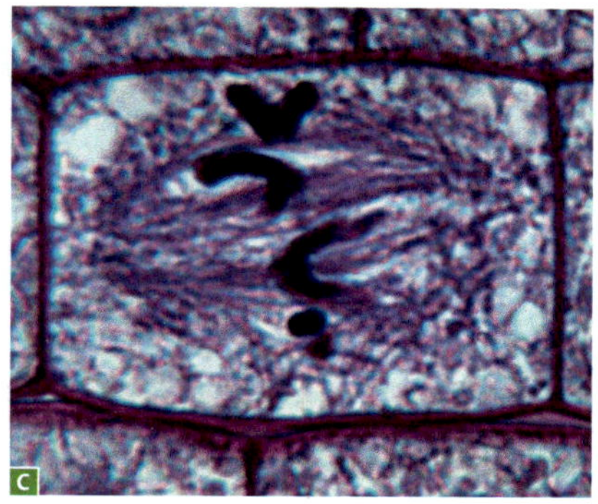

Die lichtmikroskopischen Fotos zeigen drei von vier Phasen der Mitose einer Pflanzenzelle in ungeordneter Reihenfolge.

A1 Benenne die mit Zahlen gekennzeichneten Strukturen und Bereiche der Zelle!

A2 Ordne die Abbildungen A bis C den passenden Phasen der Mitose zu!

A3 Beschreibe die Vorgänge während der Phase der Mitose, die in den Abbildungen nicht gezeigt wird! Erläutere, welche Funktion diese Vorgänge jeweils für den gesamten Ablauf der Mitose haben!

A4 Abbildung B zeigt im Ablauf der Zellteilung pflanzlicher Zellen einen Unterschied zu tierischen Zellen. Beschreibe diesen Unterschied! *Hinweis: Achte auf die Linie, die sich in der Äquatorialebene bildet.*

Material B ▸ Anzahl und Masse der Chromosomen während der Zellzyklusphasen

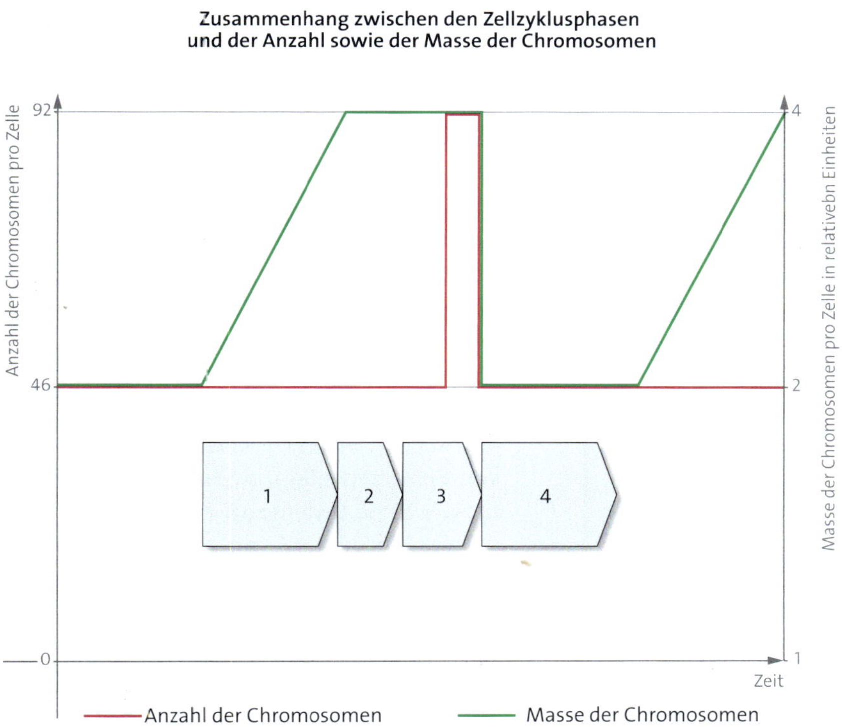

B1 Die Pfeile mit den Zahlen 1 bis 4 markieren Phasen des Zellzyklus. Ordne den Ziffern die entsprechenden Phasen zu und begründe deine Zuordnungen!

B2 Erkläre, wie es im Laufe einer Phase des Zellzyklus zum Anstieg der Chromosomenanzahl auf 92 kommen kann!

B3 Erläutere die Bedeutung der Verdopplung der Chromosomenmasse für die Mitose!

01 Familienfoto

Kinder sehen ihren Eltern ähnlich

griechisch phän = Erscheinung, griechisch typos = Abbild

Kindern sind ihren Eltern teilweise ähnlich, unterscheiden sich aber auch von ihnen. Am Beispiel der Haarfarbe wird deutlich, dass Merkmale der Eltern bei manchen, aber nicht bei allen Nachkommen wieder auftreten. Wie ist dies zu erklären?

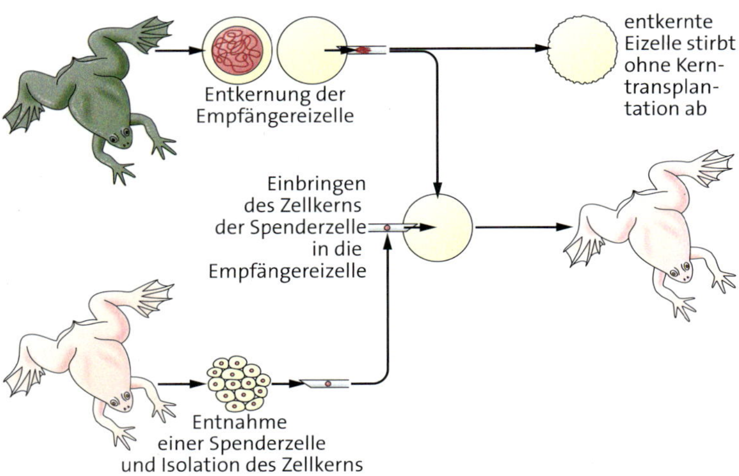

02 Krallenfrosch-Versuch

MERKMALE · Kinder und Eltern ähneln sich häufig in verschiedenen Merkmalen wie Augenfarbe oder Gesichtsform. Solche ausgeprägten und sichtbaren Merkmale fasst man als **Phänotyp** zusammen. Der Begriff Phänotyp umfasst auch die nicht sichtbaren Merkmale eines Lebewesens, zum Beispiel die Blutgruppe. Ähnlichkeiten zwischen Kindern und ihren Eltern weisen darauf hin, dass ein Zusammenhang zwischen dem Phänotyp der Kinder und den *Erbanlagen* der Eltern besteht.

ERBANLAGEN · Die Entwicklung eines Kindes beginnt mit der Verschmelzung der Zellkerne von Spermienzelle und Eizelle, der *Befruchtung*. Welche Bedeutung der Zellkern für die spätere Ausbildung von Merkmalen hat, ist schon früh an Krallenfröschen untersucht worden. Hierzu entfernte man den Zellkern aus einer Eizelle eines Froschweibchens mit normaler Hautfärbung. Dann entnahm man einem Albino-Frosch den Zellkern einer Kör-

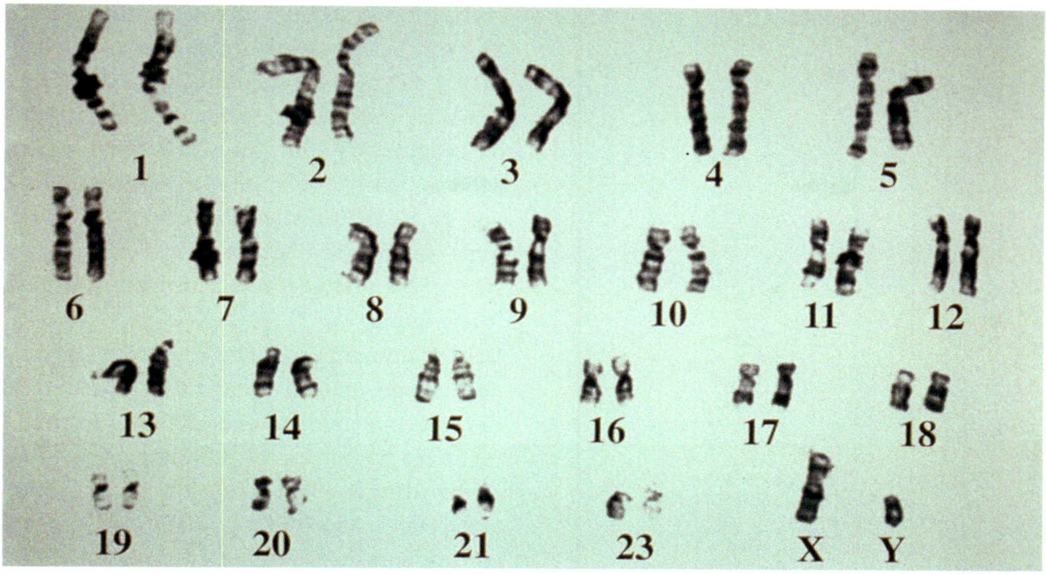

03 Karyogramm des Menschen

perzelle und übertrug diesen in die zuvor entkernte Eizelle. Aus dieser kombinierten Zelle entwickelte sich ein Albino-Frosch. Die Erbanlagen zur Ausprägung eines Merkmals liegen somit im Zellkern. Erbanlagen werden auch als Erbinformationen bezeichnet, da sie Informationen für die Ausbildung von Merkmalen liefern. Die Gesamtheit aller Erbinformationen eines Lebewesens bezeichnet man als **Genotyp.**

CHROMOSOMEN DES MENSCHEN · Die Erbanlagen im Zellkern liegen in Form der fädigen **Chromosomen** vor. Jede unserer Körperzellen, egal ob Haut-, Muskel-, oder Nervenzelle, hat jeweils 46 Chromosomen. Immer zwei dieser Chromosomen sind in ihrer Größe und Gestalt gleich, sie sind **homolog.** Diese homologen Chromosomen bezeichnet man als Chromosomenpaare. Das 23. Chromosomenpaar legt das Geschlecht fest. Frauen besitzen zwei homologe *X-Chromosomen.* Männer haben ein ungleiches Chromosomenpaar. Es besteht aus einem X- und einem kleinen *Y-Chromosom.* Ordnet man diese 23 Chromosomenpaare einer Zelle, erhält man ein **Karyogramm**. Die 23 verschiedenen Chromosomenpaare bezeichnet man als Chromosomensatz. Körperzellen haben also einen doppelten, einen **diploiden** Chromosomensatz. Bei der Bildung von Eizellen und Spermienzellen wird die Anzahl der Chromosomen auf 23 reduziert. Diese Zellen sind **haploid.** Damit geben Eltern nur einen ihrer beiden Chromosomensätze, also jeweils nur die Hälfte ihrer Erbinformationen, an ihre Kinder weiter. Die Aufteilung der homologen Chromosomen bei der Geschlechtszellenbildung erfolgt zufällig. Ob bestimmte Erbinformationen an Nachkommen weitergegeben werden, ist also eine Frage des Zufalls. Bereits hierdurch wird nachvollziehbar, weshalb Kinder innerhalb einer Familie sich unterscheiden: Sie erhalten von ihren Eltern unterschiedliche Erbinformationen und bilden somit verschiedene Phänotypen aus. Die hierdurch entstehende Vielfalt von Phänotypen bezeichnet man als **Variabilität.**

lateinisch generes = entstehen

griechisch chroma = Farbe, griechisch soma = Körper

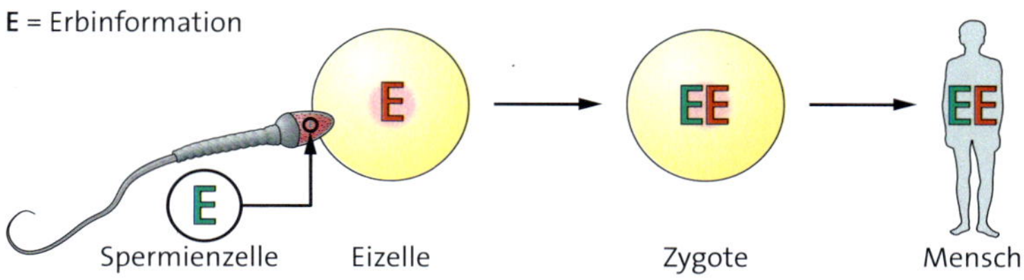

04 Weitergabe der Erbinformation

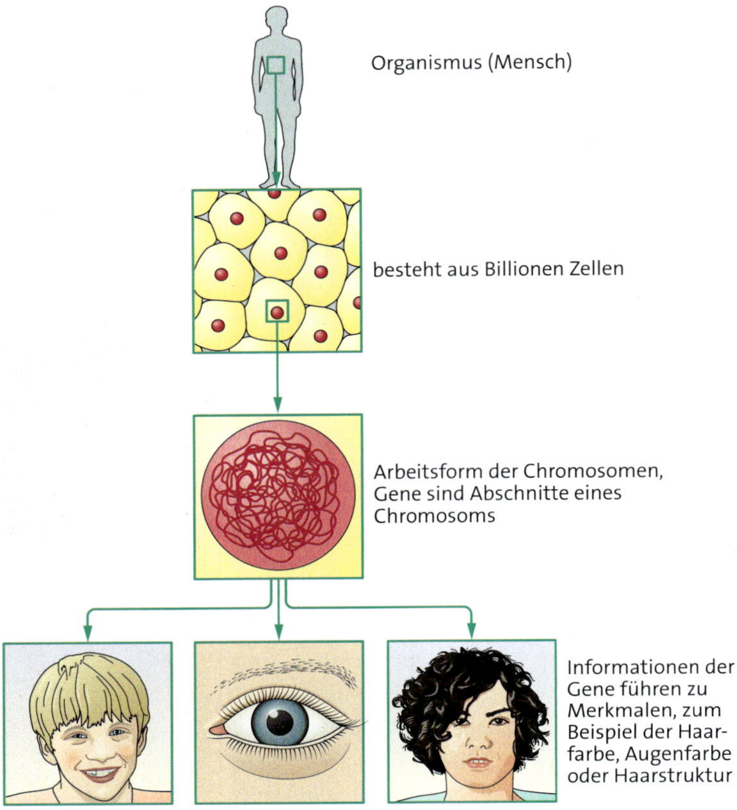

05 Zusammenhang zwischen Chromosomen, Genen und Merkmalen

CHROMOSOMENABSCHNITTE · Chromosomen sind in ihrer Arbeitsform lange fädige Strukturen und lassen sich in Abschnitte unterteilen. Vereinfacht gesagt, enspricht ein Chromosomenabschnitt der Erbinformation für ein bestimmtes Merkmal. Dieser wird als **Gen** bezeichnet. Man geht heute davon aus, dass es beim Menschen etwa 22 000 Gene gibt, die auf die unterschiedlichen Chromosomen verteilt sind. Mithilfe von Versuchen lässt sich zuordnen, welche Erbinformationen auf welchen Chromosomen zu finden sind.

Homologe Chromosomen haben im gleichen Abschnitt jeweils dieselbe Art von Erbinformation. Die Erbinformationen für die Blutgruppe findet man zum Beispiel auf den Chromosomen 9. Welche Blutgruppe ein Mensch dann ausprägt, hängt davon ab, in welchem Zustand die entsprechenden Chromosomenabschnitte vorliegen. Diese Zustände nennt man **Allele.** So kann beispielsweise eines der Chromosomen 9 das Allel für die Blutgruppe A aufweisen, während auf dem homologen Chromosom das Allel für die Blutgruppe B liegt. In diesem Fall bildet sich als Phänotyp die Blutgruppe AB aus, da hier beide Allele die Merkmalsausprägung beeinflussen. Bei anderen Merkmalen bestimmt nur eines der Allele die phänotypische Ausprägung.

Der Zusammenhang zwischen einem Gen und dem entsprechenden Merkmal liegt darin, dass Gene die Information für die Bildung bestimmter Stoffe tragen. Im Fall der Blutgruppen sind es die Antigene auf den Erythrozyten. Diese Stoffe, deren Ausbildung durch die Gene bestimmt wird, nennt man **Genprodukte.**

UMWELT · Neben dem Genotyp beeinflusst auch die Umwelt unseren Phänotyp. So führt UV-Strahlung der Sonne zur verstärkten Bildung von Hautpigmenten in den Hautzellen. Unser Phänotyp ist also nicht immer exakt durch unseren Genotyp bestimmt. Vielmehr legt der Genotyp einen Spielraum fest, in dem sich der Phänotyp abhängig von Umwelteinflüssen ausprägt. Auch hierdurch entsteht *Variabilität.*

Vergleichbar ist dies mit einem Rezept für einen Kuchen. Es legt nur die Art des Kuchens fest. Die Form des Kuchens und der Bräunungsgrad werden durch den Backvorgang bestimmt. Unser Genotyp ist somit eine Art Rezept für unseren Phänotyp. Hautfarbe oder Körpermasse lassen sich durch Umwelteinflüsse wie Sonneneinstrahlung oder Ernährung verändern. Manche Merkmale wie die Augenfarbe werden allerdings durch die Umwelt nicht beeinflusst.

1 Definiere die Begriffe Phänotyp und Genotyp!

2 Erkläre, weshalb jeder Mensch einen einzigartigen Genotyp hat!

Material A ▸ Familienähnlichkeit

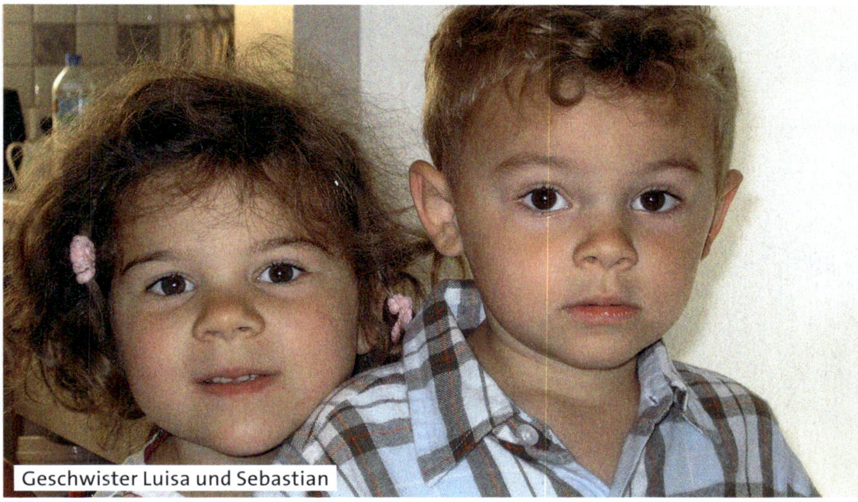

Geschwister Luisa und Sebastian

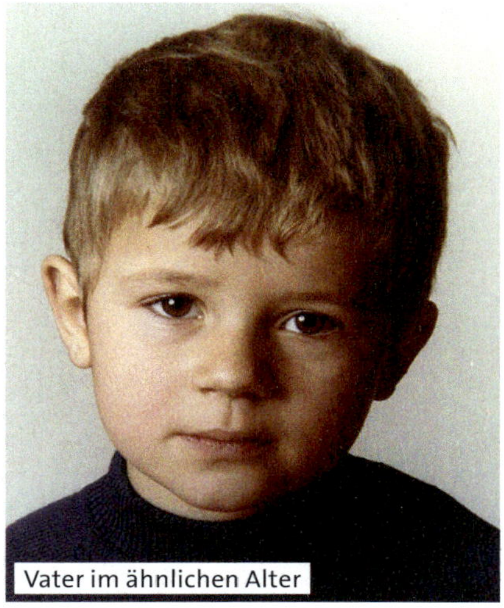

Vater im ähnlichen Alter

A1 Beschreibe Unterschiede und Ähnlichkeiten der Geschwisterkinder mit ihrem Vater im ähnlichen Alter!

A2 Erkläre, wie trotz gemeinsamen Vaters die Unterschiede der Geschwister entstehen können!

A3 Beschreibe mithilfe der Bilder das Basiskonzept Variabilität!

Material B ▸ Zwillinge

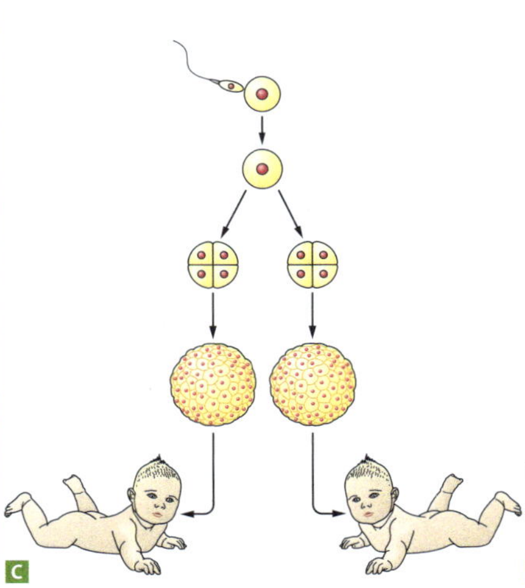

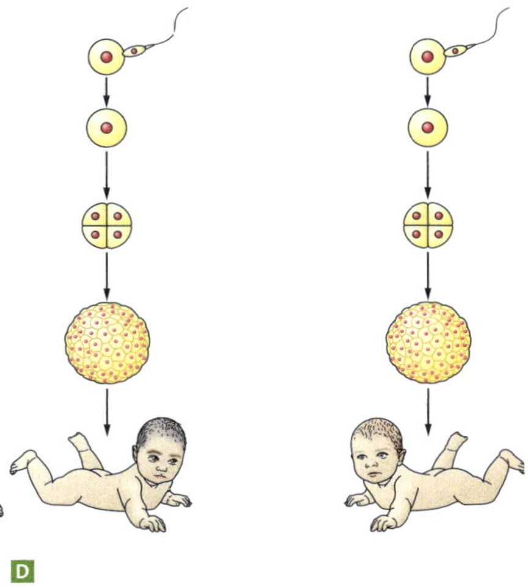

B1 Vergleiche jeweils den Phänotyp der Geschwister bei den Zwillingspaaren!

B2 Beurteile die Ähnlichkeiten der jeweiligen Zwillingspaare!

B3 Ordne die Begriffe eineiige und zweieiige Zwillinge den Abbildungen A bis D zu! Begründe mithilfe der Grafik, ob auch das Zwillingspaar A unterschiedlichen Geschlechts sein kann!

B4 Auch eineiige Zwillinge unterscheiden sich in manchen Merkmalen. Stelle Vermutungen über die Ursachen an!

01 **A** Johann Gregor MENDEL,
B Erbsenpflanze

Klassische Genetik

Die Ähnlichkeit zwischen Eltern und Kindern war schon immer ein deutlicher Hinweis auf Vererbung. Doch durch das unregelmäßige Auftreten dieser Ähnlichkeiten gab es lange Zeit keine genauen Vorstellungen davon, wie Vererbung funktioniert. Dann gelang es einem Mönch durch jahrelange Forschungen, Regeln der Vererbung nachzuweisen. Wie lauten diese Regeln und wie entdeckte er sie?

Johann Gregor MENDEL 1822-1884

MENDEL UND SEINE ZEIT · Bis zur Mitte des 19. Jahrhunderts bestand die Vorstellung, dass Erbanlagen in Form von Flüssigkeiten an Nachkommen weitergegeben werden. Dies stellte man sich als einen völlig ungeordneten Prozess vor. So erklärte man sich, weshalb Ähnlichkeiten zwischen Eltern und ihren Nachkommen unregelmäßig auftreten. Der Mönch und Lehrer Gregor MENDEL, der im heutigen Tschechien lebte, entdeckte bei seinen Forschungen *Regeln der Vererbung*. Die Entdeckung dieser **MENDELschen Regeln** gilt bis heute als die Geburtsstunde der *Genetik*.

MENDELS VERSUCHE · Als MENDEL seine Forschung begann, waren Chromosomen als Träger der Erbanlagen noch völlig unbekannt. MENDELs Forschungen waren somit darauf beschränkt, die Ausprägung von Merkmalen bei Eltern und ihren Nachkommen zu betrachten, also ihre Phänotypen. Durch die Vielzahl von Merkmalen führte reines Beobachten allein jedoch zu keinen klaren Erkenntnissen. Deshalb plante MENDEL, Individuen miteinander zu kreuzen, die sich nur in einem einzigen Merkmal unterschieden. Er kreuzte also beispielsweise Pflanzen mit verschiedenen Blütenfarben, aber ansonsten gleichen Merkmalen. Bei den Nachkommen betrachtete er dann gezielt die Ausprägung dieses einen Merkmals.
Für seine Versuche wählte MENDEL Erbsenpflanzen aus, weil er diese gezielt bestäuben und einfach vermehren konnte. Er nutzte für seine Kreuzungen nur Erbsenpflanzen, deren Merkmale über mehrere Generationen konstant ausprägt waren. Er ging davon aus, dass diese Pflanzen besonders „reine" Erbanlagen enthielten und bezeichnete sie als *reinerbig*.

MENDELS 1. REGEL · Kreuzte MENDEL Erbsenpflanzen der Eltern- oder P-Generation mit

roten und weißen Blüten, so zeigten alle Nachkommen der ersten Tochter- oder F_1-Generation nur Blüten mit der Farbe rot. Die weiße Blütenfarbe wurde von keinem der Nachkommen ausgebildet. Diese Regelhaftigkeit konnte er auch bei anderen Merkmalen wie der Samenfarbe nachweisen.
Daraus leitete MENDEL eine erste Gesetzmäßigkeit ab, die heute als 1. MENDELsche Regel oder auch als **Uniformitätsregel** bezeichnet wird: *Wenn man zwei Individuen einer Art kreuzt, die sich in einem Merkmal reinerbig unterscheiden, dann zeigen alle Nachkommen der F_1-Generation einheitlich eine der beiden Merkmalsausprägungen; sie sind in Bezug auf dieses Merkmal uniform.*

Die wohl bahnbrechendsten Ergebnisse erzielte MENDEL, als er die Individiuen dieser F_1-Generation untereinander kreuzte. Deren als F_2-Generation bezeichnete Nachkommen zeigten sowohl rote als auch weiße Blütenfarben. Die weiße Blütenfarbe, die in der F_1-Generation von keinem der Individuen ausgebildet wurde, konnte demnach in der F_2-Generation wieder auftreten. Dies führte MENDEL zu der Schlussfolgerung, dass auch die rot blühenden Individuen der F_1-Generation die Erbanlage für das Merkmal weiße Blütenfarbe in sich trugen. Die Anlage für dieses Merkmal nannte er **rezessiv,** da es in der F_1-Generation vorhanden war, aber nicht ausgebildet wurde. Die Anlage für das Merkmal, das von der F_1-Generation uniform ausgebildet wurde, nannte er hingegen **dominant.** Erbgänge dieser Art bezeichnete er als *dominant-rezessive Erbgänge.* MENDEL erkannte, dass Lebewesen zu jedem Merkmal zwei Erbanlagen in sich tragen.
Indem MENDEL systematisch die Ausbildung der Phänotypen analysierte, schlussfolgerte er also auf ihre Genotypen. Erst sehr viel später wurde seine Annahme der zwei Erbanlagen durch die Entdeckung homologer Chromosomen und ihrer Aufteilung bei der Geschlechtszellenbildung bestätigt.

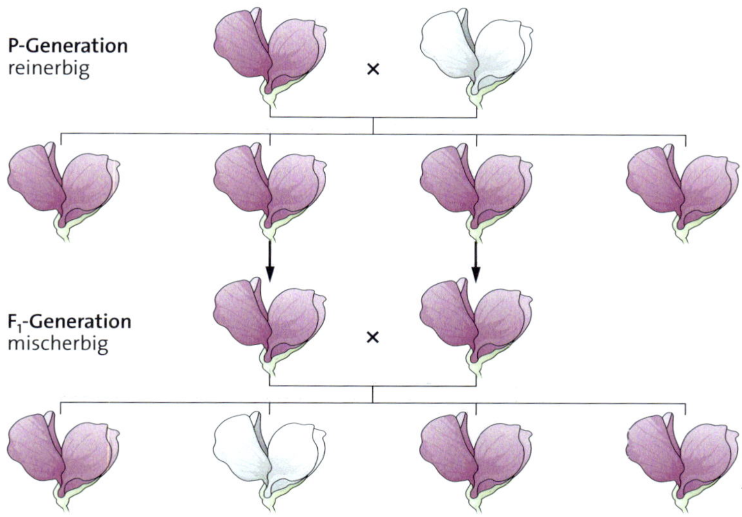

02 Kreuzungsversuche mit reinerbigen Erbsenpflanzen in der P-Generation

MENDELS ZAHLEN · MENDEL sicherte seine Ergebnisse durch die Untersuchung von mehr als 28 000 Erbsenpflanzen. Er führte damit als erster Vererbungsforscher statistische Auswertungen durch. So konnte er feststellen, dass in der F_2-Generation rot blühende und weiß blühende Erbsenpflanzen immer wieder annähernd in einem Zahlenverhältnis von 3:1 auftraten. Nach vielen Versuchen zu unterschiedlichen Merkmalen leitete er aus den Mittelwerten die 2. MENDELsche Regel oder auch **Spaltungsregel** ab: *Kreuzt man die mischerbigen Individuen der F_1-Generation untereinander, so spaltet sich die Ausprägung des Merkmals in einem dominant-rezessiven Erbgang bei den Nachkommen durchschnittlich in einem Zahlenverhältnis von 3:1 auf.*

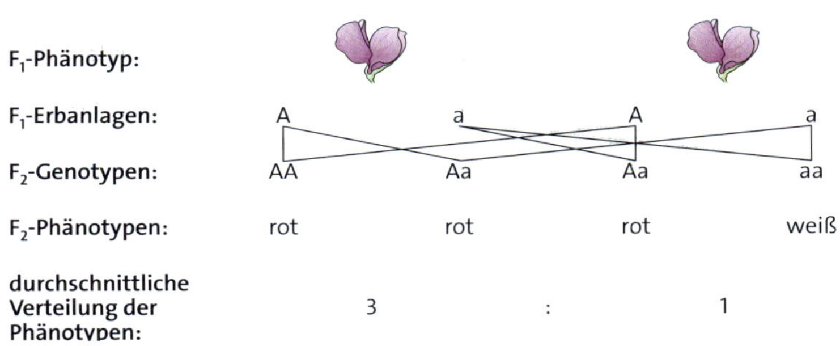

03 Kreuzungsschema zur Spaltungsregel

04 Erbsensamen:
A gelb und glatt,
B gelb und runzelig,
C grün und glatt,
D grün und runzelig

MENDELS 3. REGEL · In einigen Versuchen verwendete MENDEL Erbsenpflanzen, die sich in zwei oder mehr Merkmalen reinerbig unterschieden. So kreuzte er Erbsenpflanzen, die sich zum Beispiel in ihrer Samenfarbe und in ihrer Samenform reinerbig unterschieden. Hierzu bestäubte er Erbsenpflanzen aus gelben, glatten Samen mit den Pollen einer Pflanze aus grünen, runzeligen Samen. In der entsprechenden F_1-Generation stellte er fest, dass alle Samen gelb und glatt waren.

05 Samen in den Hülsen der F_2-Generation

Die Uniformitätsregel galt demnach auch für die Vererbung bei Individuen, die sich reinerbig in zwei Merkmalen unterschieden. Einen solchen Erbgang bezeichnet man als dihybrid.

Besonders interessant waren für MENDEL dann erneut die Merkmalsausprägungen in der F_2-Generation. Hier zeigten sich zwei neue Phänotypen, denn es gab auch Individuen mit gelben, runzeligen Samen und mit grünen, glatten Samen. Die Merkmale traten in der F_2-Generation in neuen Kombinationen auf. Die Erbanlagen für die Merkmale wurden somit unabhängig voneinander an die Nachkommen weitergegeben.
Aus dieser Beobachtung leitete MENDEL seine 3. Regel oder **Unabhängigkeitsregel** ab:
Kreuzt man zwei Individuen einer Art, die sich in mehr als einem Merkmal reinerbig unterscheiden, dann können in der F_2-Generation neue Kombinationen auftreten. Die Weitergabe der Erbanlagen erfolgt unabhängig voneinander.

Material A ▸ Kreuzung bei Meerschweinchen

In einem Zuchtverein sollen schwarze Meerschweinchen mit weißen gekreuzt werden. Die Meerschweinchen sind bezogen auf die Fellfarbe reinerbig. Das Allel für Schwarz ist dominant über das Allel für Weiß.

A1 Nenne die Phänotypen, die nach der Verpaarung der Individuen der P-Generation in der F_1-Generation auftreten, sowie die MENDELsche Regel, die dies beschreibt!

A2 Die F_1-Nachkommen werden miteinander verpaart. In der F_2-Generation treten 62 schwarze und 20 weiße Meerschweinchen auf. Erkläre dieses Zahlenverhältnis mithilfe einer MENDELschen Regel!

VERSUCH B ▸ Modellversuch zur Spaltungsregel

Material:
100 Centmünzen, 2 Gefäße, Schal

Durchführung:
Befüllt zu zweit die beiden Gefäße mit jeweils 50 Centmünzen. Verbindet einer Versuchsperson die Augen mit einem Schal. Diese nimmt eine Münze aus jedem Gefäß und legt sie auf den Tisch, sodass pro Münze entweder Kopf oder Zahl oben liegt. Dies wird wiederholt, bis 10 Münzpaare auf dem Tisch liegen. Dann führt die andere Versuchsperson den Versuch erneut durch.

B1 Mit diesem Modellversuch werden reale Vererbungsvorgänge simuliert. Ordne den drei folgenden Teilen des Modells passende Analogien realer Erbgänge zu: Gefäße mit Münzen, Kopf und Zahl, Münzpaare!

B2 Erläutere, welcher Vererbungsvorgang durch das Herausnehmen der Münzen aus den Gefäßen simuliert wird, und weshalb der Versuch mit verbundenen Augen durchgeführt wird!

B3 Notiere die Versuchsergebnisse in Form der folgenden Tabelle! Werte die Ergebnisse des Modellversuchs aus und erläutere mögliche Übereinstimmungen mit den Forschungsergebnissen MENDELs!

Kombinationen der Münzpaare	Kopf-Kopf	Zahl-Kopf	Zahl-Zahl
1. Durchgang			
2. Durchgang			
Summe			

METHODE

Erstellen eines Kreuzungsschemas

Da Kreuzungspartner jeweils eine von zwei Erbanlagen an ihre Nachkommen weitergeben können, ergeben sich für die Nachkommen verschiedene Kombinationsmöglichkeiten von Erblagen.
Um diese Kombinationsmöglichkeiten zu ermitteln, werden zunächst die zwei Erbanlagen der beiden Kreuzungspartner nebeneinander notiert. Die Erbanlagen werden hierbei durch Buchstaben abgekürzt, zum Beispiel A und a für Blütenfarbe. Die Großschreibung oder Kleinschreibung der Buchstaben signalisiert, ob es sich um die dominante oder rezessive Erbanlage handelt, also „A" für die dominante Erbanlage „rote Blütenfarbe" und „a" für die rezessive Erbanlage „weiße Blütenfarbe".
Die Kombinationsmöglichkeiten werden dann in Form eines einfachen Kreuzungsschemas ermittelt, indem die zwei Erbanlagen des einen Kreuzungspartners nacheinander mit beiden Erbanlagen des anderen Kreuzungspartners durch Linien verbunden werden.

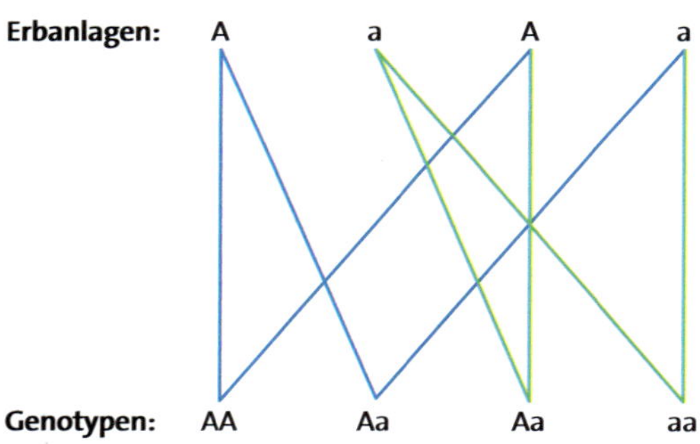

01 Kombinationen der Erbanlagen werden mithilfe von Linien dargestellt

Ein Kreuzungsschema kann noch übersichtlicher in Form einer Kreuzungstabelle dargestellt werden. Die Erstellung erfolgt dann in folgenden Schritten:

1) *Für die Betrachtung eines Merkmals wird eine Tabelle mit jeweils drei Zeilen und Spalten erstellt.*

2) *In die oberste Zeile und in die linke Spalte werden die zwei Erbanlagen der beiden Kreuzungspartner eingetragen.*

3) *Alle möglichen Genotypen der F_2-Generation werden dann ermittelt, indem für jede der noch freien Zellen die entsprechenden Erbanlagen der F_1-Generation kombiniert werden.*

4) *Mithilfe der Kreuzungstabelle können auch die Zahlenverhältnisse der Nachkommen ermittelt werden, da der Genotyp jeder Einzelzelle mit derselben Wahrscheinlichkeit auftritt.*

♂ / ♀	A	a
A	AA	Aa
a	Aa	Aa

02 Kreuzungstabelle

Aus der Kreuzungstabelle kann man zur Verteilung der Geno- und Phänotypen in der F_2-Generation folgende Schlussfolgerungen ziehen:

mögliche Genotypen:	*AA :*	*Aa :*	*Aa :*	*aa*
	1 :	*1 :*	*1 :*	*1*
entsprechende Phänotypen:	*rot*	*rot*	*rot*	*weiß*
wahrscheinliche Verteilung der Phänotypen:		*3*	*:*	*1*

Material A ▸ Kreuzung von Wunderblumen

Kreuzt man reinerbige Individuen der Wunderblume mit roten und weißen Blüten, so zeigen alle Nachkommen der F_1-Generation rosafarbene Blüten. In der F_2-Generation treten rote, rosafarbene und weiße Blüten mit einer Wahrscheinlichkeit von 1:2:1 auf. Dies entspricht nicht den Ergebnissen dominant-rezessiver Erbgänge. Den Erbgang bei der Wunderblume bezeichnet man als intermediären Erbgang. Die Erbanlagen für rote und weiße Blüten werden als a1 und a2 bezeichnet.

A1 Erstelle eine Kreuzungstabelle für die F_1-Generation und begründe, weshalb alle Nachkommen rosafarbene Blüten aufweisen!

A2 Erläutere, inwieweit die 1. MENDELsche Regel auch für diesen intermediären Erbgang zutrifft!

A3 Bestätige mithilfe einer Kreuzungstabelle, dass rote, rosafarbene und weiße Blüten in der F_2-Generation mit einer Wahrscheinlichkeit von 1:2:1 auftreten!

A4 Erläutere, inwieweit die 2. MENDELsche Regel für intermediäre Erbgänge gilt!

A5 Erkläre anhand der Kreuzungsergebnisse den Zusammenhang von Erbanlagen und Merkmalsausprägung in einem intermediären Erbgang!

Material B ▸ Kreuzung von Hühnern

B1 Beschreibe die Phänotypen der Kreuzungsergebnisse bis zur F_2-Generation!

B2 Begründe, ob es sich hierbei um einen dominant-rezessiven oder um einen intermediären Erbgang handelt!

B3 Erstelle Kreuzungsschemata bis zur F_2-Generation! Nenne jeweils auch die Phänotypen!

B4 Ein Tierzüchter möchte möglichst viele graue Hühner besitzen. Um dieses Ziel zu erreichen, kreuzte er die F_1-Generation untereinander. Beurteile, ob diese Vorgehensweise sinnvoll war!

Material C ▸ Rückkreuzung

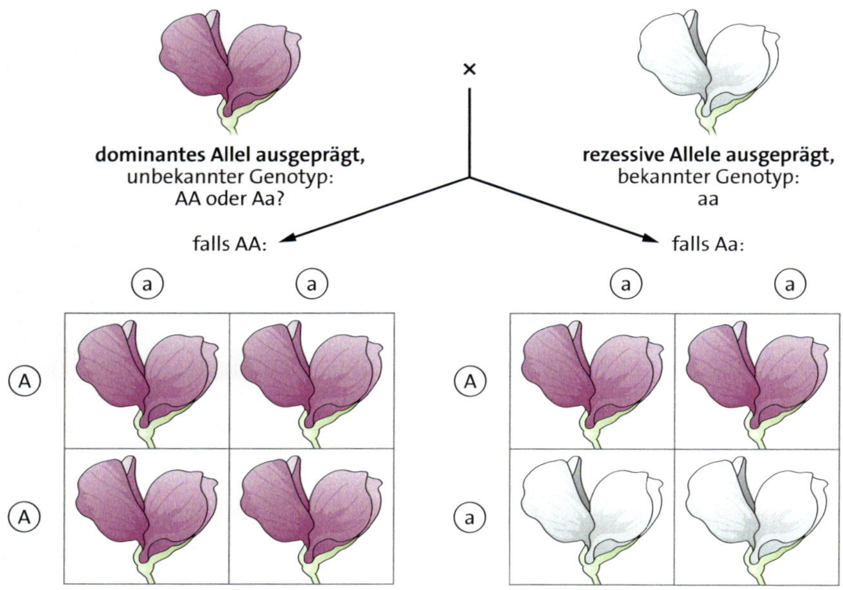

Bei Hybriden wie den violett blühenden Erbsenpflanzen kann man nicht vom Phänotyp auf den Genotyp schließen. Durch eine Rückkreuzung mit dem rezessiven Elternteil lässt sich der Genotyp ermitteln. Daher wird sie auch als *Testkreuzung* bezeichnet.

C1 Erläutere, weshalb die Versuchsergebnisse eine Aussage über den Genotyp einer violett blühenden Erbsenpflanze erlauben!

C2 Begründe, weshalb die Rückkreuzung mit einem reinerbig dominanten Elternteil keine Aussage über den Genotyp erlaubt!

C3 Die Testkreuzung ist auch mit mischerbigem Partner möglich. Begründe mithilfe von Kreuzungstabellen, weshalb diese Kreuzung als Testkreuzung weniger geeignet ist!

Material D ▸ Erbgang mit zwei Merkmalen bei Meerschweinchen

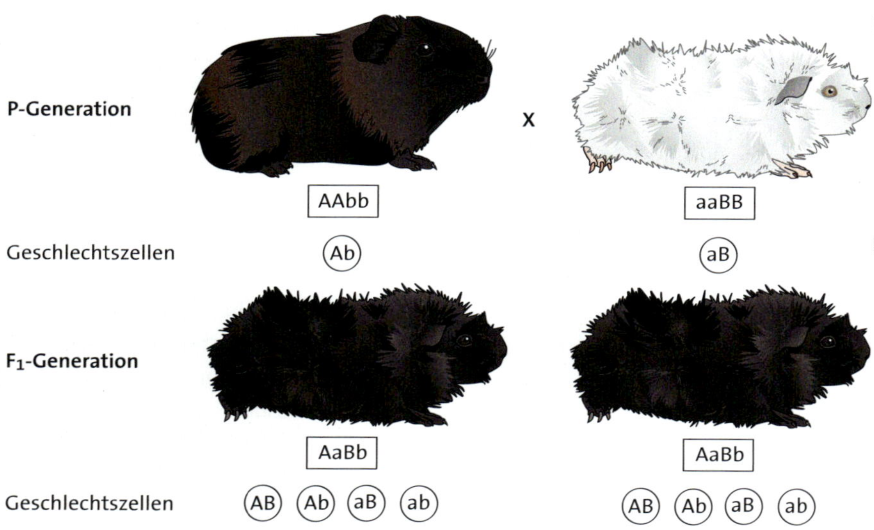

In einer Kreuzung wurden reinerbig schwarze, glatthaarige mit reinerbig weißen, wirbelhaarigen Meerschweinchen gekreuzt.

D1 Begründe anhand von Kreuzungstabellen, welche Genotypen der P-Generation vorliegen müssten, damit erst in der F_2-Generation neue Merkmalskombinationen entstehen!

D2 Mithilfe von Testkreuzungen sucht ein Züchter unter den Individuen der F_2-Generation reinerbig schwarze, wirbelhaarige Tiere. Entwirf entsprechende Kreuzungstabellen und begründe deinen Vorschlag!

Material E ▸ Vererbung der Fellfarbe bei Mäusen

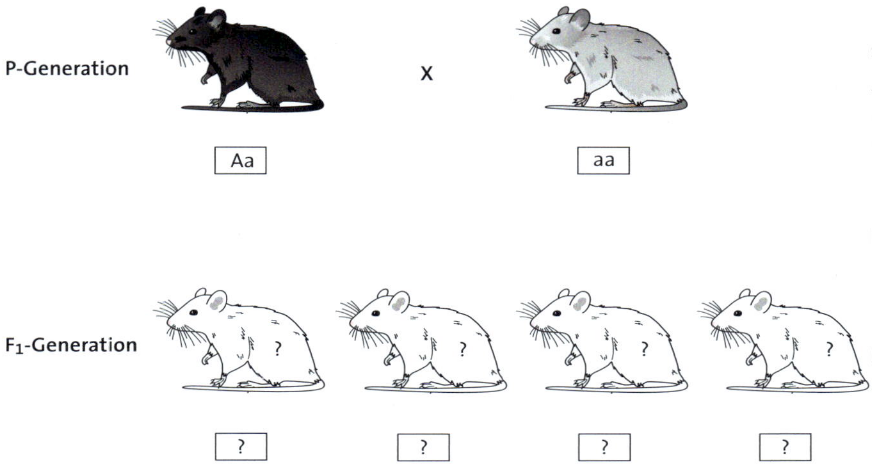

Es werden zwei Mäuse mit unterschiedlicher Fellfarbe gekreuzt. Die Maus mit dunkelgrauem Fell ist mischerbig, jene mit hellgrauem Fell ist reinerbig. Der Erbgang ist dominant-rezessiv.

E1 Nenne und begründe, welche Fellfarbe eine Maus mit dem Genotyp AA trägt!

E2 Erstelle eine Kreuzungstabelle zur Ermittlung der möglichen Genotypen in der F_1-Generation!

Material F ▸ Kreuzungsversuche bei Taufliegen

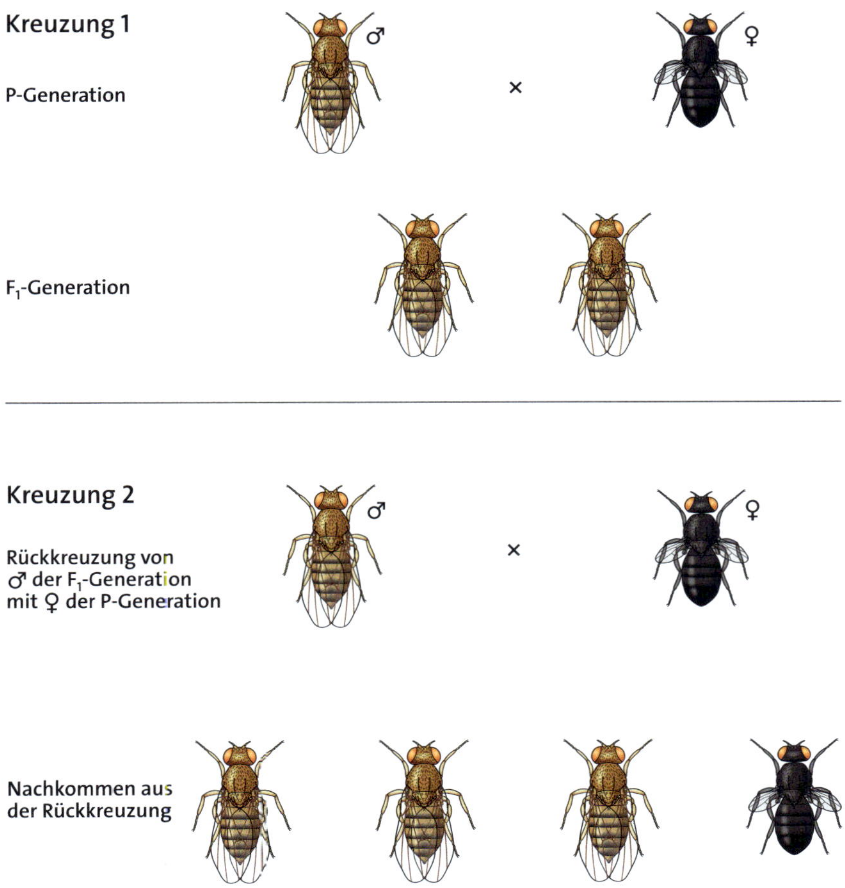

T. H. MORGAN führte Kreuzungsversuche an Taufliegen durch. Diese Tiere schienen ihm als Versuchsobjekte besonders geeignet, weil sie viele Nachkommen in kurzer Zeit hervorbringen. Bei einer seiner Kreuzungen, Kreuzung 1, bestand die P-Generation aus reinerbig braungrauen, normalflügeligen und aus schwarzen, stummelflügeligen Taufliegen. ♂ der F_1-Generation kreuzte MORGAN mit ♀ der P-Generation. Das Ergebnis dieser Kreuzung 2 war überraschend.

F1 Begründe, weshalb eine hohe Nachkommenanzahl und eine kurze Entwicklungsdauer vorteilhaft für Kreuzungsversuche sind!

F2 Erkläre, weshalb das Ergebnis in der F_2-Generation überraschend war!

F3 Formuliere eine Hypothese, die dieses Ergebnis erklärt!

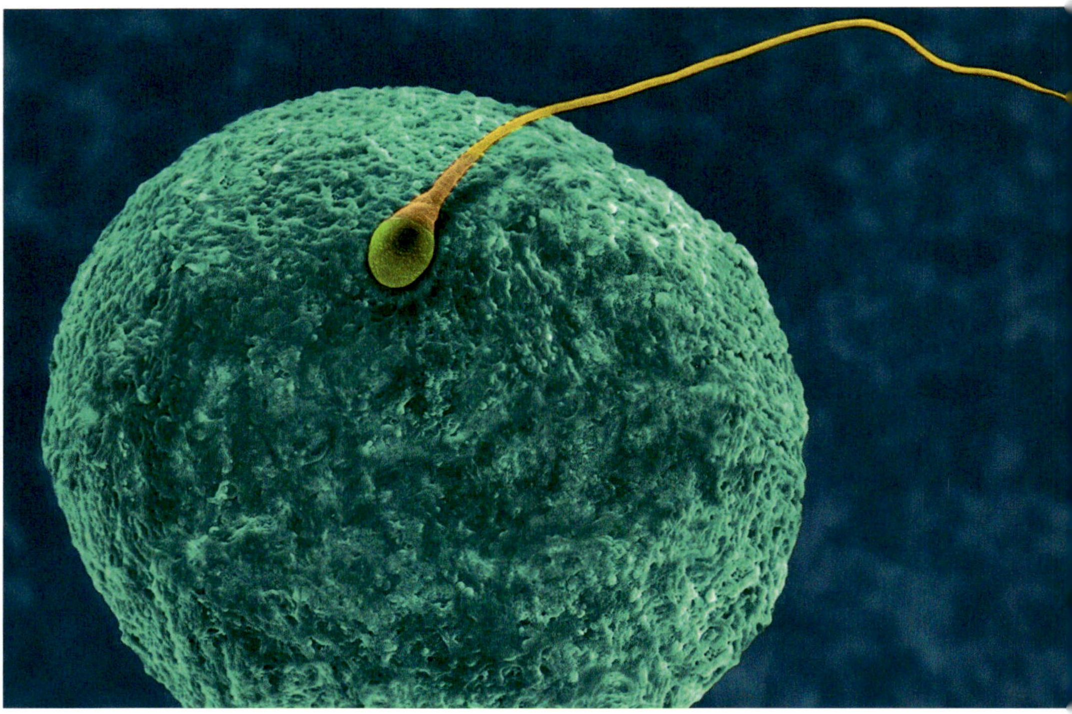

01 Befruchtung einer menschlichen Eizelle durch eine Spermienzelle

Bildung der Geschlechtszellen

Eine befruchtete Eizelle enthält die Erbinformation beider Elternteile. Die Erbinformationen kommen zusammen, wenn die Zellkerne einer Spermienzelle des Vaters und einer Eizelle der Mutter miteinander verschmelzen. Wie werden die Spermienzelle und die Eizelle, die Geschlechtszellen, gebildet?

GESCHLECHTSZELLEN · Die Körperzellen eines Menschen enthalten 46 Chromosomen. Je zwei Chromosomen sind in Form und Größe gleich, sie sind *homolog*. Daher sind 23 homologe Chromosomenpaare vorhanden. Alle Körperzellen gehen durch mitotische Zellteilungen aus einer befruchteten Eizelle hervor. Bei der Befruchtung verschmelzen die Zellkerne von Eizelle und Spermienzelle und es entsteht eine befruchtete Eizelle mit der genetischen Information beider Elternteile. Sie enthält die vollständige Erbinformation eines Menschen. Wenn eine Zelle zwei Chromosomensätze hat, einen von der Eizelle der Mutter und einen von der Spermienzelle des Vaters, so spricht man vom doppelten oder **diploiden** Chromosomensatz. Damit die befruchtete Eizelle 46 Chromosomen erhält, dürfen die Spermienzelle und die Eizelle vor der Befruchtung nur 23 Chromosomen besitzen. Bei der Bildung der Geschlechtszellen aus diploiden Vorläuferzellen muss deshalb die Chromosomenanzahl von 46 auf 23 halbiert werden. Ohne diese Halbierung würde sich die Chromosomenanzahl bei jeder weiteren Befruchtung verdoppeln. Die Geschlechtszellen haben somit einen einfachen oder **haploiden** Chromosomensatz.
Die Bildung der Geschlechtszellen wird **Meiose** genannt. Sie findet in den Hoden des Mannes und in den Eierstöcken der Frau statt.

MEIOSE · Der Vorgang der Geschlechtszellenbildung lässt sich in zwei Zellteilungsschritte unterteilen: die **erste** und **zweite Reifeteilung.** Durch die erste Reifeteilung werden die homologen Chromosomen aufgeteilt. In der zweiten

Reifeteilung werden zusätzlich die Chromatiden der Zwei-Chromatiden-Chromosomen voneinander getrennt.

1. REIFETEILUNG · Zu Beginn der **Vorbereitungsphase I,** der Prophase I, werden die Zwei-Chromatiden-Chromosomen der diploiden Vorläuferzelle aufgewunden und damit sichtbar. In der **Anordnungsphase I,** der Metaphase I, ordnen sich alle 23 homologen Chromosomenpaare paarweise in der Äquatorialebene an. In der folgenden **Aufteilungsphase I,** der Anaphase I, werden die homologen Chromosomen mithilfe der Spindelfasern zu entgegengesetzten Zellpolen transportiert. Die homologen Chromosomen werden somit voneinander getrennt. Welche der Chromosomen eines jeden Paares zu welchem Zellpol gelangen, erfolgt dabei zufällig. In der **Trennungsphase I,** der Telophase I, teilt sich die Zelle. In beiden Tochterzellen liegt nun ein einfacher, haploider Chromosomensatz aus 23 Zwei-Chromatiden-Chromosomen vor. Da der doppelte auf den einfachen Chromosomensatz halbiert wird, bezeichnet man die erste Reifeteilung auch als **Reduktionsteilung.** Die beiden Tochterzellen besitzen nicht die gleiche Erbinformation. Sie tragen von jedem Chromosomenpaar nur jeweils ein Chromosom. Jedes der 23 Chromosomen stammt durch zufällige Aufteilung entweder von dem jeweiligen Vater oder der jeweiligen Mutter des Menschen.

2. REIFETEILUNG · Jetzt trennen sich die Zwei-Chromatiden-Chromosomen in jeweils zwei Ein-Chromatid-Chromosomen. So entstehen vier haploide Zellen. Bei Männern bilden sich vier Spermienzellen, bei Frauen entstehen eine sehr große Zelle, die Eizelle, und drei sehr kleine Zellen, *die Polkörperchen.* Diese Polkörperchen werden nicht befruchtet.

1 Begründe, weshalb es nötig ist, dass Geschlechtszellen haploid sind!

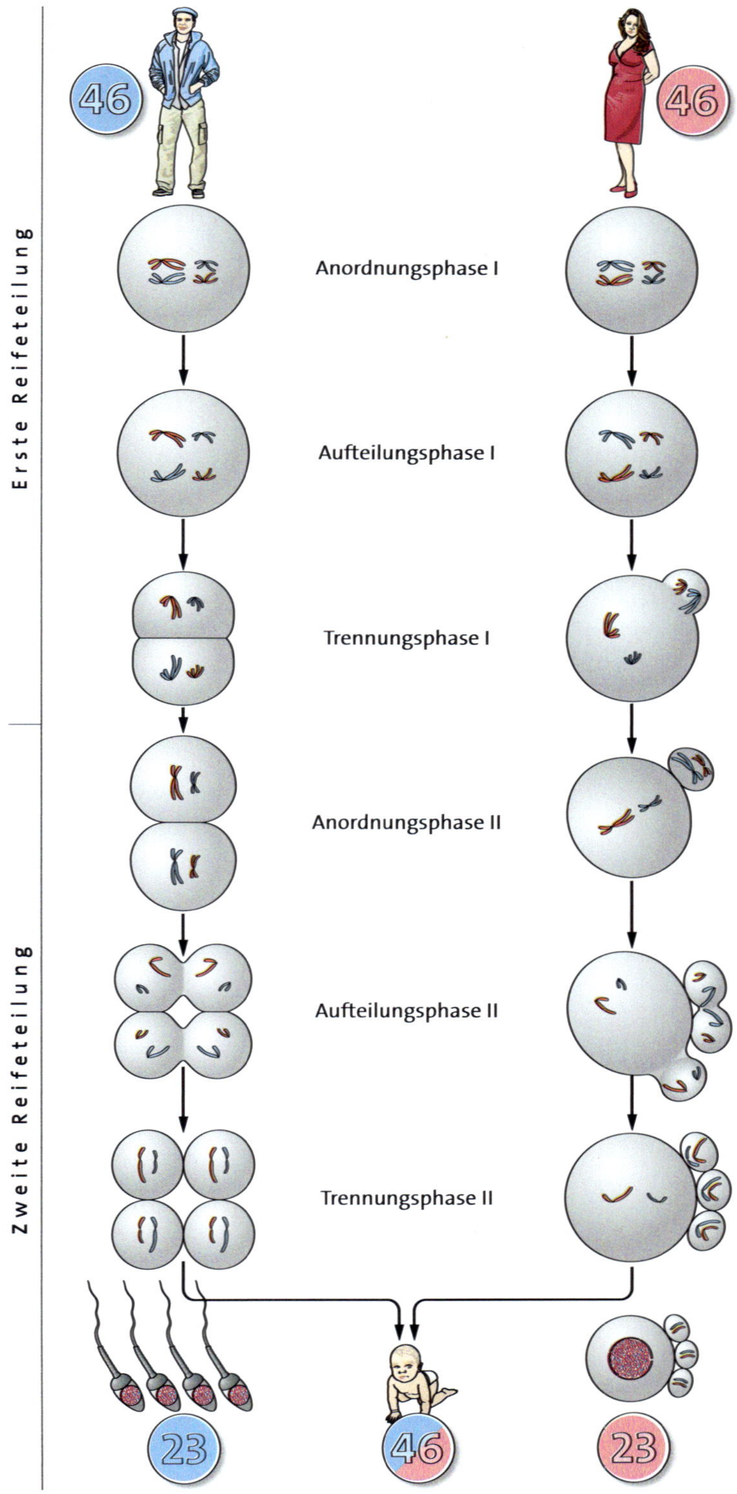

02 Bildung der Geschlechtszellen bei Mann und Frau

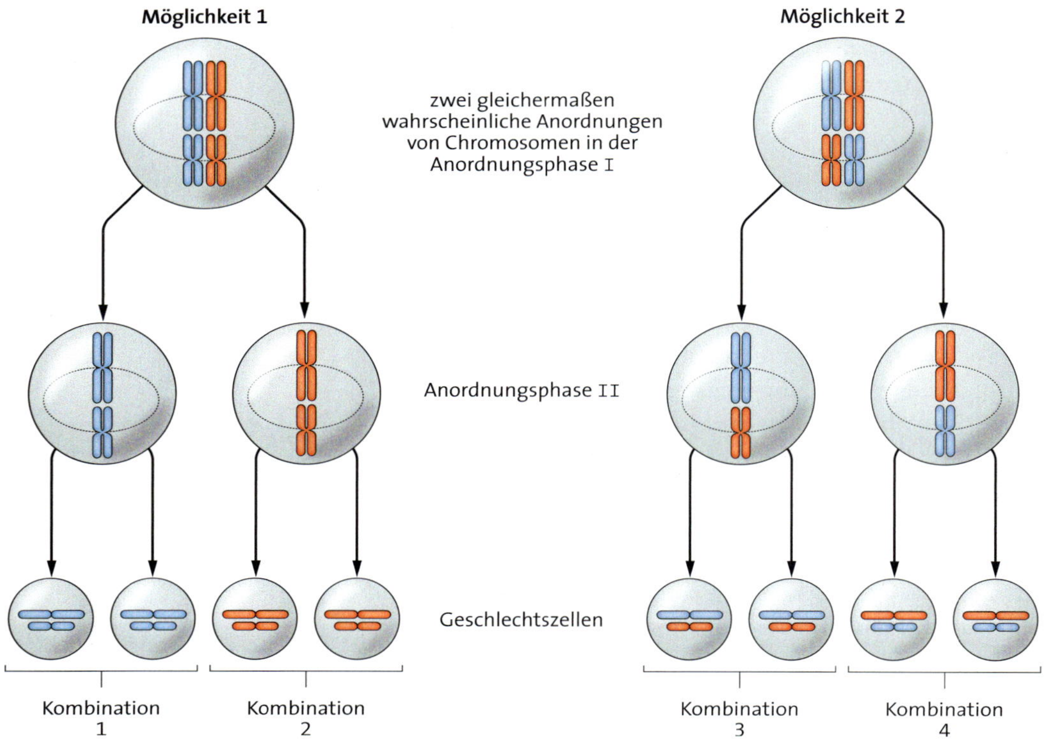

03 Kombinationsmöglichkeiten der Chromosomen in den Geschlechtszellen bei zwei Chromosomenpaaren

VARIABILITÄT · Obwohl Geschwister dieselben Eltern haben und je 23 Chromosomen von Vater und Mutter erben, sind sie dennoch unterschiedlich. Wie kommen diese Unterschiede zustande?

Während der *Reduktionsteilung* der Meiose trennen sich die homologen Chromosomenpaare voneinander. Die Verteilung auf die Tochterzellen erfolgt dabei zufällig. Für Verteilung auf die Tochterzellen gibt es verschiedene Möglichkeiten. Diese sind alle gleich wahrscheinlich.

Betrachtet man nur n = 2 homologe Chromosomenpaare, so ergeben sich 2^n, also hier $2^2 = 4$ Kombinationsmöglichkeiten für die Geschlechtszellen. Tatsächlich sind es beim Menschen 23 Chromosomenpaare, somit ergeben sich 2^{23} Möglichkeiten. Dies bedeutet, dass die Geschlechtszellen mit hoher Wahrscheinlichkeit unterschiedliche Chromosomenkombinationen haben. Bei jeder Befruchtung verschmelzen die Zellkerne einer Spermienzelle und einer Eizelle mit einer individuellen Kombination an Chromosomen miteinander. Eine Neukombination der Chromosomen erfolgt deshalb außer bei der Bildung der Geschlechtszellen auch noch zusätzlich bei der Befruchtung.

Die biologische Bedeutung der Meiose und der Befruchtung ist diese Durchmischung der Erbinformationen in jeder Generation. Dies führt zu einer großen Vielfalt, der **genetischen Variabilität.** Sie ist der Grund dafür, dass Geschwister individuelle Erbinformationen und damit individuelle Merkmale aufweisen, trotz gleicher Eltern. So ist jeder Mensch einzigartig.

2 Nenne die Phase der Meiose, in der die zufällige Aufteilung der Erbinformationen erfolgt!

3 Erläutere die Bedeutung von Meiose und Befruchtung für das Basiskonzept Variabilität!

Material A ▸ Vergleich von Mitose und Meiose

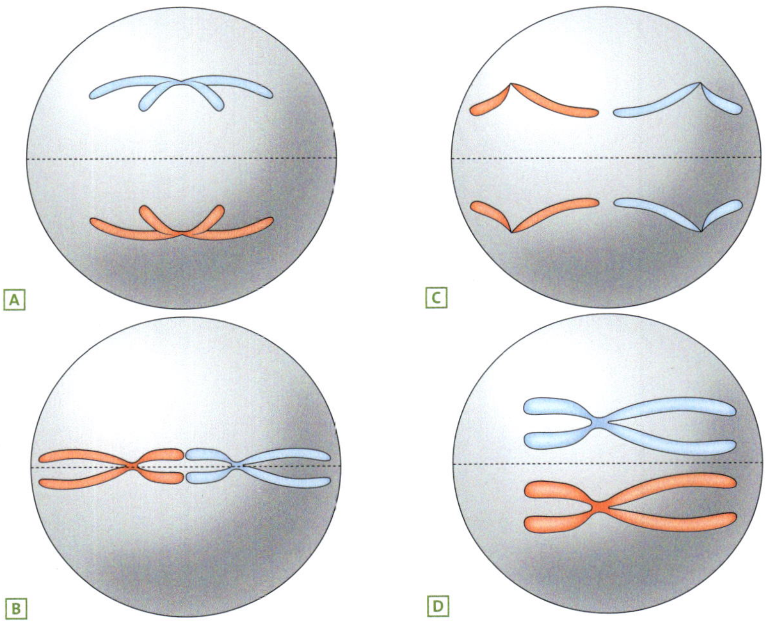

Die Abbildungen A bis D zeigen Zellteilungsstadien der Mitose oder der Meiose. Zur besseren Übersicht ist in allen Zellen jeweils nur ein homologes Chromosomenpaar abgebildet.

A1 Ordne alle Stadien der Mitose oder Meiose zu und nenne den Fachbegriff des jeweiligen Stadiums!

A2 Zeichne jeweils das Zellstadium, das auf Abbildung A und C folgt!

A3 Vergleiche Mitose und Meiose tabellarisch! Berücksichtige dabei die Anzahl der Teilungen, die Chromosomenanzahl und die Bedeutung für die Vielfalt!

Material B ▸ Variabilität

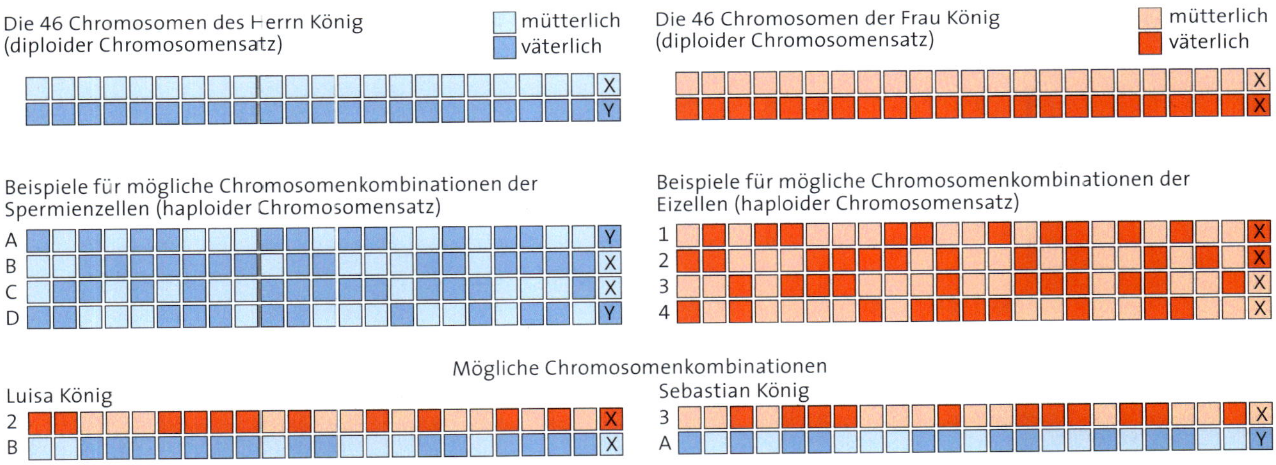

B1 Vergleiche die Chromosomenkombination der Geschwister Luisa und Sebastian König!

B2 Erkläre, ob Luisa und Sebastian eineiige oder zweieiige Zwillinge sein könnten!

B3 Frau König ist erneut schwanger mit einem Mädchen. Nenne alle möglichen Chromosomenkombinationen für das dritte Kind und ihre Wahrscheinlichkeiten!

B4 Zeichne zwei mögliche Chromosomensätze von Luisas Eizellen!

B5 Erkläre, in welchem Stadium der Meiose die möglichen Chromosomensätze in Luisas Eizellen zustande kommen!

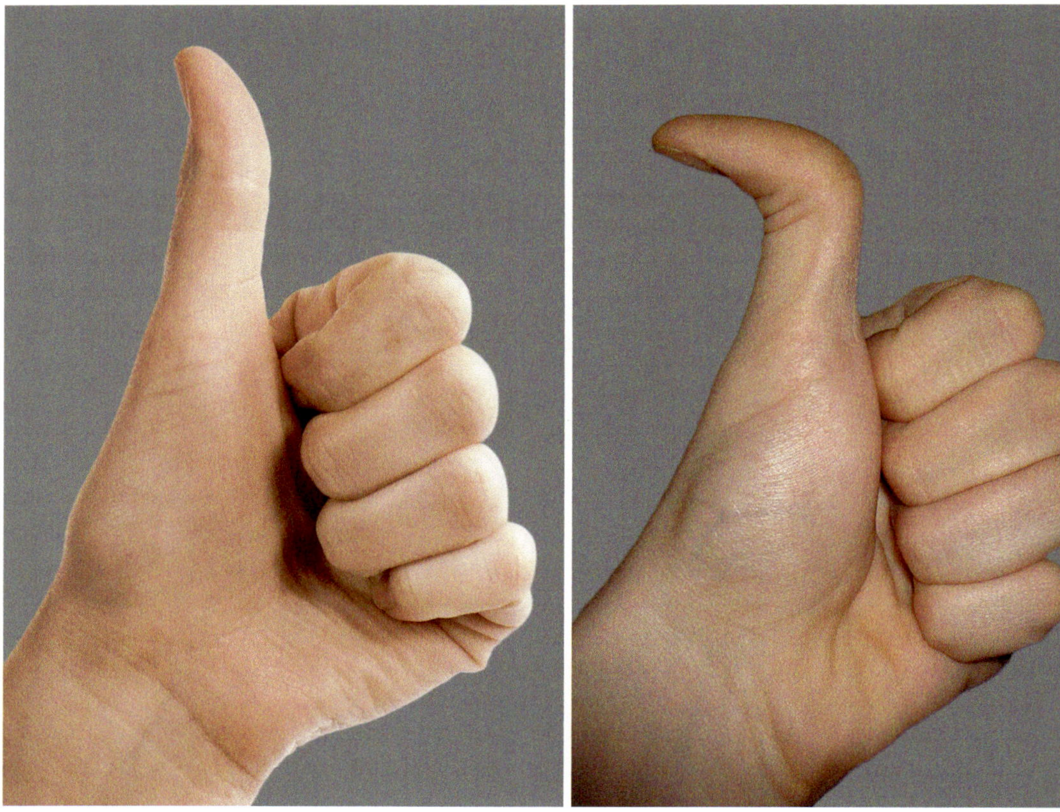

01 Merkmal zurückbiegbares Daumenendglied

Forschungsmethoden der Humangenetik

Manche Menschen können genetisch bedingt ihr Daumenendglied weit zurückbiegen, einige wiederum nicht. Wie kann man herausfinden, ob dieses Gen dominant oder rezessiv an die Nachkommen vererbt wird?

FAMILIENFORSCHUNG · Die Vererbung des Gens für ein Merkmal folgt wie bei allen Lebewesen den MENDELschen Regeln. Die Untersuchung der Erbgänge von bestimmten Merkmalen beim Menschen ist jedoch viel schwieriger als bei Pflanzen, da Kreuzungsversuche schon aus ethischen Gründen nicht vertretbar sind. Zudem würde die geringe Anzahl der Nachkommen und die zu lange Generationenfolge eine Auswertung erschweren. Daher müssen andere Methoden zur Ermittlung der Erbgänge beim Menschen herangezogen werden. Eine wichtige Methode in der *Humangenetik* ist die *Familienforschung*, bei der das Auftreten eines bestimmten Merkmals über Generationen hinweg beobachtet wird. Da in einer solchen **Stammbaumanalyse** die Beziehungen zwischen den Personen erfasst werden, können Aussagen über den Erbgang des betrachteten Merkmals getroffen werden. Wird das Gen für ein Merkmal, zum Beispiel das zurückbiegbare Daumenendglied, rezessiv vererbt, sind alle Personen mit dieser Fähigkeit, die **Merkmalsträger,** reinerbig. Sie können nur den Genotyp *aa* haben. Bei dominanter Vererbung können die Merkmalsträger reinerbig oder mischerbig sein, also den Genotyp *AA* oder *Aa* haben. Sind die Eltern aber Nichtmerkmalsträger und haben sie Kinder, die die Fähigkeit des Daumenbiegens besitzen, dann kann ein dominanter Erbgang ausgeschlossen werden. Der Genotyp der Eltern kann in diesem Fall nur reinerbig mit den Allelen aa vorliegen. Das Allel A kann somit nicht weitergegeben werden. Bei einem rezessiven Erbgang ist dies jedoch möglich. Hier können die Eltern als Nichtmerkmalsträger auch mischerbig veranlagt sein, sodass sie das rezessive Allel a an die Nachkommen vererben können. Wenn man mithilfe eines Stammbaums herausgefunden hat, ob das Gen für ein Merkmal rezessiv oder dominant vererbt wird, kann man auch die Wahrscheinlichkeit berechnen, mit der ein Merkmal bei den Kindern auftritt. Sind beispielsweise beide Eltern bezüglich des Daumenbiegens mischerbig veranlagt, treten Nichtmerkmalsträger und Merkmalsträger nach der zweiten MENDELschen Regel mit einer Wahrscheinlichkeit von 3 : 1 auf. Mischerbige Eltern, die ihr Daumenendglied nicht biegen können, haben also mit einer Wahrscheinlichkeit von 25 Prozent Kinder, die den Daumen biegen können.

Es gibt einige Merkmale beim Menschen, die durch das Zusammenwirken mehrerer Gene ausgebildet werden, zum Beispiel die Hautfarbe, die Augenfarbe oder die Haarfarbe. In solchen Fällen ist dann die Stammbaumanalyse wenig aussagekräftig.

ZWILLINGSFORSCHUNG · Nur wenige Merkmale des Menschen bleiben von Geburt an in der gleichen Ausprägung vorhanden. Die meisten verändern sich im Laufe des Lebens, zum Beispiel die Körpergröße, die Kopfform, die Muskelausstattung oder die Leistungsfähigkeit des Gehirns. Inwieweit wird die Ausprägung solcher Merkmale durch die Gene beziehungsweise durch die Umwelt beeinflusst? Die Zwillingsforschung geht dieser Frage nach, indem sie **eineiige Zwillinge** untersucht. Sie sind genetisch identisch, da sie sich aus nur einer befruchteten Eizelle durch vollständige Teilung der Tochterzellen entwickeln. Für diese Untersuchung besonders geeignet sind solche eineiigen Zwillinge, die schon in früher Kindheit getrennt wurden und dadurch im Vergleich zu gemeinsam aufgewachsenen eineiigen Zwillingen verschiedenen Lebensbedingungen ausgesetzt waren. Je größer die durchschnittlichen Merkmalsunterschiede sind, desto höher ist der Einfluss der Umwelt bei der Merkmalsausprägung. Wie stark jedoch Umwelt und Gene für eine bestimmte Merkmalsausprägung verantwortlich sind, lässt sich aufgrund der geringen Datenmenge nicht statistisch eindeutig formulieren.

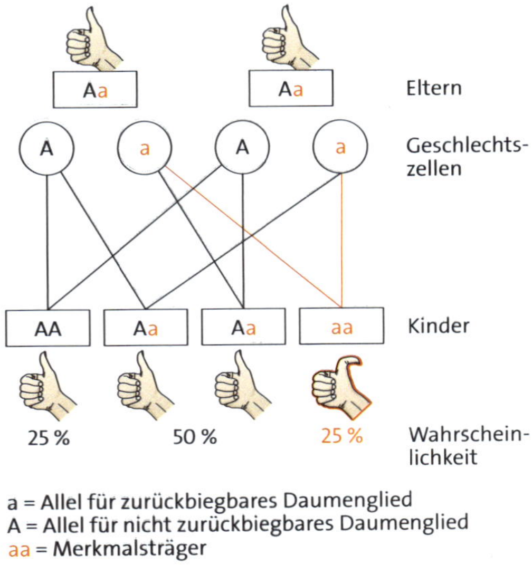

02 Rezessiver Erbgang eines Merkmals

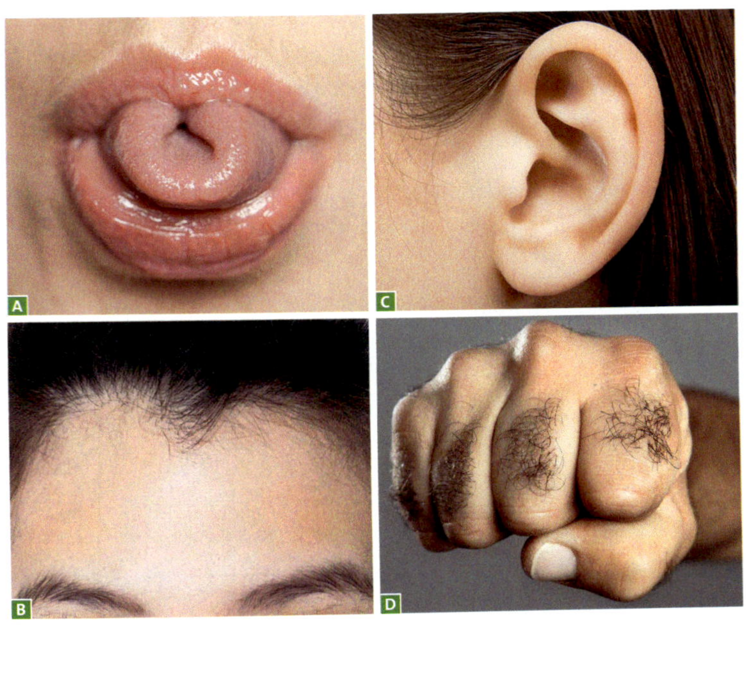

03 Merkmale mit dominantem Erbgang:
A Zungenrollen,
B spitzer Haaransatz,
C freies Ohrläppchen,
D behaartes Fingerglied

METHODE

Stammbäume lesen und auswerten

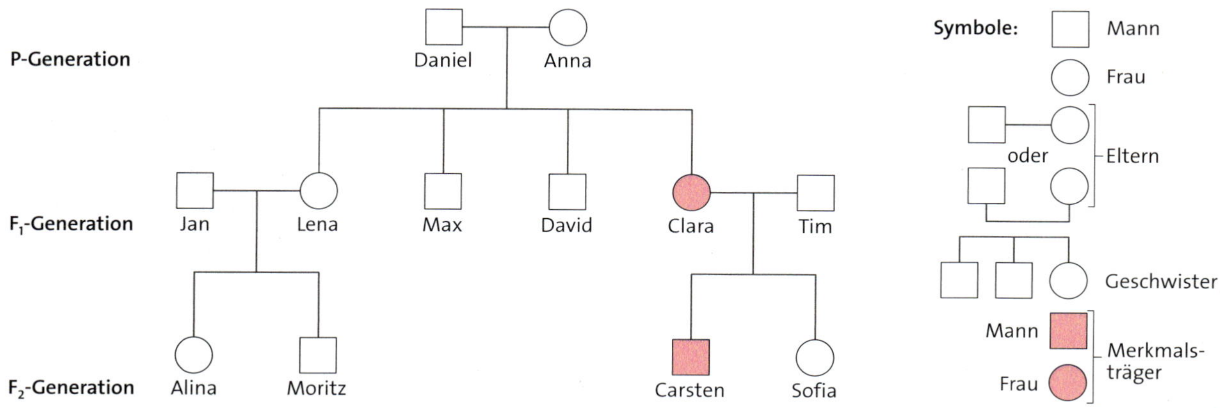

01 Stammbaum Daumenbiegen und Stammbaumsymbole

1. Zunächst überprüft man, ob es sich um einen dominanten oder rezessiven Erbgang handelt. In dem Stammbaum Daumenbiegen sind die Eltern Anna und Daniel keine Merkmalsträger. Ihr Kind Clara kann aber den Daumen zurückbiegen. Ein dominanter Erbgang kann hier ausgeschlossen werden, denn sonst müsste einer der Eltern das dominante Allel ebenfalls besitzen, um es weitergeben zu können. Zudem tritt das Merkmal relativ selten auf. Es handelt sich um einen ***rezessiven Erbgang.*** *Wenn das Merkmal in jeder Generation auftritt, lässt das einen* ***dominanten Erbgang*** *vermuten. Zu erkennen ist dieser Erbgang, wenn Merkmalsträger Kinder als Nichtmerkmalsträger haben. Wäre das Allel für das betrachtete Merkmal rezessiv, wären beide Eltern reinerbig und alle Kinder müssten dann auch Merkmalsträger sein.*

2. Man prüft, wie häufig das Merkmal bei beiden Geschlechtern vorkommt. Tritt das Merkmal bei Männern und Frauen etwa gleich häufig auf, liegt das entsprechende Allel vermutlich auf einem Autosom. Es handelt sich um einen ***autosomalen Erbgang.*** *Zeigt sich das untersuchte Merkmal gehäuft oder ausschließlich bei einem der beiden Geschlechter, liegt das Allel auf einem Gonosom. Man spricht von einem* ***gonosomalen Erbgang.*** *Bei Männern kommt dieses Allel nur einmal vor, entweder auf dem X- oder Y-Chromosom, das heißt, auch ein rezessiv vererbtes Merkmal wird ausgeprägt. Frauen, die das rezessive Allel an ihre Söhne weitergeben, selbst aber mischerbig veranlagt sind, nennt man* ***Konduktorinnen.*** *Um welchen Erbgang es sich hier handelt, lässt sich eindeutig an Vater Daniel und seiner Tochter Clara festmachen. Würde hier ein gonosomaler Erbgang vorliegen, müsste Daniel Merkmalsträger sein. Rezessiv ist der Erbgang, weil Daniel und Anna Nichtmerkmalsträger sind, ihr Kind Clara aber das Merkmal trägt. Somit beruht die Merkmalsausprägung Daumenbiegen auf einem* ***autosomal-rezessiven Erbgang.***

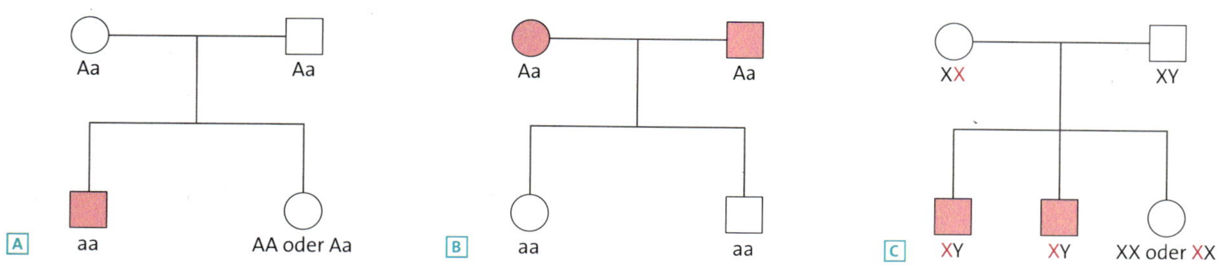

02 Erbgänge (Auswahl): A autosomal-rezessiv, B autosomal-dominant, C X-gonosomal-rezessiv

Material A ▸ Stammbaumanalyse

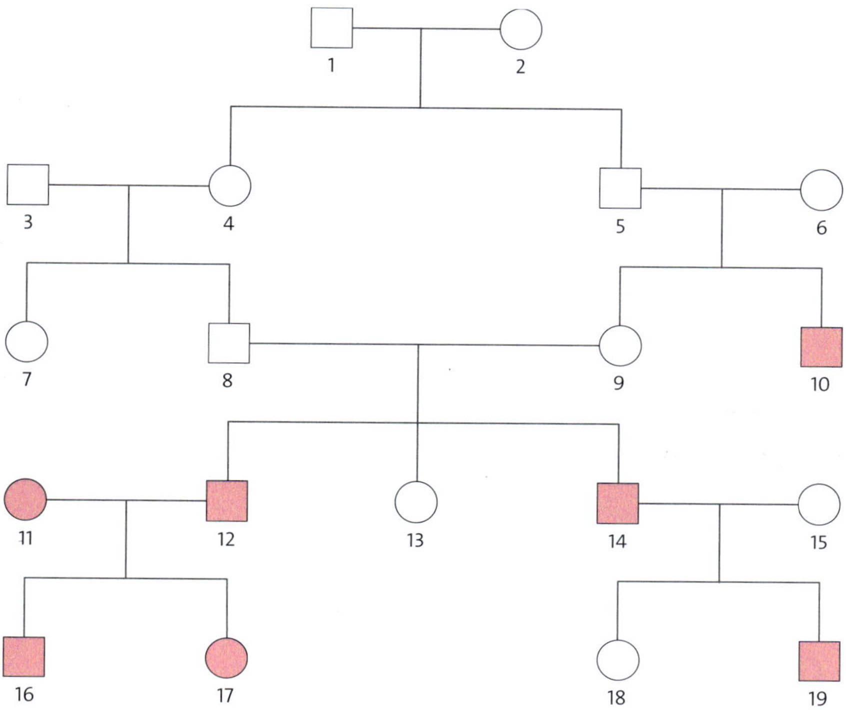

A1 Übertrage den Stammbaum in deine Mappe! Begründe mit Beispielen aus dem Stammbaum, ob es sich hier um einen autosomal-rezessiven oder autosomal-dominanten Erbgang handelt!

A2 Nenne die möglichen Genotypen der Personen 1, 2, 4, 5, 8, 9, 12, 15 und 18!

A3 Begründe, mit welcher Wahrscheinlichkeit ein Kind der Personen 16 und 18 Merkmalsträger ist!

A4 Erkläre, weshalb die Merkmalsträger nach der dritten Generation gehäuft auftreten!

A5 Erstelle ein Glossar mit folgenden Begriffen: reinerbig, dominant, rezessiv, F_1-Generation, Gen, Allel, Genotyp, Phänotyp!

Material B ▸ Stammbaumanalyse

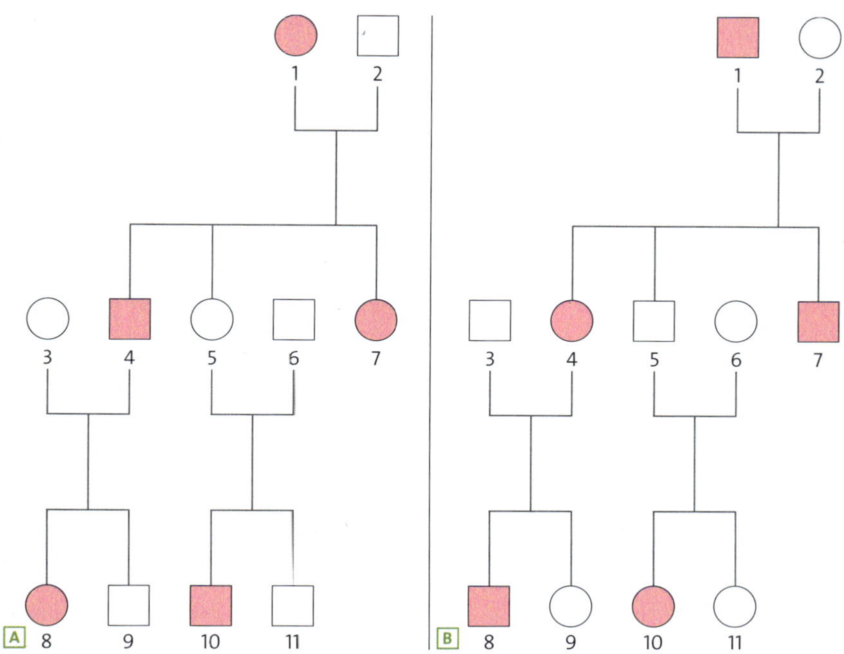

B1 Begründe, ob der Stammbaum A einen dominanten oder rezessiven, autosomalen oder gonosomalen Erbgang abbildet!

B2 Nenne zu allen Personen des Stammbaums A die möglichen Genotypen!

B3 Im Rahmen theoretischer Überlegungen wurde durch Vertauschen der Geschlechter aus Stammbaum A der Stammbaum B erstellt.
Begründe, ob deine Analyse von Stammbaum A auch für den Stammbaum B zutrifft!

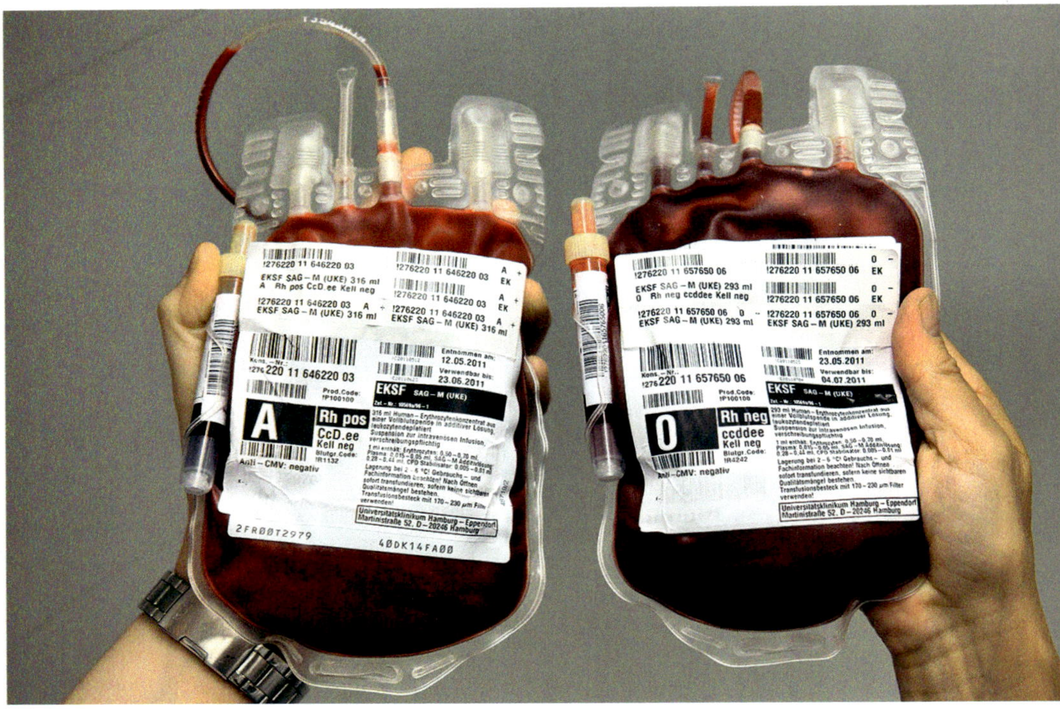

01 Blutbeutel

Genetik der Blutgruppen

Verlieren Kinder bei einem Unfall oder einer schweren Operation viel Blut, fehlen die roten Blutzellen für den Transport des lebensnotwendigen Sauerstoffs. Bei großem Blutverlust wird deshalb Blut übertragen. Dabei wird dem Kind immer Blut seiner eigenen Blutgruppe übertragen. Warum kommen die Eltern oder die Geschwister nicht immer als Spender infrage?

ABO-SYSTEM · Man kennt beim Menschen inzwischen über 25 Blutgruppensysteme. Sie unterscheiden sich durch die Oberfläche der roten Blutzellen, der Erythrozyten. Im Fall der vier Blutgruppen A, B, AB und 0 handelt es sich um unterschiedliche Kohlenhydratgruppen, die aus der Membran der Erythrozyten herausragen. Die Information für den Aufbau der jeweiligen Kohlenhydratgruppe ist auf der DNA in drei Allelen gespeichert. Es sind die Allele A, B und 0. Daher wird dieses Blutgruppensystem als *AB0-System* bezeichnet. Da hier von einem Gen mehr als zwei Allele vorliegen, spricht man von *multipler Allelie.* Bei der Befruchtung der Eizelle erfolgt die Kombination der Allele nach dem Zufallsprinzip. Je nach Kombination wird eine der vier Blutgruppen A, B, AB oder 0 phänotypisch ausgebildet. Nach welchen Regeln werden die Blutgruppenallele vererbt?

Durch die Auswertung von Familienstammbäumen wurde ermittelt, dass die Allele A und B gegenüber dem Allel 0 dominant sind. Demnach gibt es für die Blutgruppen A und B jeweils zwei mögliche Genotypen. Die Blutgruppe A kann den Genotyp AA oder A0 besitzen. Entsprechend verhält es sich bei der Blutgruppe B, auch hier können die Allele entweder reinerbig als BB oder mischerbig als B0 vorliegen. Die Blutgruppe AB kommt dadurch zustande, dass die Allele A und B gleichermaßen dominant wirken. Dadurch werden beide Kohlenhydratgruppen phänotypisch ausgeprägt. Erbgänge, die zu einem solchen Ergebnis führen, bezeichnet man als **kodominant.**

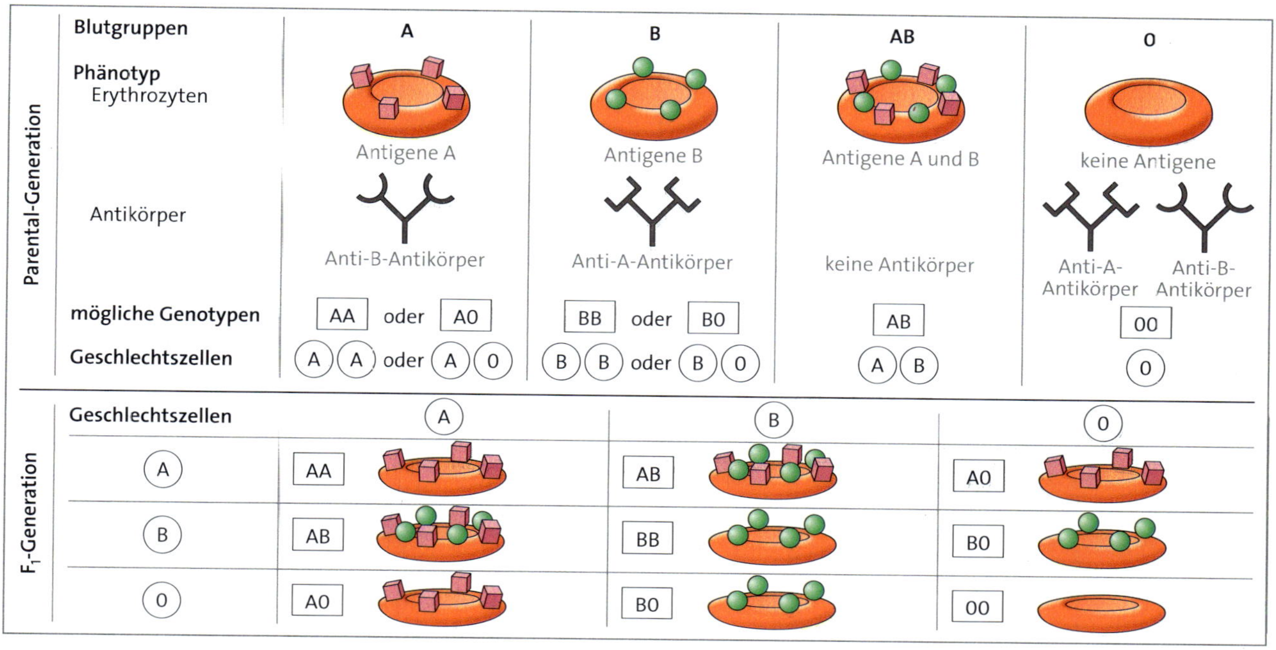

02 Vererbung der Blutgruppenallele des AB0-Systems

Die Blutgruppe 0 kann dagegen nur in Erscheinung treten, wenn die beiden rezessiven Allele reinerbig vorliegen. Die Ursache für die unterschiedlichen Blutgruppen beim Menschen ist also genetisch bedingt. Die betreffenden Allele werden nach den MENDELschen Regeln vererbt.

Die Blutgruppe einer Person bleibt ein Leben lang unverändert, da sie nicht durch die Umwelt beeinflussbar ist. Die Häufigkeit der Blutgruppen in der Bevölkerung ist je nach Region auf der Erde unterschiedlich.

BEDEUTUNG DES AB0-SYSTEMS · Die Oberflächenstrukturen auf den Membranen der Erythrozyten werden auch als *Antigene* bezeichnet. Im Blutserum der Blutgruppe A befinden sich zum Beispiel spezifische Antikörper gegen die Antigene der Blutgruppe B. Das Blutserum der Blutgruppe B enthält dagegen Antikörper gegen das Antigen der Blutgruppe A. Das Blutserum der Blutgruppe 0 enthält Antikörper gegen die Antigene A und B, während sich im Blutserum der Blutgruppe AB keine Antikörper gegen die Antigene A und B befinden. Vor der Entdeckung des AB0-Systems verliefen viele Bluttransfusionen tödlich. Bei der Vermischung unterschiedlicher Blutgruppen konnte es zu heftigen *Antigen-Antikörper-Reaktionen* kommen und damit zu einer Verklumpung der Erythrozyten im Körper der Patienten. Die verklumpten Erythrozyten können Gefäße verstopfen und transportieren keinen Sauerstoff mehr. Vor jeder Blutübertragung muss daher erst die Blutgruppe bestimmt werden.

Neben der Bedeutung für Bluttransfusionen kann das AB0-System auch bei Verwandtschaftsuntersuchungen herangezogen werden. Hat ein Kind die Blutgruppe AB, kann es zum Beispiel keinen Vater mit der Blutgruppe 0 haben, da er nur das rezessive Allel 0 weitervererben kann, das Kind jedoch die Allele A und B besitzt. Mithilfe des AB0-Systems kann man eine Vaterschaft nur ausschließen, nicht aber nachweisen.

1 Nenne die möglichen Genotypen der Blutgruppen A, B, AB und 0!

Blutgruppen	
A	43 %
B	11 %
AB	5 %
0	41 %

03 Häufigkeit der Blutgruppen in Deutschland

RHESUSSYSTEM · Auch nachdem das AB0-System bereits bekannt war, kam es immer wieder zu Verklumpungen bei Bluttransfusionen. 1940 entdeckte man an der Erythrozytenmembran von Rhesusaffen ein Protein, welches auch beim Menschen für die Verklumpung verantwortlich war. Dieses Protein wurde daher als *Rhesusfaktor* bezeichnet. Heute weiß man, dass mehrere Gene die Rhesusfaktor-Eigenschaften verursachen. Das entscheidende Gen bezeichnet man als Allel D. Da es dominant vererbt wird, sind die meisten Europäer rhesuspositiv, abgekürzt Rh^+. Der Genotyp kann daher entweder reinerbig, DD, oder mischerbig, Dd, sein. Nur etwa 15 Prozent der Europäer haben die rhesusnegative Blutgruppe, abgekürzt rh^-. Diese Menschen bilden das Protein nicht aus, da sie den reinerbig-rezessiven Genotyp dd besitzen.

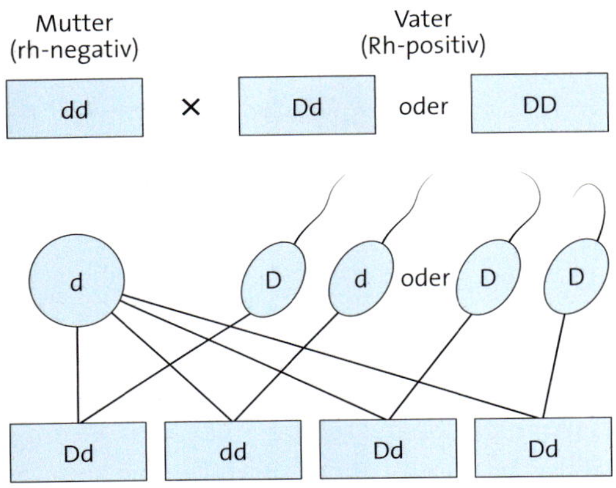

04 Vererbung des Rhesusfaktors

	Mutter	Vater
Phänotyp	**B Rh^+**	**A Rh^+**
Genotyp (Beispiel)	BBDd	A0Dd
Chromosomen	B B D d	A 0 D d

Vater \ Mutter	BD	Bd
AD	ABDD **AB Rh^+**	ABDd **AB Rh^+**
0D	B0DD **B Rh^+**	B0Dd **B Rh^+**
Ad	ABDd **AB Rh^+**	ABdd **AB rh^-**
0d	B0Dd **B Rh^+**	B0dd **B rh^-**

05 Dihybrider Erbgang bei AB0-System und Rhesussystem

2 Nenne Gemeinsamkeiten und Unterschiede des AB0- und des Rhesussystems!

Auswertungen von Stammbäumen haben gezeigt, dass die Gene des AB0-Systems und des Rhesussystems unabhängig voneinander vererbt werden wie in einem dihybriden Erbgang. Somit können die Gene nicht auf einem Chromosom liegen und bei den Nachkommen können daher auch neue Merkmalskombinationen auftreten. Hat ein Vater zum Beispiel den Genotyp A0Dd und die Mutter BBDd, kann der Mann die vier Geschlechtszellen AD, 0D, Ad und 0d bilden und die Frau BD und Bd. Bei der Befruchtung können zufällig die Allele Ad und Bd aufeinandertreffen. Dieses Kind hat mit seiner Blutgruppe AB rhesusnegativ eine neue Merkmalskombination, eine andere Blutgruppe. Denn seine Eltern sind beide rhesuspositiv und haben die Blutgruppe A beziehungsweise B. Sie kommen daher für ihr Kind als Blutspender nicht infrage.

Im Unterschied zum AB0-System enthält das Blutserum des Rhesussystems keine Anti-D-Antikörper. Wieso kann es dann aber trotzdem bei Bluttransfusionen zur Verklumpung kommen? Beim Rhesussystem werden die Antikörper gegen das Antigen D erst gebildet, wenn ein Mensch mit rhesusnegativem Blut in Kontakt mit dem Rhesusfaktor kommt. Erhält diese Person bei einer zweiten Bluttransfusion wieder rhesuspositives Blut, reagiert das Immunsystem sofort, sodass die Anti-D-Antikörper an die Proteine der Membran binden und so die Erythrozyten verklumpen. Das kann für die Betroffenen lebensbedrohlich sein. Aus diesem Grund sind das Rhesussystem und auch das AB0-System die wichtigsten Blutgruppensysteme. Vor einer Bluttransfusion muss daher immer die Blutgruppenverträglichkeit untersucht werden.

Material A ▸ Familienzusammenführung

	Eltern	Blutgruppe
I	Vater	A / rh^-
	Mutter	B / rh^-
II	Vater	AB / Rh^+
	Mutter	B / Rh^+
III	Vater	0 / rh^-
	Mutter	0 / Rh^+

Kinder	Blutgruppe
Darya	0 / Rh^+
Mabou	B / rh^-
Chukwudi	AB / Rh^+
Aayana	B / Rh^+
Latifa	A / rh^-
Khem	0 / rh^-

In einem Flüchtlingslager suchen drei Elternpaare ihre Kinder und sechs Kinder ihre Eltern. Bei der Zuordnung kann die Analyse der Blutgruppen helfen.

A1 Begründe mithilfe von Kreuzungsschemata, welche Kinder sich welchen Eltern zuordnen lassen!

A2 Nenne die Kinder, die nur einem Elternpaar zugeordnet werden können!

Material B ▸ Stammbaumanalyse

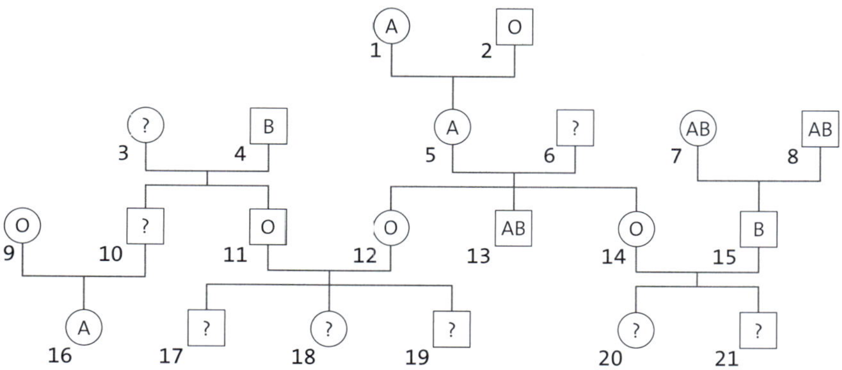

B1 Nenne die im Stammbaum fehlenden Blutgruppen!

B2 Begründe mithilfe eines Kreuzungsschemas, mit welcher Wahrscheinlichkeit ein zweites Kind der Eltern 7 und 8 die Blutgruppe B haben könnte!

Material C ▸ Rhesusunverträglichkeit

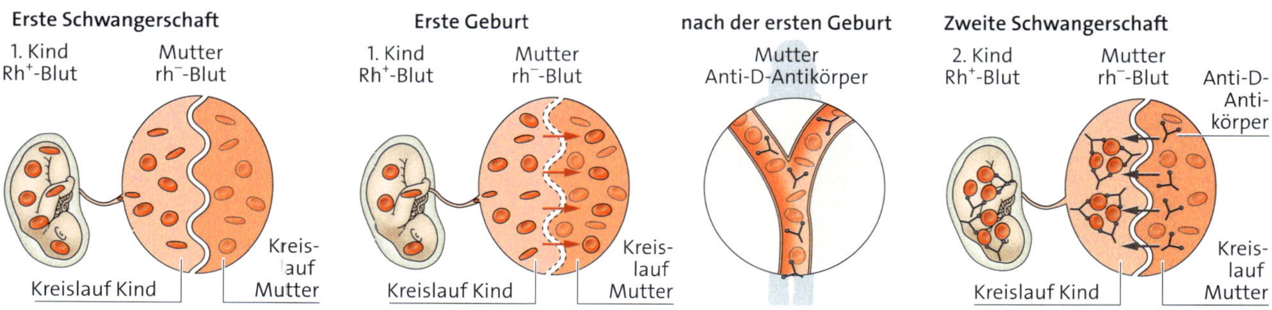

Menschen mit rhesusnegativem Blut bilden Anti-D-Antikörper, wenn sie in Verbindung mit rhesuspositivem Blut kommen. Diese als Rhesusunverträglichkeit bezeichnete Reaktion kann bei Bluttransfusionen, Organtransplantationen und bei Schwangerschaften auftreten.

C1 Beschreibe, wie es bei einer Schwangerschaft zur Rhesusunverträglichkeit kommen kann!

C2 Nenne die Folgen für das Kind!

C3 Erläutere, weshalb einer rhesusnegativen Mutter nach der Geburt eines rhesuspositiven Kindes Anti-D-Antikörper gespritzt werden!

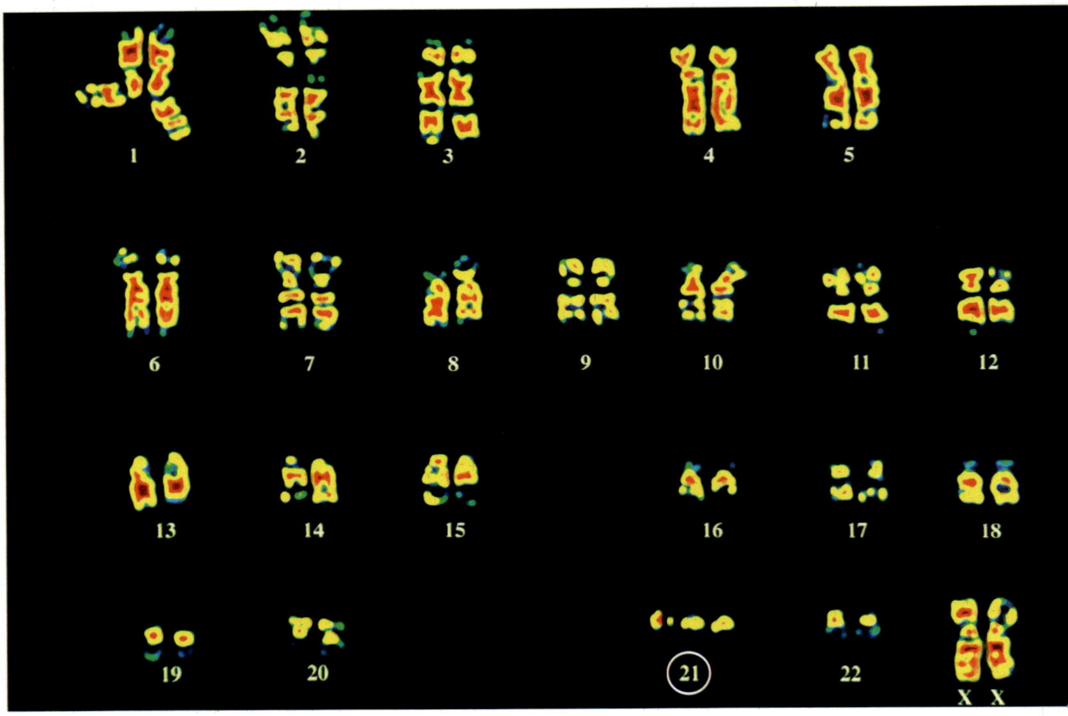

01 Karyogramm Trisomie 21

Genommutationen

Es gibt Menschen, die das Chromsom 21 dreifach besitzen. Im Karyogramm wird das sichtbar. Wie entsteht diese Veränderung und wie wirkt sie sich auf den Menschen aus?

TRISOMIE 21 · Menschen mit drei Chromosomen 21 unterscheiden sich vom äußeren Erscheinungsbild nur wenig gegenüber Menschen mit einem normalen Chromosomensatz. Kennzeichen dieser als Trisomie 21 bezeichneten genetisch bedingten Krankheit sind eine geringere Körpergröße, etwas herabhängende obere Augenlider, die dadurch bedingten schmaleren Augenspalten, eine flachere Nasenwurzel und ein rundliches Gesicht. Jedoch kommt es häufig aufgrund des überzähligen Chromosoms 21 auch zu Fehlentwicklungen der inneren Organe. Herzfehler, Atemwegserkrankungen, Funktionsstörungen der Schilddrüse, Verdauungsstörungen und ein schwächeres Immunsystem sind häufige Symptome. Ein Kennzeichen ist auch die unterschiedlich ausgeprägte Minderung der geistigen Fähigkeit, die aber durch früh einsetzende Förderung weitgehend ausgeglichen werden kann. Der englische Kinderarzt John Langdon DOWN beschrieb 1860 als Erster das Krankheitsbild der Trisomie 21. Deshalb wird diese Erkrankung auch als *Down-Syndrom* bezeichnet.
Da die Fehlbildungen der Organe heute gut behandelt werden können, konnte die Lebenserwartung bei Trisomie 21 deutlich erhöht werden. Anders verhält es sich bei den Trisomien 13 und 18, bei denen die Chromosomen 13 oder 18 dreifach vorhanden sind. In diesen Fällen werden die Neugeborenen nur wenige Monate alt, da die Missbildungen der Organe zu schwerwiegend sind. Weitere Trisomien der autosomalen Chromosomen sind nicht bekannt. Man vermutet, dass vor allem bei größeren Chromosomen die Entwicklung der Embryonen durch die zusätzlichen Gene so stark gestört ist, dass es schon zu einem sehr frühen Zeitpunkt zu Fehlgeburten kommt.

GENOMMUTATION · Die Ursache für die Trisomie 21 ist eine ungleichmäßige Verteilung der Chromosomen bei der Bildung der Geschlechtszellen. Wenn sich zum Beispiel während der ersten Reifeteilung der Eizelle die beiden homologen Chromosomen 21 nicht trennen, entsteht eine Geschlechtszelle, die zwei Chromosomen 21 enthält. Bei der zweiten Reifeteilung kann die fehlerhafte Verteilung nicht korrigiert werden. In dieser Phase werden die Zwei-Chromatiden-Chromosomen in Ein-Chromatid-Chromosomen aufgetrennt. Die Zahl der Chromosomen bleibt in der zweiten Reifeteilung gleich. Bei einer späteren Befruchtung gelangt durch die haploide Spermienzelle das dritte Chromosom 21 in die Eizelle. Die Gesamtanzahl der Chromosomen, das *Genom*, verändert sich dadurch. Deshalb spricht man auch von einer **Genommutation.**

Genommutationen können bei der Meiose entstehen und sind daher bei Spermienzellen und Eizellen gleichermaßen möglich. Dennoch steigt das Risiko einer Fehlverteilung der Chromosomen vor allem mit zunehmendem Alter der Mutter an. Das liegt daran, dass die Bildung der späteren Eizelle schon während der Embryonalentwicklung beginnt. Mit steigendem Alter der Frau altern also auch ihre Eizellen und daher erhöht sich die Wahrscheinlichkeit einer fehlerhaft ablaufenden Meiose.

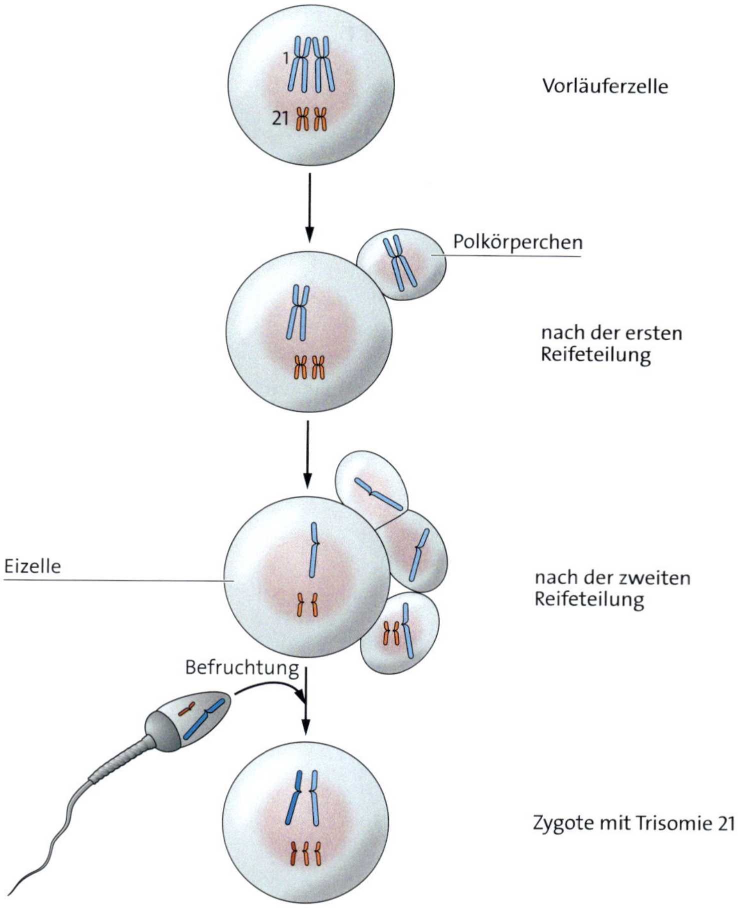

02 Entstehung von Trisomie 21

GONOSOMALE GENOMMUTATION · Auch die Geschlechtschromosomen, die *Gonosomen*, können ungleich verteilt sein. Beim Genotyp X0 haben die Frauen eine verminderte Körpergröße, besitzen keine funktionsfähigen Eierstöcke und wenig ausgebildete sekundäre Geschlechtsmerkmale. Man spricht von *Turner-Frauen*. Die phänotypische Beeinträchtigung kann jedoch individuell so unauffällig sein, dass erst mit Ausbleiben der Menstruation eine genetische Untersuchung vorgenommen wird. Männer mit dem Genotyp Y0 gibt es nicht. Der Embryo kann sich nämlich nicht entwickeln. Ihm fehlen die zahlreichen Gene, die auf dem X-Chromosom liegen. Dagegen kommen Trisomien bei beiden Geschlechtern vor. Frauen mit drei X-Chromosomen sind in ihrem Körperbau meist unauffällig und fruchtbar. Bei Männern gibt es zwei mögliche Varianten von Trisomien: Entweder liegt das X-Chromosom oder das Y-Chromosom zweifach vor. Die *Klinefelter-Männer* besitzen den Genotyp XXY. Sie haben lange Arme und Beine. Die Hoden bilden keine Spermienzellen. Auffallend sind auch eine hohe Stimme und ein geringer Bartwuchs. Männer mit zwei Y-Chromosomen sind in ihrem Aussehen eher unauffällig. Ihre Körpergröße liegt nur geringfügig über dem Durchschnitt und sie sind nicht steril.

1 Definiere den Begriff Genommutation!

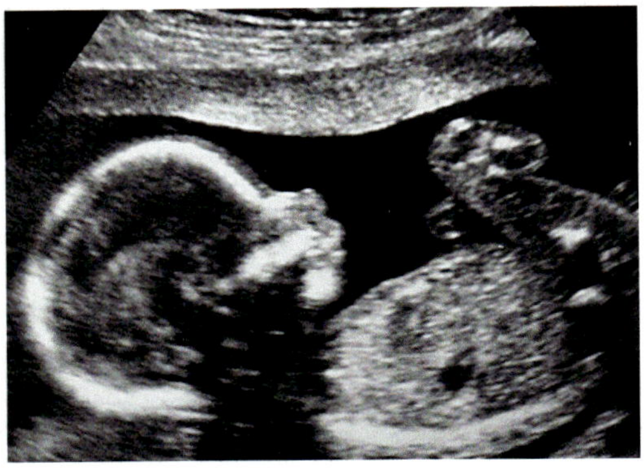

03 Ultraschallaufnahme

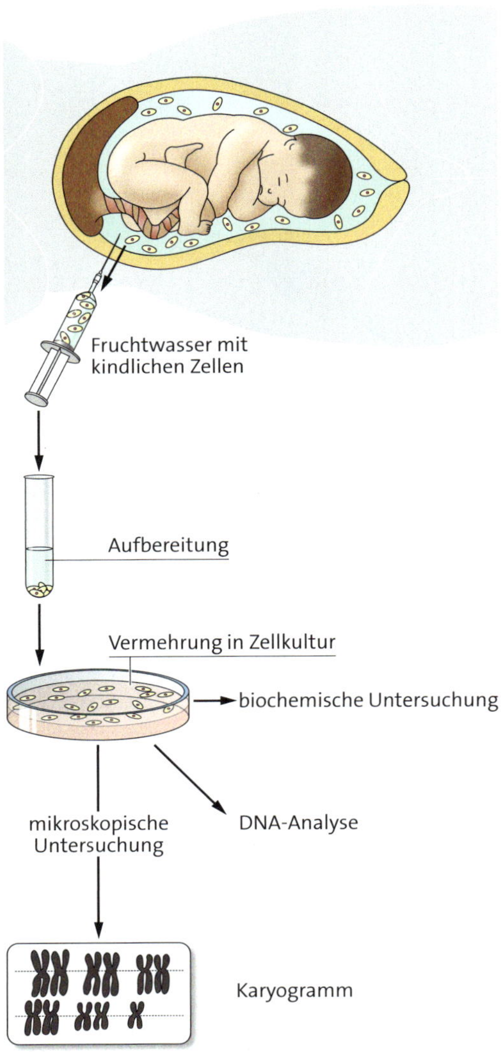

04 Fruchtwasseruntersuchung

PRÄNATALE DIAGNOSTIK · Wenn in einer Familie gehäuft genetisch bedingte Krankheiten aufgetreten sind, wendet diese sich häufig an eine genetische Beratungsstelle. Hier kann über Familienstammbäume das Vererbungsrisiko ermittelt werden. Auch ältere Paare nehmen die genetische Beratung in Anspruch. Bei ihnen ist aufgrund des höheren Alters mit einer größeren Wahrscheinlichkeit von Genommutationen bei ihren Kindern zu rechnen. In beiden Fällen werden die Ratsuchenden über vorgeburtliche Untersuchungsmethoden, *pränatale Diagnostik,* und über die Bedeutung und Konsequenzen eines Testergebnisses informiert. Das Ziel einer genetischen Beratung ist, den Paaren zu helfen, eine eigenverantwortliche Entscheidung zu treffen.

Eine wichtige Vorsorgeuntersuchung ist die **Ultraschalluntersuchung.** Durch diese Methode können schon ab der 10. Schwangerschaftswoche Fehlbildungen des Embryos festgestellt werden. Ebenso kann man auch die Lage, das Wachstum und die Herztöne des Kindes beobachten. Blutuntersuchungen der Schwangeren geben ebenfalls Auskunft über bestimmte Fehlbildungen. Um erbbedingte Stoffwechselkrankheiten oder Chromosomenveränderungen zu erkennen, benötigt man Zellen des Kindes. Daher muss man in den Körper der Schwangeren eindringen. Bei der **Fruchtwasseruntersuchung** gewinnt man die Zellen des Kindes, indem man mit einer dünnen Nadel durch Bauchdecke und Gebärmutter hindurch in die Fruchtblase sticht. Diese müssen dann mehrere Tage in einem Nährmedium vermehrt werden, bevor sie mikroskopisch nach Chromosomenveränderungen und biochemisch auf Stoffwechselkrankheiten untersucht werden können. Mit den *invasiven Methoden* wie der Fruchtwasseruntersuchung ist allerdings ein geringes Risiko einer Fehlgeburt verbunden. Besteht bei dem ungeborenen Kind ein erhöhtes Risiko einer genetisch bedingten Krankheit, können zur Diagnose auch DNA-Analysen durchgeführt werden.

Material A ▸ Down-Syndrom

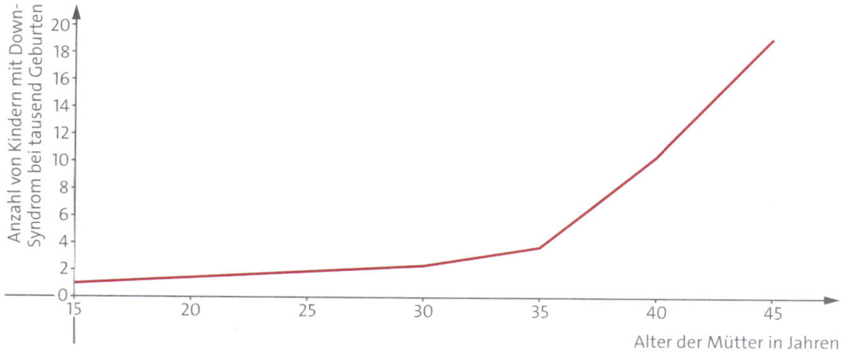

A1 Beschreibe das Kurvendiagramm und werte es aus!

A2 Begründe, weshalb das Alter der Mutter für den Kurvenverlauf verantwortlich ist!

A3 Begründe, weshalb eine Fruchtwasseruntersuchung geeignet ist, um das Down-Syndrom festzustellen!

Material B ▸ Genommutation

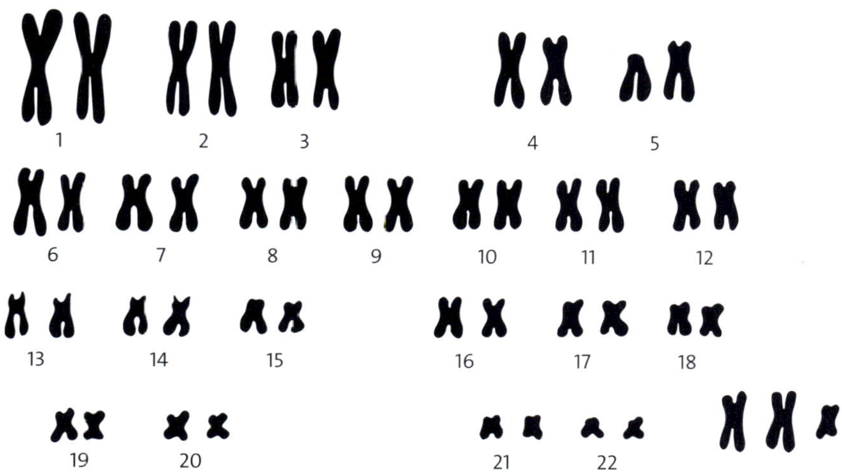

B1 Nenne die Bezeichnung dieses Genotyps und seine phänotypischen Auswirkungen!

B2 Beurteile, ob bei der vorliegenden Genommutation die Ultraschalluntersuchung für die pränatale Diagnose geeignet ist!

B3 Stelle die Entstehung dieser Genommutation mithilfe von Schemazeichnungen dar!

Material C ▸ Katzenschreisyndrom

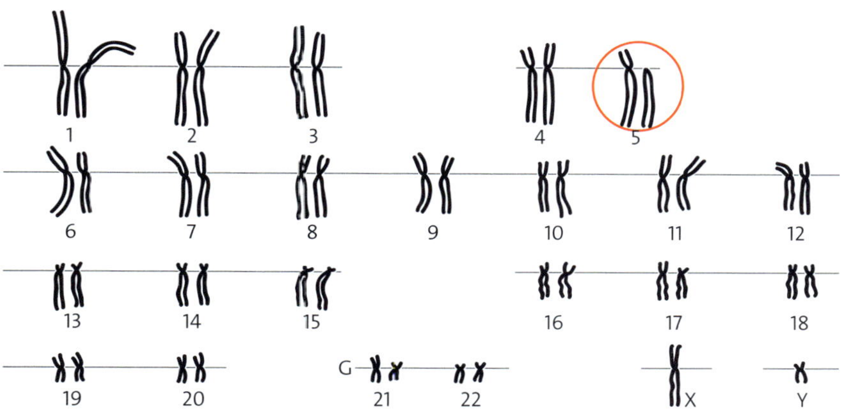

Bei diesem Genotyp ist ein Stück eines Chromosoms verloren gegangen. Betroffene sind körperlich und geistig zurückgeblieben. Auffallend sind die Laute der Kinder, die an Katzengeschrei erinnern.

C1 Begründe, weshalb es zu Fehlentwicklungen kommt!

C2 Nenne Unterschiede in der genetischen Ursache von Katzenschreisyndrom und Trisomie 21!

IM BLICKPUNKT BIOTECHNOLOGIE UND ETHIK

Klonen

Als Klone bezeichnet man genetisch identische Lebewesen wie zum Beispiel eineiige Zwillinge. Während beim Menschen diese natürliche Entstehung von Klonen eine Ausnahme bildet, gibt es andere Organismengruppen wie Quallen, Insekten oder auch Pflanzen, bei denen durch ungeschlechtliche Vermehrung Klone in hoher Anzahl entstehen.

Neben der natürlichen Entstehung von Klonen können heute mithilfe biotechnologischer Verfahren Klone auch von bereits ausgewachsenen Säugetieren künstlich erzeugt werden. Beim künstlichen Klonen können sehr unterschiedliche Ziele verfolgt werden. Das **reproduktive Klonen** zielt auf eine Erzeugung vollständig entwickelter, genetisch identischer Lebewesen. Diese Form des Klonens findet insbesondere in der Tierzucht Anwendung.

Das Verfahren des **therapeutischen Klonens** dient hingegen dazu, *embryonale Stammzellen* herzustellen. Diese embryonalen Stammzellen sollen, so das Ziel der Forschung, im Körper eines genetisch identischen Patienten defekte Körperzellen ersetzen und so bestimmte Krankheiten heilen oder zumindest lindern. Für diese völlig unterschiedlichen Zielsetzungen können jedoch zum Teil identische Verfahren genutzt werden. Das am weitesten entwickelte Verfahren dafür ist der **Kerntransfer.**

KERNTRANSFER · Diese Methode ermöglicht die Übertragung genetischer Informationen in eine fremde Eizelle, die dann zu einem Embryo heranwachsen kann. Hierzu wird zunächst aus einer Eizelle, die den Eierstöcken einer Spenderin entnommen wird, der vorhandene Zellkern entfernt. Dann wird ein Zellkern, zum Beispiel eines zu behandelnden Patienten, entnommen und in die „leere“ Eizelle übertragen. Die so entstandene Zelle kann sich bei erfolgreicher Behandlung mit Differenzierungs- und Wachstumsfak-

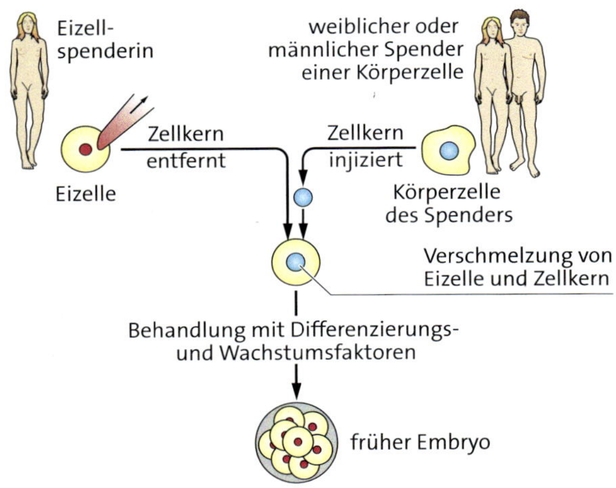

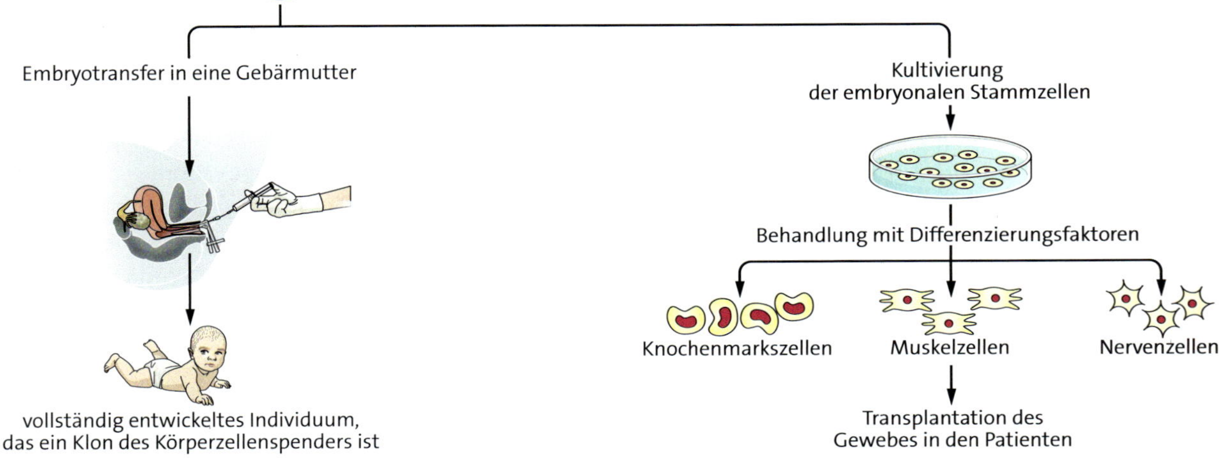

01 Kerntransfer und anschließende Schritte des reproduktiven oder therapeutischen Klonens (Schema)

toren zu einem Embryo entwickeln, der genetisch identisch mit dem Zellkernspender ist.

REPRODUKTIVES KLONEN · Wird ein so erzeugter Embryo in eine Gebärmutter eingesetzt, kann sich ein vollständiges Lebewesen entwickeln. Genau auf diesem Wege wurde das bekannte Klon-Schaf Dolly erzeugt. Das Verfahren ist jedoch bis heute mit vielen Risiken, zum Beispiel durch DNA-Schäden, behaftet.

THERAPEUTISCHES KLONEN · Ein durch Kerntransfer erzeugter Embryo enthält Stammzellen. Diese embryonalen Stammzellen können sich durch Zugabe von speziellen Differenzierungsfaktoren zu ganz unterschiedlichen Zelltypen entwickeln. Man bezeichnet sie deshalb als *pluripotent*. Diese Zellen sind noch immer genetisch identisch mit den Zellen des Zellkernspenders. Daher werden sie von dessen Immunsystem nicht abgestoßen und können potenziell defekte Zellen in dessen Körper ersetzen.

THERAPEUTISCHES KLONEN IST UMSTRITTEN · In Deutschland ist das reproduktive Klonen durch das Embryonenschutzgesetz strikt verboten. Doch auch das Erzeugen von Embryonen zur Gewinnung von Stammzellen, wie es im Rahmen des therapeutischen Klonens erfolgt, ist hierzulande nicht erlaubt. Andere Länder wie Frankreich oder England verbieten dies nicht.

Diese Verbote durch das Embryonenschutzgesetz wurden auch im nationalen Ethikrat diskutiert. Es handelt sich dabei um eine Gruppe aus Juristen, Ethikern, Medizinern und anderen, die Empfehlungen zu ethisch brisanten Themen erarbeiten. Ihre Diskussion zum Thema Stammzellen endete im Jahre 2004 damit, dass sie sich auf kein Votum einigen konnten. Der wesentliche Streitpunkt in der Debatte besteht darin, inwieweit ein früher Embryo, der aus wenigen Zellen besteht und noch nicht größer ist als die ursprüngliche Eizelle, als schützenswert eingestuft werden sollte.

Stellungnahmen zum Embryonenschutz:

Kommentar eines Juristen: „Wo menschliches Leben existiert, kommt ihm Würde zu."
Kommentar eines Politikers: „Zentraler Bezugspunkt für die ethische Bewertung des Forschungsklonens mit menschlichen Zellen ist die Menschenwürde, die jedem Menschen individuell und unabhängig von bestimmten Eigenschaften zukommt. Aus dem Prinzip der Menschenwürde folgt ein Instrumentalisierungsverbot, das heißt, der Mensch darf niemals vollständig zu fremden Zwecken benutzt, sondern muss immer auch als „Selbstzweck" anerkannt werden. Beim Forschungsklonen wird jedoch ein Embryo nicht um seiner selbst willen, sondern zur Gewinnung von Stammzellen oder für andere Forschungszwecke erzeugt. Damit kommt es zu einer vollständigen Instrumentalisierung des Embryos."
Kommentar einer Medizinerin: „Es scheint mir geradezu absurd, dass ganz frühe menschliche Embryonen, die man nur unter dem Mikroskop sehen kann, so schutzwürdig sein sollten wie geborene Menschen."
Kommentar eines Wissenschaftlers: „Der Schutz- und Würdestatus von embryonalen Zellen wird meist dadurch begründet, dass diese sich potenziell zu einem Menschen entwickeln können, der dann fraglos schutzwürdig ist. Würde jedoch allein das Potenzial ausreichen, um einen Schutzstatus zu begründen, dann müssten auch Eizellen und Spermienzellen geschützt werden, denn auch diese besitzen ein gewisses Potenzial, sich gemeinsam zu einem Menschen zu entwickeln. Üblicherweise schützen wir Dinge nicht allein aufgrund ihres ohnehin stets unsicheren Potenzials."

1 Fasse Pro- und Kontra-Argumente zum absoluten Schutz früher Embryonen zusammen! Gewichte diese Argumente mit einer Ziffer von 1 = unwichtig bis 5 = sehr wichtig! Entscheide und begründe, ob du für oder gegen den absoluten Schutz früher Embryonen bist!

A ▸ Teilung und Wachstum

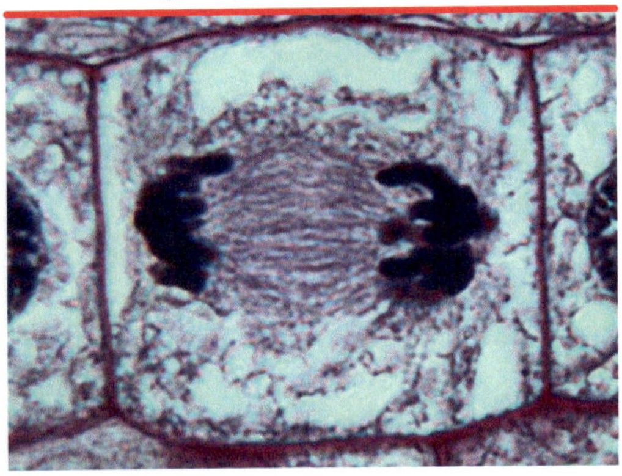

Kann ich ...

1 Chromosomen als Träger der Erbinformationen im Zellkern beschreiben? *(Seite 90)*

2 verschiedene Zustandsformen der Chromosomen nennen und erklären? *(Seite 90 und 91)*

3 Interphase und Mitose als Phasen des Zellzyklus unterscheiden? *(Seite 91)*

4 die vier Phasen der Mitose nennen und ihren Ablauf beschreiben? *(Seite 92)*

5 die Zellteilung und Zellvergrößerung als Grundlage für das Wachstum eines Lebewesens beschreiben? *(Seite 90 bis 92)*

B ▸ Weitergabe von Erbinformation

Kann ich ...

1 den Genotyp vom Phänotyp unterscheiden? *(Seite 94 und 95)*

2 den Einfluss des Genotyps und der Umwelt auf den Phänotyp beschreiben? *(Seite 95 und 96)*

3 erklären, weshalb Kinder derselben Eltern sich in ihren Merkmalen unterscheiden? *(Seite 94 und 95)*

4 das Karyogramm eines genetisch gesunden Menschen beschreiben? *(Seite 95)*

5 den Begriff Gen und Allel definieren? *(Seite 96)*

6 die Bedeutung von Genen und Allelen bei der Ausbildung eines Merkmals beschreiben? *(Seite 96)*

7 die MENDELschen Regeln nennen? *(Seite 98 bis 100)*

8 Kreuzungsschemata erstellen, die die Versuche und Ergebnisse Gregor MENDELs an Beispielen darstellen? *(Seite 99, 100 und 102)*

9 die Vorgänge während der Meiose beschreiben? *(Seite 106 und 107)*

10 die Bedeutung der Meiose und der Befruchtung für die Variabilität der Lebewesen erklären? *(Seite 108)*

C ► Vererbung beim Menschen

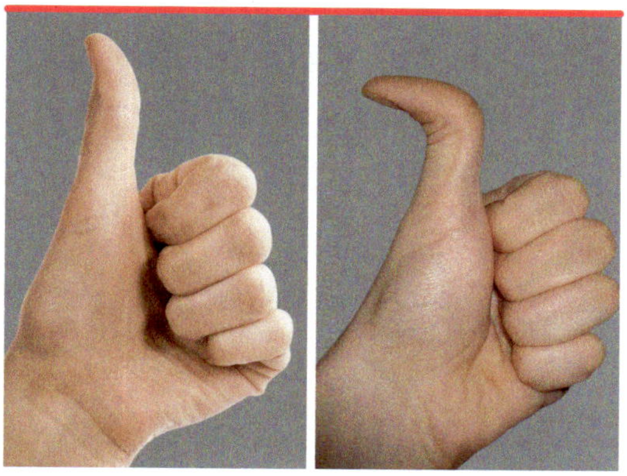

Kann ich …

1 beschreiben, woran im Stammbaum einer Familie zu erkennen ist, ob ein Merkmal dominant oder rezessiv sowie autosomal oder gonosomal vererbt wird? *(Seite 110 bis 112)*

2 die Bedeutung der Zwillingsforschung für die Humangenetik erläutern? *(Seite 111)*

3 den Begriff kodominant definieren? *(Seite 114)*

4 die Vererbung der Allele für die Blutgruppen des AB0- und des Rhesussystems beschreiben? *(Seite 114 bis 116)*

5 Beispiele für autosomale und gonosomale Genommutationen nennen und ihre Auswirkungen beschreiben? *(Seite 118 und 119)*

6 die Ursache für die Entstehung einer Genommutation beschreiben? *(Seite 119)*

7 Möglichkeiten der Untersuchung von Ungeborenen nennen? *(Seite 120)*

Kann ich aus dem Kapitel „Reproduktion und Vererbung" Beispiele nennen für das Basiskonzept:

- Struktur und Funktion?
- Information und Kommunikation?
- Reproduktion?
- Variabilität?

Evolution der Lebewesen

In diesem Kapitel beschäftigst du dich mit

- der Evolutionstheorie. Du erfährst, wie man sich heute die Entstehung der Artenvielfalt vorstellt.
- LAMARCK und DARWIN. Du lernst etwas über diese berühmten Evolutionsbiologen und die Bedeutung ihrer Forschungen und Ideen für die Evolutionstheorie.
- dem Stammbaum der Wirbeltiere. Du lernst, wie Wirbeltiere in der Biologie geordnet werden, und du lernst die kennzeichnenden Merkmale der fünf Wirbeltierklassen Fische, Amphibien, Reptilien, Vögel und Säugetiere kennen.
- Lebewesen der Vergangenheit. Du lernst einige Lebewesen der Vergangenheit kennen und erfährst etwas über ihre Bedeutung für die Evolutionstheorie. Außerdem lernst du etwas darüber, wie Spuren von Lebewesen der Vergangenheit entstanden sind und wie man manche dieser Spuren zeitlich einordnen kann.

01 Schnabelform:
A Sichelschnabelkolibri und Helikonienblüte,
B Schwertschnabelkolibri und Trompetenblumenblüte

Natürliche Auslese

In Süd- und Mittelamerika gibt es sehr viele Kolibriarten, wie den Schwertschnabelkolibri und den Sichelschnabelkolibri. Sie ernähren sich alle von Blütennektar. Hierbei fällt auf, dass verschiedene Kolibriarten unterschiedlich geformte Schnäbel haben. Wie sind diese verschiedenen Schnabelformen entstanden?

SCHNÄBEL PASSEN ZU BLÜTEN · Der Schwertschnabelkolibri hat einen Schnabel, der mit etwa elf Zentimeter Länge die Hälfte seiner gesamten Körperlänge ausmacht. Damit ist sein Schnabel genau so lang, dass dieser Vogel den Nektar beispielsweise aus der Blüte der Trompetenblume trinken kann. Andere Kolibris, deren Schnäbel nicht so lang sind, erreichen den Nektar am Blütenboden dieser Pflanze nicht. Der Schwertschnabelkolibri ist also an die Nahrungssuche an Pflanzen mit sehr langen Blüten *angepasst*. Dagegen kann er den Nektar der Helikonienblüten schlecht erreichen. Für die Nahrungssuche an diesen gebogenen Blüten ist der Sichelschnabelkolibri angepasst. Sein Schnabel ist ähnlich lang wie der des Schwertschnabelkolibris, aber gebogen wie ein Haken. Beide Kolibriarten unterscheiden sich in dem Merkmal Schnabelform, der gebogene und der gerade Schnabel sind unterschiedliche **Merkmalsausprägungen.**
Verschiedene Lebewesen tragen also ganz unterschiedliche Merkmalsausprägungen, durch die sie an bestimmte Gegebenheiten der Umwelt wie beispielsweise die Blütenlänge besonders angepasst sind. Diese Gegebenheiten der Umwelt nennt man *Umweltfaktoren*. Weitere Beispiele sind ein dickes Fell oder eine dicke isolierende Fettschicht als **Angepasstheiten** an das Leben in kalten Regionen. Wie entstehen Angepasstheiten?

SCHNÄBEL SIND UNTERSCHIEDLICH · Betrachtet man die Nachkommen zweier Schwertschnabelkolibris, so fällt auf, dass sich die Individuen untereinander in der Länge des

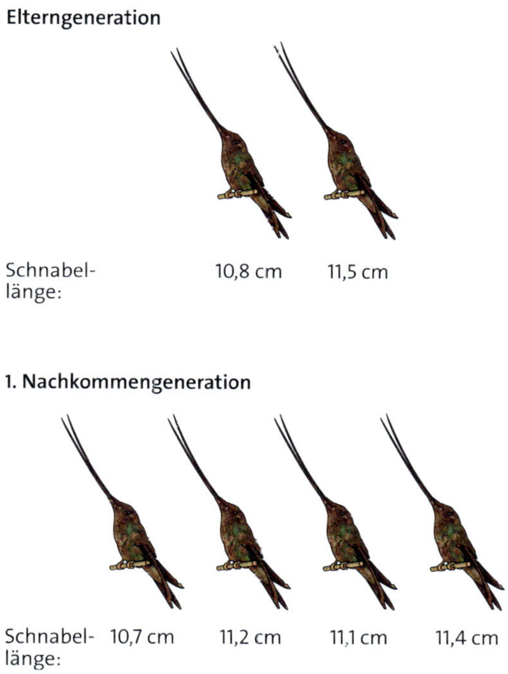

02 Variabilität bei der Schnabellänge innerhalb einer Familie des Schwertschnabelkolibris

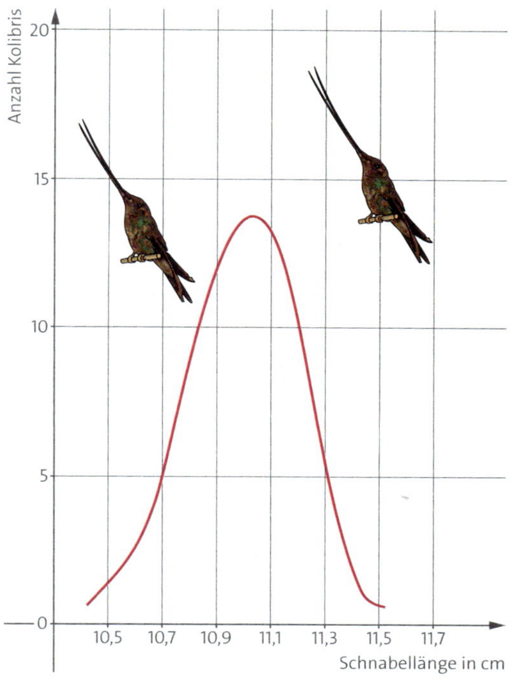

03 Variabilität der Schnabellänge innerhalb einer Kolibripopulation

Schnabels unterscheiden. Es gibt also auch innerhalb einer Art unterschiedliche Merkmalsausprägungen. Man spricht von **Variabilität.** Sie ist vor allem darauf zurückzuführen, dass sich auch die jeweiligen Elternteile in manchen Merkmalen und Verhaltensweisen voneinander unterscheiden.

ANGEPASSTHEIT FÜHRT ZU FITNESS · Die Variabilität beim Merkmal Schnabellänge bei den Schwertschnabelkolibris führt zu einer unterschiedlich ausgeprägten Angepasstheit an die Blütenlänge. Ein besonders langer Schnabel kann sich als vorteilhaft für die Nahrungssuche an langen, bislang nicht genutzten Blüten herausstellen. Ist ein Individuum also angepasst an den Umweltfaktor Blütenlänge, so kann es den Nektar der jeweiligen Blüten besser erreichen als andere Individuen. Dies führt dazu, dass dieses Individuum sich gut entwickeln und erfolgreich fortpflanzen kann. Die Fähigkeit, viele Nachkommen hervorzubringen, bezeichnet man als **Fitness.** Dadurch, dass sich die besser angepassten Individuen häufiger fortpflanzen können, zeigen viele Nachkommen diese Angepasstheit. Umgekehrt bringen die weniger angepassten Individuen weniger Nachkommen hervor. Über viele Generationen verschwinden so ihre Merkmalsausprägungen. Diesen Prozess bezeichnet man als *natürliche Auslese* oder **natürliche Selektion.**

So hat sich über sehr viele Kolibrigenerationen die Schnabellänge der Schwertschnabelkolibris immer weiter verlängert. Beim Sichelschnabelkolibri erhöhte ein zunehmend gebogener Schnabel die Fitness.

1 Beschreibe die in Abbildung 02 dargestellte Variabilität der Schnabellänge innerhalb einer Familie des Schwertschnabelkolibris!

2 Erkläre den Begriff Fitness!

BASISKONZEPT

Reproduktion

Die beiden Elterntiere eines Schwertschnabelkolibripärchens vermehren sich und bringen in der nächsten Generation mehrere Jungvögel hervor. Dabei geben sie an ihre Nachkommen die Erbanlagen weiter, die die Ausprägung der Schnabellänge beeinflussen. Durch die Fortpflanzung der Schwertschnabelkolibris besteht diese Vogelart weiter.
Die Entwicklung vom Jungtier oder der Jungpflanze zum ausgewachsenen Organismus, der sich fortpflanzt, ist ein Kennzeichen aller Lebewesen. Am Ende der Entwicklung eines Lebewesens steht der Tod des Individuums. Die Art jedoch besteht weiter, indem sich die Lebewesen fortpflanzen. Dies nennt man Reproduktion. Bei der geschlechtlichen Fortpflanzung werden Erbanlagen beider Eltern an die Nachkommen weitergegeben. Diese Erbanlagen beeinflussen die Ausprägung von Merkmalen.
Alle Arten können im Lauf der Zeit nur weiter bestehen, indem sich ihre Individuen reproduzieren. Daher spricht man vom ***Basiskonzept Reproduktion.***

BASISKONZEPT

Variabilität und Angepasstheit

Betrachtet man eine Population des Schwertschnabelkolibris, so fällt auf, dass sich die Individuen untereinander beispielsweise in der Schnabellänge unterscheiden. Durch diese Variabilität können die Individuen, die einen etwas längeren Schnabel haben, den Nektar sehr langer, bislang ungenutzter Blüten trinken. Diese Individuen sind an diese bisher ungenutzte Blütenform angepasst. Sie haben eine neue Nahrungsquelle für sich gefunden und können sich daher besonders gut entwickeln. Sie bringen besonders viele Nachkommen hervor, denen sie ihre Erbanlagen weitergeben. Dadurch wird diese Angepasstheit an die Blütenlänge in Zukunft häufiger auftreten. Variabilität tritt bei allen Lebewesen auf, wodurch es Individuen in einer Population gibt, die auch bei einer sich ändernden Umwelt an die neuen Lebensbedingungen angepasst sind, also neue Angepasstheiten zeigen. Daher spricht man vom ***Basiskonzept Variabilität und Angepasstheit.***

BASISKONZEPTE HÄNGEN ZUSAMMEN · Basiskonzepte sind biologische Grundsätze. Wir können fast jedes Thema der Biologie aus dem Blickwinkel mehrerer, bestimmter Basiskonzepte betrachten. Bei der Betrachtung der Entstehung des langen Schnabels der Schwertschnabelkolibris wird deutlich, dass mehrere Basiskonzepte auch sehr eng miteinander zusammenhängen:

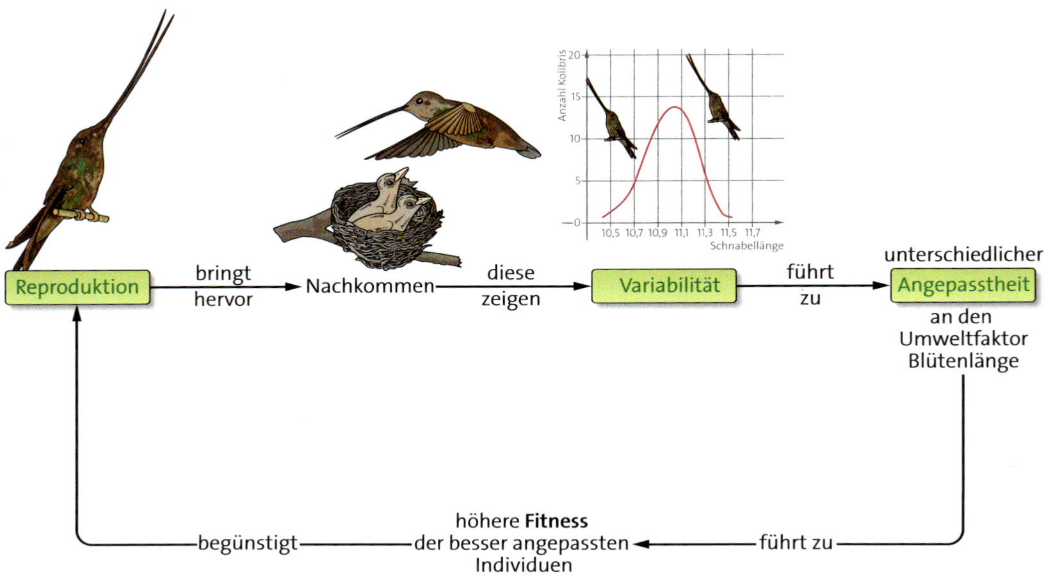

04 Zusammenhang zwischen Basiskonzepten

Material A ▸ Vögel im Watt – besonders angepasst

A1 Beschreibe die Schnabelform der abgebildeten Vogelarten und erkläre die jeweilige Angepasstheit an die bevorzugte Beute! Lege dafür in deiner Biologiemappe eine Tabelle an!

A2 Erläutere an einer der abgebildeten Vogelarten, wie die jeweilige Schnabelform im Laufe der Stammesgeschichte entstanden sein könnte! Verwende dabei folgende Fachbegriffe: natürliche Selektion, Fitness, Variabilität!

Material B ▸ Schlammspringer

Der Kabeljau oder auch Dorsch ist ein Meeresfisch, der in Teilen des Nordatlantiks und des Nordpolarmeeres vorkommt.
Er kann bis über einen Meter lang werden. Er ernährt sich von Schnecken, Muscheln, Krebstieren und kleineren Fischen, die er im tiefen freien Wasser jagt.

Der Schlammspringer gehört zu den Fischen und es gibt viele verschiedene Arten, die insbesondere im Indischen Ozean vorkommen. Je nach Art wird er 5 bis 27 Zentimeter lang. Er ernährt sich von Insekten und Krebsen. Er lebt in flachen Bereichen der Meere mit felsigem Untergrund, die häufig trockenfallen. Dort bewegt er sich dann mit den Flossen springend fort.

B1 Nenne die Angepasstheiten des Kabeljaus an das Leben im Wasser!

B2 Beschreibe die Unterschiede in den Fortbewegungsorganen zwischen Kabeljau und Schlammspringer!

B3 Erläutere, inwiefern die Extremitäten des Schlammspringers Angepasstheiten an seinen Lebensraum darstellen!

B4 Erläutere anhand der Schlammspringerextremitäten das Basiskonzept Variabilität und Angepasstheit!

IM BLICKPUNKT MEDIZIN

Antibiotikaresistenz

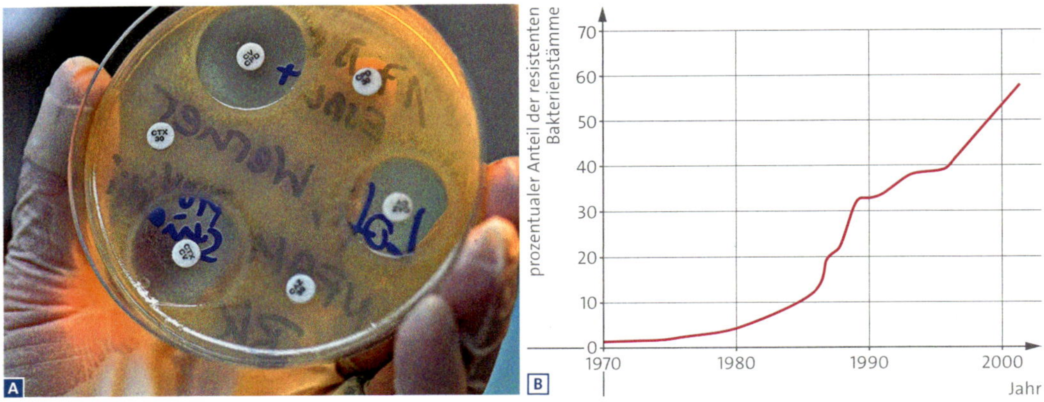

01 Bakterien:
A Ausstrich mit verschiedenen Antibiotikaplättchen und drei Hemmhöfen,
B Häufigkeit resistenter Staphylococcus-aureus-Stämme

lateinisch resistere = Widerstand leisten

Seit vielen Jahren häufen sich Fälle von Patienten mit bakteriellen Infektionen, bei denen manche Antibiotika keine Wirkung zeigen. Diese gänzliche Unempfindlichkeit von Bakterien gegen ein Antibiotikum nennt man **Resistenz.** Manche Bakterien sind sogar gegen mehrere Antibiotika resistent. Diese bezeichnet man als **multiresistente Bakterien.** Eine Infektion mit multiresistenten Bakterien kann lebensgefährlich sein, wenn kein wirksames Antibiotikum mehr zur Verfügung steht. Krankenhäuser, in denen solche multiresistenten Keime auftreten, müssen teilweise Behandlungsstationen schließen, um weitere Ansteckungen zu verhindern.

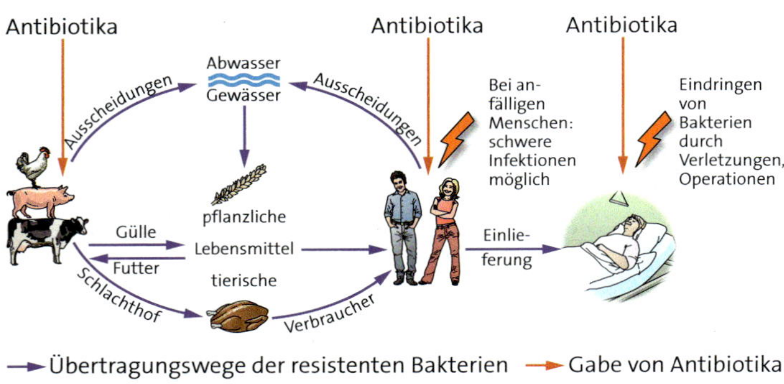

02 Entstehung und Verbreitung resistenter Bakterien

ANTIBIOTIKAEINSATZ · Das Auftreten multiresistenter Bakterien steigt in vielen Industrieländern von Jahr zu Jahr. Der Grund für diesen Anstieg liegt im umfangreichen Einsatz von Antibiotika. So werden Antibiotika oft bei erkrankten Patienten eingesetzt, obwohl diese an einer Virusinfektion leiden, gegen die das Antibiotikum nicht wirkt.

Große Mengen an Antibiotika werden zudem in der Massentierhaltung eingesetzt. Hier werden die Antibiotika nicht nur zur Behandlung genutzt, sondern den Tieren vorbeugend verabreicht. Dadurch wachsen die Tiere schneller, sodass die Massentierbetriebe größere Gewinne erzielen. Dabei gelangen die eingesetzten Antibiotika in der Massentierhaltung in den Nahrungskreislauf und werden mit den Lebensmitteln von Menschen konsumiert. Medizin, Massentierhaltung und zusätzliche Verbreitungswege führen also dazu, dass Bakterien häufig in Kontakt mit Antibiotika kommen. Dies fördert die Entstehung multiresistenter Bakterienstämme.

ENTSTEHUNG · Eine gewisse Unempfindlichkeit gegenüber manchen Antibiotika ist ein

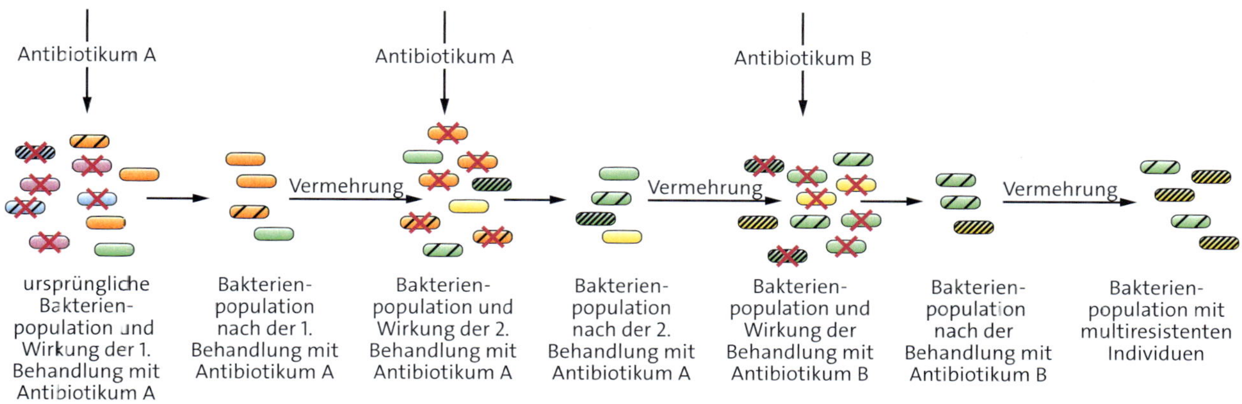

03 Entstehung multiresistenter Bakterien durch Antibiotikaeinsatz

weit verbreitetes Merkmal von Bakterien. So sind zum Beispiel viele Bodenbakterien resistent gegen antibakteriell wirksame Stoffe von Bodenpilzen. Dieses Merkmal der Unempfindlichkeit gegen bestimmte Antibiotika variiert jedoch innerhalb einer Bakterienpopulation, sodass manche Bakterien schon bei geringen Antibiotikakonzentrationen absterben, während andere dies problemlos überleben. Sind Bakterien regelmäßig Antibiotika ausgesetzt, so überleben vor allem jene Individuen, die bereits eine hohe Resistenz aufweisen. Diesen Vorgang nennt man **Selektion.** Wenn sich Bakterien dann vermehren, sind unter den Nachkommen die Erbanlagen für Resistenz häufiger vorhanden als im ursprünglichen Bakterienstamm. Die wiederholte Anwesenheit eines Antibiotikums führt somit schrittweise zu einer erhöhten Resistenz eines Bakterienstammes. Kommt dann noch ein weiteres Antibiotikum hinzu, sterben zusätzlich jene Individuen ab, die eine hohe Empfindlichkeit gegen das zweite Antibiotikum haben. Die verbleibenden Individuen des Bakterienstammes sind dann gegen beide Antibiotika unempfindlich, sie sind multiresistent.

ZUSÄTZLICHER GENTRANSFER · Antibiotikaresistenz kann auf unterschiedlichen Mechanismen beruhen. Manche Bakterien bilden Antibiotika spaltende Enzyme. Andere Bakterien verfügen über Pumpen, die die Antibiotika aus der Zelle transportieren. Die Erbanlagen für diese Resistenzmechanismen sind Genabschnitte der **Plasmide.** Diese Plasmide, die aus ringförmigen DNA-Abschnitten bestehen, können Bakterien untereinander austauschen. Dies nennt man **Gentransfer.** Die Häufigkeit dieses Plasmidaustausches erhöht sich durch den Einsatz von Antibiotika und fördert damit zusätzlich die Verbreitung von Resistenzgenen innerhalb eines Bakterienstammes.

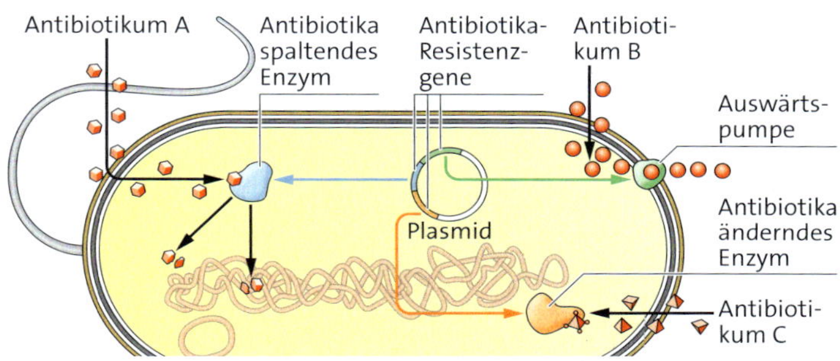

04 Mechanismen der Antibiotikaresistenz

IM BLICKPUNKT SEXUALITÄT

Evolution der Fortpflanzung

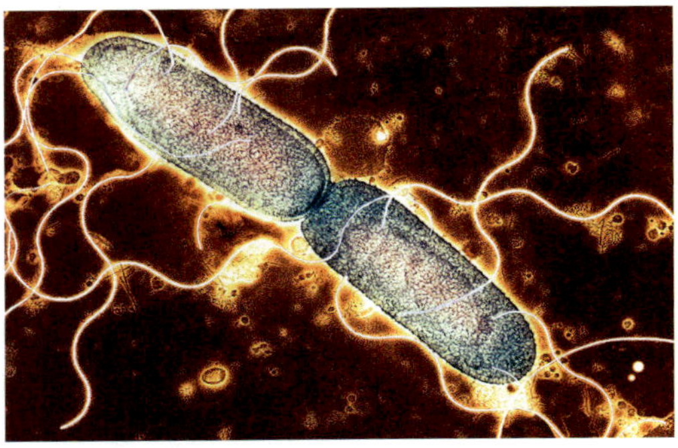

01 Bakterien während einer Teilung

02 Eisvogelmännchen übergibt Brautgeschenk

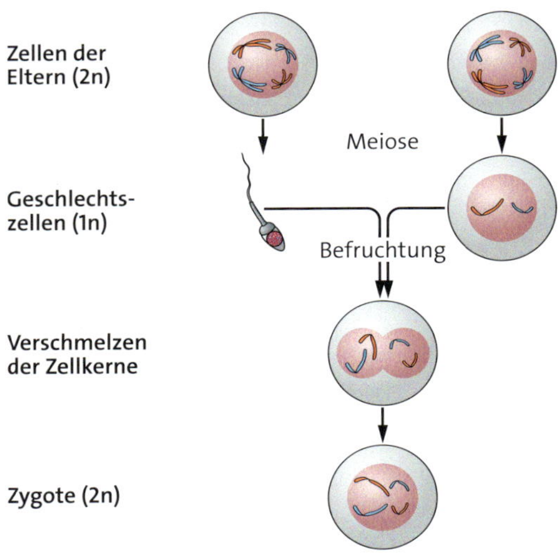

03 Ablauf der sexuellen Fortpflanzung (Schema)

Fortpflanzung bei Bakterien verläuft höchst unspektakulär: Die Zellen verdoppeln ihr Bakterienchromosom, schnüren sich ein und teilen sich schließlich. Beide Tochterzellen tragen die gleichen Erbinformationen und können sich innerhalb kurzer Zeit erneut teilen. Hierzu benötigen die Lebewesen keinen Fortpflanzungspartner und die Nachkommen sind mit den Eltern genetisch identisch. Diese Art der Fortpflanzung nennt man *ungeschlechtliche Fortpflanzung* oder **asexuelle Reproduktion.** Nicht nur Bakterien vermehren sich asexuell, sondern auch viele Pflanzen und manche Insekten.

Die Fähigkeit zur Bildung genetisch identischer Nachkommen stellt in der frühen Geschichte des Lebens einen entscheidenden Schritt dar. Erst hierdurch konnten Merkmale, die sich als vorteilhaft erwiesen hatten, an Nachkommen weitergegeben werden.

Bei der *geschlechtlichen Fortpflanzung* oder **sexuellen Reproduktion** muss zunächst ein Fortpflanzungspartner gefunden werden. Dies erfordert bei vielen Arten einen hohen Zeit- und Energieaufwand, zum Beispiel für das Balzverhalten einiger Tierarten. So bringen Eisvogelmännchen ihren Weibchen mehrere Beutefische als Geschenke, bis es zu Paarung kommt. Dennoch vermehren sich viele Einzeller und fast alle mehrzelligen Lebewesen sexuell. Worin liegen die Vorteile der sexuellen Reproduktion?

Bei der Befruchtung verschmelzen die Zellkerne der Geschlechtszellen zweier Individuen. Dabei werden die Erbanlagen neu kombiniert. Die durch *Meiose* gebildeten Geschlechtszellen enthalten nur die Hälfte der elterlichen Erbinformationen, nämlich jeweils eines der *homologen Chromosomen*. Durch die zufällige Verteilung dieser Chromosomen bei der Meiose ergeben sich für jeden Nachkommen unterschiedliche Neukombinationen. Hierdurch haben selbst die Nachkommen derselben Eltern jeweils verschiedene Erbanlagen. Dies erhöht die **genetische Variabilität**.

Es gibt eine Reihe von Lebewesen, wie zum Beispiel Blattläuse, die sich sowohl sexuell als auch asexuell reproduzieren. Beide Formen der Reproduktion bieten gewisse Vorteile. So pflanzen sich Blattläuse mehrmals im Jahr asexuell fort und erzeugen hierdurch mit geringem Aufwand eine Vielzahl von Nachkommen. Einmal pro Jahr pflanzen sie sich sexuell fort und erzeugen Nachkommen mit einer erhöhten genetischen Variabilität.

Der Vergleich der beiden Fortpflanzungsformen legt die Vermutung nahe, dass sexuelle Fortpflanzung insbesondere dann vorteilhaft ist, wenn sich Umweltbedingungen häufig ändern. Mit einer erhöhten genetischen Variabilität steigt die Wahrscheinlichkeit, dass unter den Nachkommen erfolgreich angepasste Individuen sind.

Diese Vermutung zum Zusammenhang zwischen Umweltbedingung und Reproduktionsform kann besonders gut an Arten untersucht werden, die beide Formen der Reproduktion betreiben. Hierzu nutzte man kleine Vielzeller, die Rädertierchen. Sie wurden in einem Versuch konstanten und wechselnden Umweltbedingungen ausgesetzt. Anschließend wurde bestimmt, wie viele ihrer Nachkommen durch sexuelle oder durch asexuelle Reproduktion entstanden waren. Es wurde beobachtet, dass sich der Anteil der Nachkommen über sexuelle Reproduktion bei wechselnden Umweltbedingungen im Vergleich zu konstanten Umweltbedingen etwa verdoppelt. Dies stützt die These, dass sich erhöhte Variabilität durch sexuelle Reproduktion vor allem bei wechselnden Umweltbedingungen auszahlt. Evolutionsbiologen sagen hierzu kurz: „Sex macht fit“. Die Entstehung der sexuellen Reproduktion stellt somit einen wichtigen Entwicklungsschritt in der Evolution dar.

Bakterien können sich nur asexuell reproduzieren. Dennoch haben sich auch bei ihnen Mechanismen zur Erhöhung der genetischen Variabilität entwickelt. So verfügen viele Bakterien über Plasmide, die zusätzliche Träger von Erbinformationen in Form kleiner fädiger Ringe darstellen. Diese Plasmide können zwischen Bakterien ausgetauscht werden. Hierzu bildet sich zwischen zwei Zellkörpern eine Verbindung aus und das Plasmid tritt nach vorangegangener Verdopplung von einem Bakterium zum anderen über. Dieser Vorgang wird als **Konjugation** bezeichnet und steigert die genetische Variabilität bei Bakterien. Dies zeigt, dass Mechanismen zur Erhöhung der genetischen Variabilität im Laufe der Evolution mehrfach entstanden sind und sich als vorteilhaft erwiesen haben.

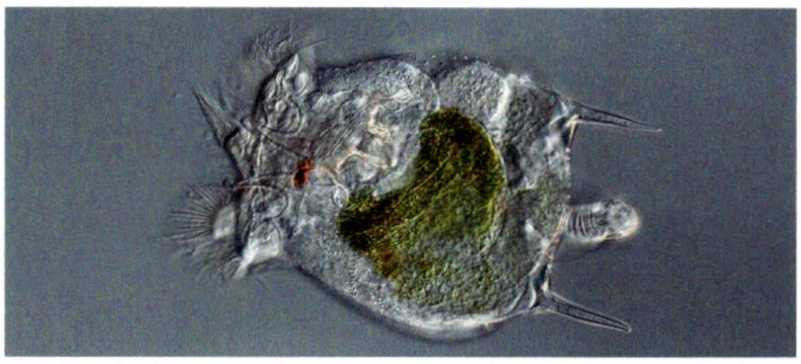

04 Rädertierchen

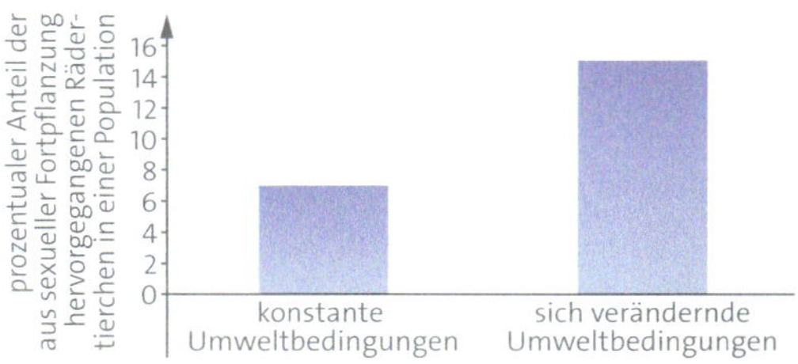

05 Anteil sexuell reproduzierter Rädertierchen bei unterschiedlichen Umweltbedingungen

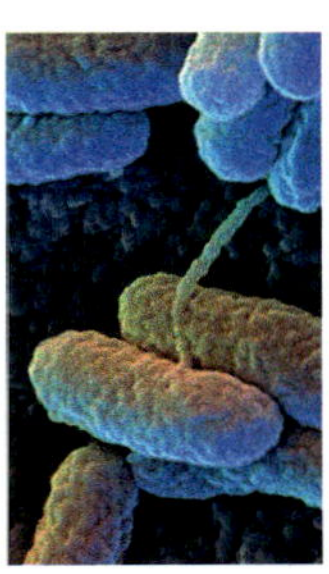

06 Konjugation zweier Bakterien

01 Die Galapagosinseln westlich vor Südamerika; Großgrundfink *(Geospiza magnirostris)*

DARWIN und LAMARCK

Als 22-jähriger Student bekam Charles DARWIN von 1831 bis 1836 die Gelegenheit, an einer Forschungsreise mit dem Vermessungsschiff „Beagle" teilzunehmen. Er sammelte auf dieser Reise unzählige Tiere und Pflanzen. Dabei entwickelte er seine Theorie über die Veränderung der Arten, die damals sehr viel Aufsehen, aber auch Empörung auslöste. Welche Erkenntnisse DARWINs waren damals so sensationell?

DARWINFINKEN · Besonders umfangreiche Materialien hatte DARWIN auf den Galapagosinseln in Südamerika gesammelt. Auf diesen Inseln waren ihm verschiedene Finken aufgefallen, die unterschiedlich stark den Finken des Festlands ähnelten. Die geringste Ähnlichkeit zeigten die Finken, die auf einer Insel weit entfernt vom Festland lebten. Es lag nahe, dass die Finken des Festlands eine der Galapagosinseln besiedelt hatten und von dort aus nach und nach weitere Inseln besiedelten. Die Entstehung der Unterschiede erklärte sich DARWIN durch die Wandelbarkeit der Arten, von der er überzeugt war. Daher nahm er an, dass sich die neu auf den Inseln eingetroffenen Tiere zunächst stark vermehrten und sich die Art dann allmählich veränderte. Aufgrund DARWINs Beschreibung dieser Finken und seiner Studien an ihnen wurden sie *Darwinfinken* genannt. Auf den 13 Inseln der Galapagosinselgruppe sind heute 14 verschiedene Finkenarten bekannt. Doch wie genau stellte sich DARWIN die Entstehung dieser Vielfalt vor?

02 Verschiedene Darwinfinken

DARWINS THEORIE · Bei der Untersuchung der Finkenarten stellte er fest, dass sie viele Ähnlichkeiten untereinander aufwiesen, sich aber in ihrer Schnabelform deutlich unterschieden. DARWIN stellte folgende Theorie zur Entstehung dieser Vielfalt auf: Einige Individuen des Festlands wurden vielleicht durch Winde von ihrer Flugrichtung abgebracht und landeten auf einer der Inseln. Dort herrschten neue Lebensbedingungen. DARWIN ging aufgrund seiner Beobachtun-

gen auch davon aus, dass die Lebewesen eine *natürliche Variabilität* aufweisen. Beispielsweise haben Individuen, die einen kräftigeren Schnabel als die anderen haben, den Vorteil, die besonders harte Schale mancher Nüsse knacken zu können. Diese *besser angepassten Individuen* können sich und ihre Nachkommen besonders gut ernähren und sich daher auch besonders erfolgreich fortpflanzen, sie haben einen Fortpflanzungsvorteil.
Die Lebewesen, die nicht so gut angepasst sind, können sich weniger erfolgreich fortpflanzen und ihre Merkmalskombinationen verschwinden allmählich aus der Population. Durch diese *natürliche Selektion* verändern sich die in Populationen auftretenden Merkmalsausprägungen allmählich. So können über lange Zeiträume neue Arten entstehen.

LAMARCKS THEORIE · Auch Jean Baptiste DE LAMARCK nahm die Veränderbarkeit der Arten an und entwickelte Anfang des 19. Jahrhunderts, also 50 Jahre vor DARWIN, eine Theorie, wie die Artenvielfalt der Lebewesen entstanden sein könnte. Diese Theorie gilt heute jedoch als widerlegt. LAMARCK nahm an, dass sich die Bedürfnisse der Lebewesen ändern, wenn sich die Umweltbedingungen ändern. Dies führt zu einem geänderten Gebrauch von Organen. Organe, die nun *stärker genutzt* werden, werden *stärker ausgeprägt* und Organe, die *nicht oder weniger gebraucht* werden, *entwickeln sich zurück oder verschwinden* ganz. Auf diese Weise verändert sich ein Lebewesen im Laufe seines Lebens. Die Nachkommen weisen nun auch die Merkmalsausprägung auf, die sich bei ihren Eltern im Laufe ihres Lebens durch *Gebrauch* oder *Nichtgebrauch* entwickelt hat.

1 Vergleiche, wie DARWIN und LAMARCK die Entstehung des dicken Körnerfresserschnabels beim Großgrundfink erklären würden! Erstelle dazu zwei Flussdiagramme wie in Abbildung 03 auf Seite 138!

STECKBRIEF

Charles Robert DARWIN (1809 – 1882)

Charles Robert DARWIN wurde 1809 in England geboren. Er studierte zunächst Theologie, interessierte sich aber mehr für die Naturforschung. So entschied er sich, ab 1831 an einer Weltumsegelung mit dem Vermessungsschiff „Beagle" teilzunehmen. Diese Reise dauerte bis 1836. DARWIN sammelte an allen Stationen Tiere und Pflanzen. Anschließend ordnete er seine Sammlung und veröffentlichte 1837 ein Reisetagebuch. Ab 1843 arbeitete er als Privatgelehrter in seinem Landhaus in Kent. Während der folgenden Jahre entwickelte er die Theorie, dass die verschiedenen Arten von Lebewesen alle auseinander hervorgegangen sind. 1859 erschien DARWINs Buch „The origin of species by means of natural selection", mit dem die moderne Evolutionsbiologie begann. DARWIN starb im Alter von 73 Jahren in England.

STECKBRIEF

Jean Baptiste DE LAMARCK (1744 – 1829)

Jean Baptiste de LAMARCK wurde 1744 in Frankreich als das elfte Kind einer verarmten Adelsfamilie geboren. Er besuchte eine Jesuitenschule und trat anschließend in die Armee ein. In seiner Freizeit eignete er sich umfangreiche botanische Kenntnisse an. Nach der Armeezeit studierte er Medizin. Er veröffentlichte verschiedene botanische Werke, war seit 1786 Wissenschaftler am botanischen Garten in Paris und wurde 1793 „Professor für Insekten und Würmer" am Naturhistorischen Museum in Paris. In dieser Position veröffentlichte LAMARCK das Buch „Philosophie zoologique", in dem er seine Abstammungslehre darlegte. LAMARCK entwickelte auch eine Theorie über den Mechanismus, der die Veränderung der Arten seiner Ansicht nach bewirkt. LAMARCK starb im Alter von 75 Jahren in Frankreich.

DARWIN | **LAMARCK**

geänderte Umwelt: das Gras ist trocken; saftige, frische Blätter sind an hohen Bäumen zu finden

DARWIN

Variabilität in der Population: Es gibt zufällig wenige Giraffen mit etwas längeren Hälsen, aber auch einige mit mittellangem und wenige mit recht kurzem Hals.

↓

Die wenigen Giraffen mit einem etwas längeren Hals erreichen viele Zweige, sie sind gut mit Nahrung versorgt und können sich erfolgreich fortpflanzen. Sie sind besonders gut an die neuen Umweltbedingungen angepasst. Die wenigen Giraffen mit einem kürzeren Hals erreichen gerade so viel Nahrung, wie sie zum Überleben brauchen, und haben einen geringeren Fortpflanzungserfolg.

↓

Insgesamt finden sich in den nächsten Generationen mehr Giraffen mit der Merkmalsausprägung „langer Hals“.

LAMARCK

Geänderte Bedürfnisse: Die kurzhalsige Giraffe versucht an die Blätter an den hohen Bäumen zu kommen.

↓

Der Hals wird durch den ständigen Gebrauch beim Strecken nach den Zweigen am Baum länger.

↓

Die Giraffe zeigt die erworbene Merkmalsausprägung: langer Hals.

↓

Die Giraffen mit der neu erworbenen Merkmalsausprägung pflanzen sich fort und ihre Nachkommen zeigen die Merkmalsausprägung „langer Hals“ auch.

DARWIN betrachtet bei seiner Theorie eine ganze Population.

LAMARCK betrachtet bei seiner Theorie einzelne Individuen.

03 DARWINs und LAMARCKs Theorie zur Entstehung der Artenvielfalt im Vergleich am Beispiel des Giraffenhalses

STRATEGIEN GEGEN BEUTEGREIFER · Viele Organismen sind ständig von Beutegreifern bedroht. Im Laufe der Evolution haben sich Angepasstheiten in Körperbau oder Verhalten entwickelt, die es ermöglichen, Beutegreifern zu entgehen. Angepasstheiten, die zu einer höheren Überlebenschance und damit auch einem Fortpflanzungsvorteil führen, nennt man *Strategien*. Eine verbreitete Möglichkeit, Beutegreifern zu entgehen, ist Flucht. Diese Strategie ist sehr energieaufwendig. Beim Schutz vor Beutegreifern haben sich weitere Strategien entwickelt. Dabei unterscheidet man das *Tarnen* und das *Warnen*.

Ein Beispiel für die Strategie Tarnen sind Wandelnde Blätter. Sie sind auf einem Zweig kaum zu erkennen, wenn sie bewegungslos verharren. Ganz anders ist dies bei der hochgiftigen Harlekin-Korallenotter. Sie warnt mit ihren bunt leuchtenden Streifen Beutegreifer.

TARNEN · Insekten wie das Wandelnde Blatt ahmen ihre belebte oder unbelebte Umwelt nach. Diese Strategie ist auch bei vielen weiteren Tierarten zu finden.
Die Rohrdommel beispielsweise lebt im Röhricht an Teichen und Seen. Wird sie gestört, nimmt sie die „Pfahlstellung" ein. Dabei reckt sie den Hals nach oben und ist dann wegen ihres gestreiften Federkleids kaum mehr im Schilf oder Röhricht zu entdecken.
Neben der Tarntracht ist das Verharren in relativer Bewegungslosigkeit eine wichtige Verhaltensweise, die das Entdecktwerden durch den Beutegreifer verhindert.
Die Strategie des Tarnens findet man jedoch nicht nur bei Beutetieren, sondern auch bei Beutegreifern. Die veränderliche Krabbenspinne ist auf den gelben Blüten der Sumpfdotterblumen oder den weißen Blüten der Margerite kaum zu sehen. Dort lauert sie auf ankommende Insekten.

04 Strategien des Tarnens: **A** Rohrdommel, **B** Wandelndes Blatt, **C** Veränderliche Krabbenspinne

WARNEN · Die Harlekin-Korallenotter verfolgt gleichzeitig zwei Strategien zum Schutz vor Beutegreifern: Sie ist giftig und sie ist auffällig gefärbt. Nur diese Kombination bringt ihr einen Überlebensvorteil. Beutegreifer erinnern sich an die unangenehmen Erfahrungen mit diesem Beutetier und vermeiden das Fressen der auffällig gefärbten Tiere.
Diese Strategie verfolgen beispielsweise auch Wespen und Hornissen. Sie signalisieren den Beutegreifern durch ihre auffällige schwarzgelbe Färbung Ungenießbarkeit und Wehrhaftigkeit.
Die Produktion von Farbstoffen für die auffällige Färbung und die Produktion von Giftstoffen benötigt viel Energie. Diesen hohen Energiebedarf senken einige Tiere dadurch, dass sie die Giftigkeit und Wehrhaftigkeit nur vortäuschen. So zeigt beispielsweise die harmlose und für Beutegreifer genießbare Schwebfliege das Aussehen einer wehrhaften Wespe und wird aufgrund ihres Aussehens von Beutegreifern verschmäht.

05 Strategien des Warnens: **A** Harlekin-Korallenotter, **B** Wespe, **C** Schwebfliege

Material A ▸ Die Röhrenschnauze des Ameisenbärs

Es gibt vier Arten von Ameisenbären. Sie kommen in Mittel- und Südamerika vor. Obwohl es der Name nahelegt, sind sie mit den Bären nicht näher verwandt.
Charakteristisch für die Ameisenbären ist die lange Röhrenschnauze mit einer langen Zunge. Ameisenbären ernähren sich fast ausschließlich von Ameisen und Termiten. Mit ihren Krallen brechen sie die Bauten auf und lecken die Tiere dann mit der langen Zunge auf. Die nächsten Verwandten der Ameisenbären sind die Faultiere.

A1 Ordne folgende Begriffe mithilfe einer Tabelle jeweils DARWIN, LAMARCK oder beiden zu: Veränderlichkeit der Arten, Zufall, im Laufe des Lebens erworbene Merkmalsausprägung, Fortpflanzungserfolg, Angepasstheit, Individuum, Population, Variabilität, Gebrauch und Nichtgebrauch von Organen, Überproduktion an Nachkommen!

A2 Stelle anhand von zwei Flussdiagrammen dar, auf welche Weise DARWIN und LAMARCK die Entstehung der Röhrenschnauze mit langer Zunge beim Ameisenbär erklären würden!

A3 Erläutere an diesem Beispiel das Basiskonzept Variabilität und Angepasstheit!

Material B ▸ August WEISMANN und die Evolutionstheorie

August WEISMANN (1834–1914) war Biologe und beschäftigte sich intensiv mit der Evolutionstheorie. Er führte einen Versuch durch, über den er selbst hinterher schrieb:
„Ich habe über 20 Generationen von Mäusen die Schwänze abgeschnitten, aber unter den mehreren Tausend Jungtieren, die von entschwänzten Elterntieren abstammten, war nicht ein einziges schwanzloses."

B1 Nenne die Fragestellung, die dem Versuch August WEISMANNs zugrunde lag!

B2 Beschreibe das Ergebnis und erläutere, inwiefern dieser Versuch Erkenntnisse über die Gültigkeit von LAMARCKs Theorie liefert!

B3 Viele Evolutionsbiologen kritisieren heute diesen Versuch als nicht aussagekräftig. Stelle Vermutungen auf, mit welchen Argumenten die Wissenschaftler dies tun!

Material C ▸ Die Säbelzahnkatze

Säbelzahnkatzen oder auch Säbelzahntiger lebten vor 20 Millionen Jahren. Es gab viele Arten, die bekannteste ist der *Smilodon* mit 1,20 Metern Schulterhöhe. Charakteristisch für diese Raubtiere waren ihre auffallend langen Reißzähne, die beim *Smilodon* bis zu 20 Zentimeter lang werden konnten.

Doch die großen Säbelzähne erwiesen sich auch als Nachteil, denn sie waren recht weich und konnten somit leicht abbrechen. Die Säbelzahnkatzen fraßen daher nur die weichen Fleischteile, während sie den Rest ihrer Nahrung den Aasfressern überließen.
Vor ungefähr 12 000 Jahren starben die Säbelzahnkatzen aus, gleichzeitig mit ihnen verschwanden auch die großen Herden ihrer Beutetiere.

C1 Erläutere anhand der Evolutionstheorie DARWINs das Aussterben der Säbelzahnkatzen vor ungefähr 12 000 Jahren!

Material D ▸ Tarnen und Warnen

Die Ameisenspringspinne lebt zwischen Ameisen am Boden, an Stämmen und Mauern sowie auf Sandhügeln. Sie bewegt sich außerordentlich flink und verstärkt dadurch ihre Ameisenähnlichkeit. Meist hebt die Ameisenspringspinne dabei das erste Beinpaar fühlerartig empor.
In Fütterungsversuchen konnte an dieser Art die Bedeutung der Ameisenwarntracht geklärt werden. Handaufgezogene Meisen nahmen die Tiere, ohne vorher Erfahrungen mit Ameisen gesammelt zu haben, sofort als Nahrung an. Nachdem sie aber Ameisen aufgepickt und nach Kontakt mit deren Ameisensäure wieder ausgewürgt hatten, lehnten sie in der Folge auch die ameisenähnlichen Spinnen als Nahrung ab.

D1 Beschreibe die typischen Merkmale, die die Ameisenspringspinne als Spinne kennzeichnen, und beschreibe dann, durch welche Verhaltensweisen und Merkmale sie einer Ameise besonders ähnlich ist!

D2 Erläutere, wie DARWIN die Entstehung der Ameisenspringspinne aus einer Spinnenart mit dem typischen Aussehen einer Spinne erklären würde!

D3 Angenommen, durch die natürliche Variabilität würde das Ameisengift seinen für Vögel unangenehmen Geschmack verlieren. Stelle eine Vermutung auf, wie sich diese Veränderung auf die Entwicklung der Ameisenspringspinne auswirkt!

01 Wirbeltiere in Asien: Orang-Utan, Nashornvogel, Nashorn, Python

Wirbeltiere lassen sich ordnen

Orang-Utan, Nashorn, Python und Nashornvogel haben einen ganz unterschiedlichen Körperbau. Dennoch werden diese Tiere von Biologen in die Verwandtschaftsgruppe der Wirbeltiere eingeordnet, da sie alle die charakteristischen Wirbeltiermerkmale aufweisen. Doch wie kommt man beim Python auf diese Einordnung?

BAUPLAN DER EXTREMITÄTEN · Betrachtet man die Skelette der dargestellten Tiere, so lassen sich bei allen Ähnlichkeiten im Bauplan erkennen. Alle diese Tiere tragen eine *innen liegende Wirbelsäule, ihr Körper ist gegliedert in Kopf und Rumpf* und sie besitzen *zwei Paar Extremitäten*.

Die Extremitäten können als Beine oder Arme, Flossen oder Flügel ausgeprägt sein. Der Bau der Extremitäten bestimmt die Art der Fortbewegungsmöglichkeiten. Vergleicht man den Aufbau der Vorderextremitäten miteinander, so fällt auf, dass alle den gleichen Grundbauplan aufweisen. Alle bestehen aus einem Oberarmknochen, zwei Unterarmknochen und einem Handskelett. Das Nashorn hat stabile, säulenartige Beine, die seinen schweren Körper tragen können. Der Nashornvogel hat zu Flügeln umgebildete vordere Extremitäten, die es ihm ermöglichen zu fliegen. Der Python ist mit seiner Körperform an die schlängelnde Fortbewegung angepasst. Er trägt keine Gliedmaßen mehr. Doch aufgrund des innen liegenden Skeletts und der Gliederung in Kopf und Rumpf gehört auch er zur Verwandtschaftgruppe der Wirbeltiere.

Man nimmt an, dass die ersten Schlangen grabende und teilweise im Wasser lebende Reptilien waren. Die Rückentwicklung der nicht benötigten Extremitäten und der schlanke Körperbau stellen Angepasstheiten an die grabende Lebensweise dar.

Im Laufe der Evolution haben sich diese großen Bauplanunterschiede als Angepasstheiten an die unterschiedlichen Lebensweisen entwickelt.

HOMOLOGIEN · Die große Ähnlichkeit des Grundbauplans der Vordergliedmaßen bei Wirbeltieren legen eine Abstammung der Wirbeltiere von gemeinsamen Vorfahren nahe. Solche Ähnlichkeiten, die man auf eine gemeinsame Abstammung zurückführt, nennt man *Homologien* oder *homologe Merkmale*. Man bezeichnet die Vorderextremitäten der Wirbeltiere als Homologien. Homologien helfen beim Ordnen, da sie das Einordnen in gemeinsame Verwandtschaftsgruppen zulassen.

BASISKONZEPT

Geschichte und Verwandtschaft

Alle Lebewesen, die wir heute kennen, sind im Laufe von sehr langer Zeit aus anderen Lebewesen hervorgegangen. Während der Evolution haben sich aus gemeinsamen Vorfahren viele verschiedene Tierarten und Pflanzenarten entwickelt. Über die gemeinsamen Vorfahren sind verschiedenen Arten miteinander verwandt. Man nennt diese Verwandtschaft ***stammesgeschichtliche Verwandtschaft.***

Je nachdem, wann in der Geschichte der Evolution der gemeinsame Vorfahr der zu vergleichenden Arten einzuordnen ist, sind die beiden näher oder nicht so nah miteinander verwandt. Bei der Betrachtung der verschiedenen Vorfahren von Arten wird die ***Geschichte einer Art*** *nachvollzogen. Da alle Lebewesen durch eine ununterbrochene Reihe von Vorfahren mit den Ursprüngen des Lebens verbunden sind, spricht man vom* ***Basiskonzept Geschichte und Verwandtschaft.***

Der Stamm der Wirbeltiere ist durch die gemeinsamen Merkmale innen liegende Wirbelsäule, Gliederung in Kopf und Rumpf und das Vorhandensein von zwei Extremitätenpaaren gekennzeichnet. Dies bedeutet, dass die Klassen Säugetiere, Vögel, Reptilien, Amphibien und Fische im Laufe ihrer stammesgeschichtlichen Entwicklung einen gemeinsamen Vorfahren hatten und daher miteinander verwandt sind.

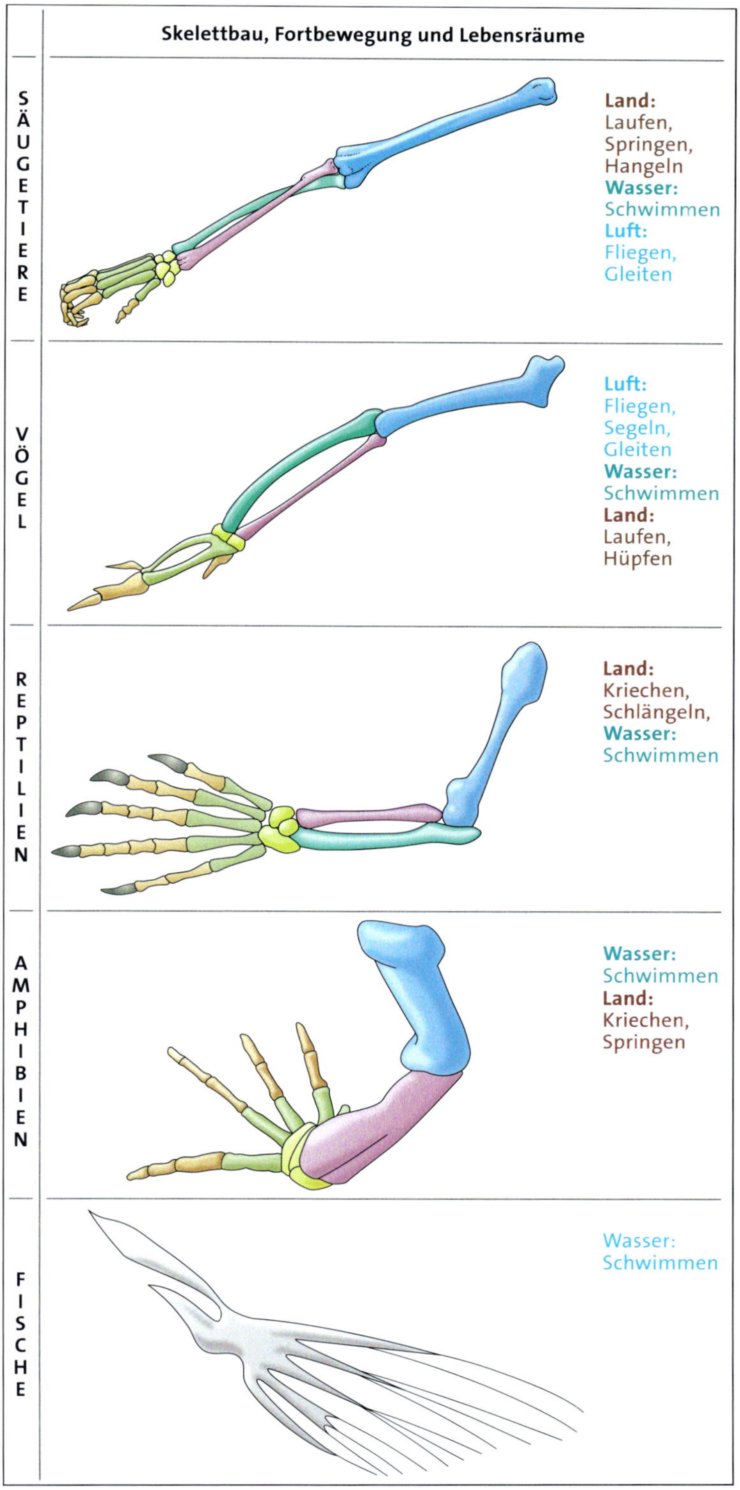

02 Merkmale der Wirbeltierextremitäten im Vergleich

Anhand folgender Merkmale kann man Wirbeltiere den fünf Klassen der Wirbeltiere zuordnen:

Vergleichskriterium	Säugetiere	Vögel	Reptilien	Amphibien	Fische
Körperbedeckung	trockene Haut mit Haaren, oberste Schicht der Haut verhornt	trockene Haut mit dünnen Hornschuppen und Federn	trockene Haut mit dicken Hornschuppen	feuchte Haut mit Schleimdrüsen	feuchte Haut mit Schleimdrüsen und eingelagerten Knochenschuppen
Wärmeregulation	gleichwarm	gleichwarm	wechselwarm	wechselwarm	wechselwarm
Atmung	Lungenatmung (sehr große Oberfläche zum Gasaustausch durch Lungenbläschen)	Lungenatmung mit Luftsäcken	Lungenatmung	Lungen- und Hautatmung (die Lunge weist kaum Oberflächenvergrößerung auf)	Kiemenatmung
Befruchtung	innere	innere	innere	äußere	äußere
Embryonalentwicklung	im Mutterleib in der Gebärmutter	außerhalb des Mutterleibs in einem Ei mit Kalkschale	außerhalb des Mutterleibs in einem Ei	außerhalb des Mutterleibs in einem Ei	außerhalb des Mutterleibs in einem Ei

03 Merkmale der fünf Wirbeltierklassen im Vergleich

METHODE

Kriterienstetes Ordnen

In den asiatischen Regenwäldern begegnen uns viele Lebewesen wie Orang-Utan, Nashorn und Python. Da diese Tiere aus einem Lebensraum stammen, werden sie in vielen Zoos in nebeneinanderliegenden Gehegen präsentiert. In einem Buch über Tiere sind diese Arten hingegen meistens anders geordnet, da dort ihre stammesgeschichtliche Verwandtschaft im Vordergrund steht. So gehören Nashorn und Orang-Utan beispielsweise zu den Säugetieren, der Python aber zu den Reptilien. Dieser Vergleich zwischen Zoo und Buch zeigt, dass Tiere unterschiedlich geordnet werden können. Welches System beim Ordnen entsteht, hängt von dem genutzten ***Vergleichskriterium*** *ab.*

Außer den Kriterien Lebensraum und Verwandtschaft kann man Tiere auch nach ihrer Färbung, Fortbewegung oder Fortpflanzungsart ordnen. Um innerhalb eines ***Ordnungssystems*** *eindeutige Zuordnungen zu ermöglichen, ist es wichtig, jeweils nur ein Vergleichskriterium zu nutzen. Dieses Ordnen nennt man* ***kriterienstet.***

Welches Vergleichskriterium geeignet ist, hängt von der Funktion eines Ordnungssystems ab. So bietet das Ordnungssystem im Zoo einen umfassenden Eindruck der Tiere in ihrer natürlichen Umgebung, während das Ordnungssystem „Verwandtschaft" in einem Buch evolutionäre Zusammenhänge aufzeigt.

Material A ▸ Brüllaffen und Schimpansen

Brüllaffen kommen in Mittel- und Südamerika vor. Sie sind tagaktive Baumbewohner und geschickte Kletterer. Beim Springen in den Bäumen nutzen sie ihren Greifschwanz als fünfte Hand. Schimpansen kommen in Afrika vor. Sie sind tagaktiv. Zur Nahrungssuche bewegen sie sich kletternd in Bäumen fort, vor allem aber auch gehend am Boden. In der Gruppe der Säugetiere gehören Brüllaffen und Schimpansen zu den Primaten.

A1 Beschreibe die Fortbewegungsweise von Brüllaffen und Schimpansen! Erläutere ihren Körperbau als Angepasstheit an verschiedene Lebensräume!

A2 Schimpansen und Brüllaffen leben auf ganz unterschiedlichen Kontinenten, die sich vor etwa 200 Millionen Jahren getrennt haben, dennoch gehören beide zu den Primaten. Erläutere an diesem Beispiel das Basiskonzept Geschichte und Verwandtschaft, indem du erklärst, wann der letzte gemeinsame Vorfahr dieser Primatenarten gelebt haben müsste!

Material B ▸ Der Stammbaum der Wirbeltiere

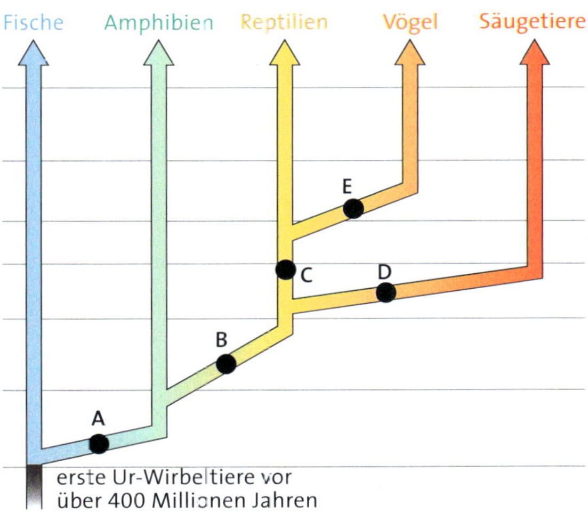

Schnabeltiere leben in Australien. Sie sind dämmerungsaktiv und suchen mit ihrem Schnabel Larven und Schnecken am Grund von Gewässern. Sie atmen mit Lungen. Das Weibchen legt ein bis drei Eier und brütet diese aus. Sind die Jungtiere aus den Eiern geschlüpft, lecken sie Milch vom Milchfeld am Bauch der Mutter. Männliche Schnabeltiere haben an ihren Hinterläufen Fortsätze, aus denen sie bei Gefahr wie Reptilien Gift ausstoßen können.

B1 Ordne den Punkten A bis E die Merkmale der Wirbeltierklassen zu, die erst zu diesem Zeitpunkt der Entwicklung entstanden sind! Nimm die Tabelle von Seite 144 zu Hilfe!

B2 Erstelle eine Concept-Map zu den Merkmalen der Schnabeltiere! Gehe dabei auch darauf ein, ob die angeführten Merkmale jeweils charakteristisch für eine bestimmte Wirbeltierklasse sind!

B3 Begründe mithilfe deiner Ergebnisse in B2, dass Schnabeltiere nicht eindeutig einer Gruppe der Wirbeltiere zugeordnet werden können!

01 Der Quastenflosser wird von Wissenschaftlern als *Latimeria chalumnae* bezeichnet

Lebewesen der Vergangenheit

Im Dezember 1938 zogen Fischer vor den Komoren einen ganz absonderlichen Fang an Land. Die verständigte Forscherin Miss Latimer ließ den schmutzigen, öltriefenden Fisch ins Museum bringen, um seine Artzugehörigkeit zu bestimmen. Sie fertigte von ihm eine Skizze an und schickte diese an Professor Smith, einen Chemiker und Hobby-Fischkundler in Südafrika. Professor Smith war begeistert: „Ich wäre kaum erstaunter gewesen, wenn mir auf der Straße ein Dinosaurier begegnet wäre." Warum erregte dieser Fang so großes Aufsehen?

DER QUASTENFLOSSER · Dieser Fisch war den Biologen bisher nur aus versteinerten Abdrücken bekannt, die vor Jahrmillionen entstanden waren. Man hatte ein Lebewesen vor sich, das sich seit mindestens 60 Millionen Jahren kaum verändert hatte. Professor Smith bestimmte den Fisch als direkten Nachfahren der fossilen Quastenflosser. Zu Ehren von Miss Latimer nannte er ihn *Latimeria*.

Da sich der Grundbauplan des heute lebenden Quastenflossers im Vergleich zu den fossilen Quastenflossern kaum verändert hat, wird *Latimeria* häufig als *lebendes Fossil* bezeichnet. Der heutige Quastenflosser lebt in Meerestiefen unterhalb von 100 Metern unter recht konstanten Umweltbedingungen.
Die Fischgruppe der Quastenflosser wird als Vorfahr sämtlicher Landwirbeltiere gesehen. Allerdings zeichnet ihn seine Schwanzflosse noch als Bewohner des freien Wassers aus.

MOSAIKFORMEN · Der Quastenflosser trägt typische Fischmerkmale wie Schuppenkleid, Kiemen und Flossen. Einige Merkmale jedoch sind Landtieren zuzuordnen. Die Flossen sind muskulös und haben ein Skelett, das bereits dem der Amphibien ähnelt. Die Flossen heute lebender Knochenfische sind ganz anders aufgebaut. Lebewesen wie den Quastenflosser, die Merkmale von zwei Gruppen zeigen, nennt man *Mosaikformen*.

Der Quastenflosser bewegt seine Flossen wie Landwirbeltiere im Kreuzgang. Er benutzt sie jedoch nur zum Schwimmen und setzt sie nicht auf dem Untergrund auf.

TIKTAALIK UND ICHTHYOSTEGA · Eine weitere Mosaikform ist *Tiktaalik*, dessen Fossilien 2006 in Kanada entdeckt wurden. Er gleicht beispielsweise dem Quastenflosser und anderen Fischen in der Beschuppung und im Bau der Flossen. Deutliche Amphibienmerkmale zeigt er im Bau seines Schädels. Mit den Amphibien verbinden ihn der bewegliche Hals und die Vordergliedmaßen. Er besaß noch Kiemen, verfügte jedoch schon über eine erste einfach gebaute Lunge.
Bei einer genauen Untersuchung der Merkmale ist festzustellen, dass *Tiktaalik* eine Mosaikform zwischen Fischen und den ersten an Land lebenden Wirbeltieren darstellt. Wissenschaftler nehmen an, dass *Tiktaalik* ein Flachwasserbewohner war und sich mit seinen Vordergliedmaßen vom Boden abgestoßen hat. Doch leider kann man über seine Lebensweise nicht viel sagen, da bislang nur vordere Teile des Skeletts gefunden wurden. Über den Bau des Beckens und der Schwanzwirbelsäule beispielsweise weiß man daher nichts.

Eine weitere bekannte Mosaikform, die noch ein bisschen mehr als *Tiktaalik* an den Übergang zum Landleben angepasst war, ist *Ichthyostega*. Seine fossilen Überreste wurden in Grönland gefunden. Man vermutet, dass *Ichthyostega* eines der ersten Wirbeltiere war, das bereits zeitweise an Land ging. Man nimmt an, dass *Ichthyostega* bereits fünfzehig war. Allerdings waren seine Hinterfüße noch paddelförmig gebaut. Aufgrund dessen, was man über seinen Körperbau weiß, ist *Ichthyostega* den Amphibien zuzuordnen.

1 Nenne Merkmale des *Tiktaalik*, die man den Amphibien zuordnen würde!

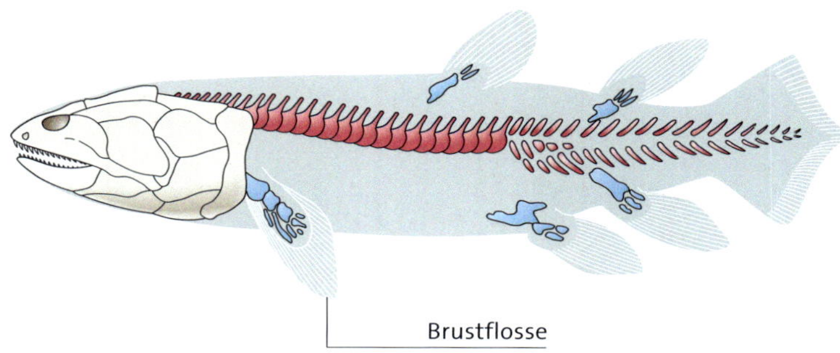

02 Skelett des Quastenflossers

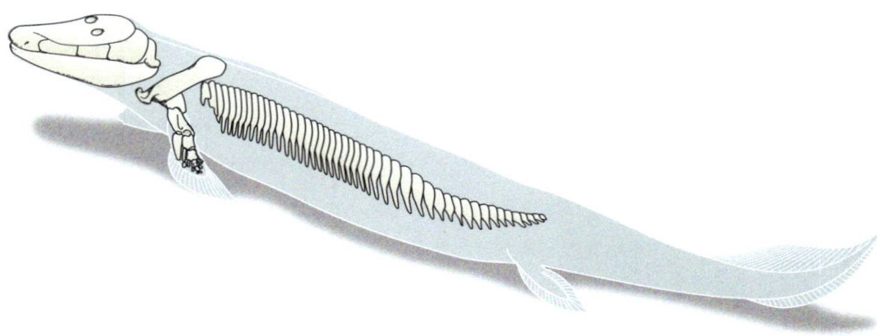

03 Tiktaalik, Rekonstruktion und unvollständiges Skelett

04 Ichthyostega

IM BLICKPUNKT PALÄONTOLOGIE

Körperfossilien

Wenn ein Lebewesen stirbt, setzt normalerweise sofort die Verwesung ein. Stirbt es aber zufällig an einem Ort, an dem es nicht zersetzt werden kann, dann bleibt sein Körper einschließlich der Weichteile mehr oder weniger vollständig erhalten. Ein Beispiel sind Mammute, die im Dauerfrostboden der Arktis erhalten geblieben sind.
Andere Formen solcher Körperfossilien sind zum Beispiel in Bernstein eingeschlossene Insekten, deren Strukturen dort viele Millionen Jahre überdauerten.

Versteinerungen

Sehr viele Fossilien findet man in Gesteinen. Sie entstehen dadurch, dass vom Land ins Wasser eingetragener Sand zusammen mit Überresten von Lebewesen an Gewässerboden sinkt. Bei den Überresten handelt es sich in der Regel um Hartteile, wie Knochen oder Schalen. Senkt sich dann Sand darüber und erhärtet schnell, so ist der Überrest geschützt. Allmählich wird durch das Wachsen der sich bildenden Gesteinsschichten das enthaltene Wasser herausgepresst und Mineralsalze lagern sich ein. Der Überrest ist versteinert und bleibt erhalten.

Inkohlung

Bei Pflanzen kennen wir die Fossilisation durch Inkohlung. Dabei werden frische Pflanzenreste im Laufe von Jahrmillionen unter sehr warmen Temperaturbedingungen, unter hohem Druck und zudem unter Luftabschluss zu Braunkohle und Steinkohle umgewandelt.
Durch diesen Prozess der Inkohlung entstanden über viele Millionen Jahre die großen Braunkohlenlager und Steinkohlenlager der Erde. Diese nutzt der Mensch heute als Energiequelle, beispielsweise für die Stromerzeugung, und baut sie allmählich ab.

Bedeutung von Fossilien

Fossilien haben eine große Bedeutung für die Evolutionsforschung. Sie zeigen, dass im Laufe der Geschichte des Lebens unzählige Lebewesen auf der Erde entstanden und auch wieder verschwunden sind. Durch die Fossilien lernen wir die Vorfahren vieler in der Gegenwart lebender Organismen kennen, aber auch Formen von Lebewesen, die wir heute nicht mehr vorfinden. Um Hinweise auf den Ablauf der Evolution zu erhalten, ist es wichtig, das Alter der Fossilien zu bestimmen. Dafür gibt es verschiedene Möglichkeiten: Man kann durch sehr aufwendige Untersuchungen das ungefähre Alter bestimmen. Oder man kann anhand der Gesteinsschichten, in denen die Fossilien gefunden wurden, bestimmen, welche Lebewesen älter und welche jünger sind.

Material A ▸ Archaeopteryx

Archaeopteryx ist ein 150 Millionen Jahre altes Fossil, das erste wurde 1878 in Eichstätt in Franken gefunden. Das Fossil stammt von einem taubengroßen Tier. Da es recht gut erhalten ist, kann man deutliche Federabdrücke und viele Skelettmerkmale erkennen und ein Modell mit dem vermuteten Aussehen erstellen.

A1 Nenne die in den beiden Abbildungen erkennbaren Merkmale, die der Archaeopteryx entweder mit den Reptilien oder mit den Vögeln gemeinsam hat!

A2 Erläutere an diesem Beispiel den Begriff Mosaikform!

A3 Erläutere mithilfe dieses Beispiels, dass die Klassen der Reptilien und der Vögel vermutlich eng miteinander verwandt sind!

A4 Erläutere an diesem Beispiel das Basiskonzept Geschichte und Verwandtschaft!

Material B ▸ Fossilien

Ammoniten sind ausgestorbene Kopffüßer, die den heutigen Tintenfischen ähnlich waren. Sie lebten ausschließlich im Meer. Es gab von ihnen etwa 30 000 bis 40 000 Arten. Die Größe der Schale ausgewachsener Tiere liegt meistens im Bereich von 1 bis 30 Zentimetern. Ammoniten traten vor etwa 400 Millionen Jahren im Devon bis zu ihrem Aussterben am Ende der Kreidezeit auf.

B1 Erstelle ein Flussdiagramm, in dem du darstellst, in welchen Schritten die Versteinerung eines Ammoniten entstanden ist!

B2 Stelle Vermutungen auf, welche Erkenntnisse für die Evolutionsbiologie man aus einem versteinerten Ammoniten ziehen kann und welche nicht! Begründe deine Vermutungen!

A ▸ Natürliche Auslese

Kann ich ...

1. den Begriff Angepasstheit erklären? (Seite 128 und 129)
2. den Begriff der Variabilität in einer Population erläutern? (Seite 129)
3. erklären, dass die Lebewesen, die besser angepasst sind, eine höhere Fitness zeigen? (Seite 129)
4. erklären, dass Angepasstheiten zufällig auftreten? (Seite 129)
5. das Basiskonzept Reproduktion am Beispiel der Kolibris erklären? (Seite 130)
6. erklären, dass verschiedene Lebewesen unterschiedliche Angepasstheiten zeigen, je nachdem welchen Umweltfaktoren sie ausgesetzt sind? (Seite 128 und 129)
7. das Basiskonzept Variabilität und Angepasstheit am Beispiel der Kolibris erklären? (Seite 130)

B ▸ DARWIN und LAMARCK

Kann ich ...

1. erklären, wie sich DARWIN die Entstehung der 14 Darwinfinkenarten auf Galapagos vorstellte? (Seite 136 und 137)
2. erklären, wie sich LAMARCK die Veränderung von Lebewesen vorstellte?(Seite 137)
3. anhand von zwei Flussdiagrammen vergleichend darstellen, auf welche Weise DARWIN und LAMARCK die Entstehung eines neuen Merkmals erklären würden? (Seite 137 und 138)
4. erklären, was man in der Biologie unter einer Strategie versteht? (Seite 138)
5. Tarnen als eine Strategie zum Schutz vor Beutegreifern anhand eines Beispiels erläutern? (Seite 138)
6. Warnen als eine Strategie zum Schutz vor Beutegreifern anhand eines Beispiels erläutern? (Seite 138)
7. Tarnen und Warnen anhand des Basiskonzepts Variabilität und Angepasstheit erklären? (Seite 128 bis 130 und 139)

C ▸ Wirbeltiere lassen sich ordnen

Kann ich ...

1 die Merkmale nennen, die die Verwandtschaftsgruppe der Wirbeltiere verbindet? (Seite 142 und 143)

2 beschreiben und erklären, dass der Grundbauplan der Vorderextremität aller Klassen der Wirbeltiere gleich ist? (Seite 142 und 143)

3 erläutern, dass der unterschiedliche Bau der Vorderextremitäten von verschiedenen Klassen der Wirbeltiere durch Angepasstheiten an die Lebensweise entstanden ist? (Seite 142 und 143)

4 den Begriff Homologie erklären? (Seite 143)

5 das Basiskonzept Geschichte und Verwandtschaft am Beispiel der Wirbeltierklassen erklären? (Seite 143)

6 für jede Klasse der Wirbeltiere charakteristische Merkmale nennen? (Seite 144)

7 erklären, wie beim kriteriensteten Ordnen vorgegangen wird? (Seite 144)

D ▸ Lebewesen der Vergangenheit

Kann ich ...

1 die Bedeutung des Quastenflossers *Latimeria* für die Evolutionsbiologie erklären? (Seite 146)

2 erklären, weshalb man *Latimeria* fälschlicherweise als ein „lebendes Fossil" bezeichnet? (Seite 146)

3 den Begriff Mosaikform erklären und Beispiele für Mosaikformen nennen? (Seite 146 und 147)

4 die Entstehung von mindestens zwei Fossilienformen beschreiben? (Seite 148)

5 die Bedeutung von Fossilien für die Evolutionsbiologen beschreiben? (Seite 148)

Kann ich aus dem Kapitel „Evolution der Lebewesen" Beispiele nennen für die Basiskonzepte:

- Reproduktion?
- Variabilität und Angepasstheit?
- Geschichte und Verwandtschaft?

AUFGABEN RICHTIG VERSTEHEN – AUFGABEN LÖSEN

Aufgaben sind ein wichtiger Bestandteil des Biologieunterrichts und unterstützen auf vielfältige Weise das Lernen. Um Aufgaben lösen zu können, müssen sie richtig verstanden werden. Hierbei ist es wichtig, verschiedene Typen von Aufgaben unterscheiden zu können. Das Verb der Aufgabenstellung, der Operator, gibt die Anweisung, welche Form der Aufgabenbearbeitung gefordert ist.

NENNEN · Hier sollen bestimmte Begriffe ohne Erläuterung aufgezählt oder eine Abbildung beschriftet werden.

Beispielaufgabe: Nenne an der Immunantwort beteiligte Immunzellen!

Lösung: Fresszellen, Helferzellen, T-Lymphozyten, Plasmazellen, Killerzellen, B-Lymphozyten

BESCHREIBEN · Hier sollen bestimmte Strukturen, Sachverhalte oder Zusammenhänge mit eigenen Worten und vollständigen Sätzen wiedergegeben werden.

Beispielaufgabe: Beschreibe die Vorgänge im Körper bei einer Infektion mit Grippeviren!

Lösung: Grippeviren dringen in den Körper ein. Einige werden von Fresszellen direkt aufgenommen. Die Fresszellen bauen Antigene der aufgenommenen Viren in ihre Oberfläche ein. Treffen diese Fresszellen anschließend auf Helferzellen oder Killerzellen, deren Rezeptoren zu den Antigenen passen, werden diese zur Teilung angeregt. Die Helferzellen aktivieren passende B-Lymphozyten, die sich bei Kontakt mit den Viren in Plasmazellen umwandeln und teilen. Die Plasmazellen produzieren Antikörper, die frei im Körper vorkommende Grippeviren verklumpen. Diese werden wiederum von Fresszellen vernichtet. Die Helferzellen aktivieren außerdem passende Killerzellen, welche die bereits von Viren befallenen Körperzellen zerstören. Ein Teil der aktivierten Helferzellen, Killerzellen und Plasmazellen wandelt sich in Gedächtniszellen um.

VERGLEICHEN · Hier sollen Gemeinsamkeiten und Unterschiede zwischen Sachverhalten anhand von Vergleichskriterien festgestellt werden.

Beispielaufgabe: Vergleiche die Immunantwort bei einer bakteriellen und einer viralen Infektion hinsichtlich der beteiligten Zellen!

Lösung: *Gemeinsamkeiten:* Es sind Fresszellen aktiv, welche zum einen frei im Körper vorkommende oder durch Antikörper verklumpte Krankheitserreger vernichten. Außerdem erfolgen eine Aktivierung von Helferzellen und eine Produktion von Antikörpern durch die Plasmazellen.
Unterschiede: Bei einer bakteriellen Infektion werden im Gegensatz zu einer viralen Infektion keine Killerzellen aktiviert, da Bakterien anders als Viren nicht in Körperzellen eindringen.

ERKLÄREN · Hier sollen die Ursachen und Zusammenhänge zu einem bestimmten Sachverhalt verständlich gemacht werden.

Beispielaufgabe: Erkläre, weshalb Menschen mit der Blutgruppe 0 bei Blutspenden Universalspender sind und Menschen mit der Blutgruppe AB Universalempfänger!

Lösung: Da die Erythrozyten der Blutgruppe 0 keine Antigene tragen, kann es zu keiner Verklumpung mit den Antikörpern im Empfängerblut kommen, sodass alle Menschen unabhängig von ihrer Blutgruppe diese Erythrozyten empfangen können. Menschen der Blutgruppe AB können hingegen die Erythrozyten aller Blutspender empfangen, weil im Serum des Blutes der Blutgruppe AB keine Antikörper vorhanden sind, weshalb ebenfalls keine Verklumpung stattfinden kann.

ERLÄUTERN · Hier soll ein Sachverhalt zusätzlich zur Erklärung mit weiteren Informationen wie zum Beispiel Hintergrundwissen, Vergleichen oder Basiskonzepten veranschaulicht und verständlich gemacht werden.

Beispielaufgabe: Erläutere, weshalb Menschen mit der Blutgruppe 0 bei Blutspenden Universalspender sind und Menschen mit der Blutgruppe AB Universalempfänger!

Lösung: Die Gefahr bei Blutspenden ist die Antigen-Antikörper-Reaktion zwischen Empfänger- und Spenderblut. Im Blutserum befinden sich Antikörper, auf den Erythrozyten Antigene. Antikörper und Antigene im Blut einer bestimmten Blutgruppe haben keine zueinander passenden Strukturen, sodass es zu keiner Antigen-Antikörper-Reaktion kommt. Mischt man Blut fremder Blutgruppen miteinander, können Antigene und Antikörper nach dem Schlüssel-Schloss-Prinzip jedoch aneinander binden, sodass das Blut verklumpt. Da die Erythrozyten der Blutgruppe 0 keine Antigene tragen, kann es nach dem Schlüssel-Schloss-Prinzip zu keiner Verklumpung mit den Antikörpern im Empfängerblut kommen, sodass alle Menschen unabhängig von ihrer Blutgruppe diese Erythrozyten empfangen können. Menschen der Blutgruppe AB können hingegen die Erythrozyten aller Blutspender empfangen, weil im Serum des Blutes der Blutgruppe AB keine Antikörper vorhanden sind, weshalb ebenfalls keine Bindung mit Antigenen des Spenderblutes möglich und eine Verklumpung ausgeschlossen ist.

BEGRÜNDEN · Hier sollen Sachverhalte auf Regeln und Gesetzmäßigkeiten beziehungsweise kausale Beziehung von Ursache und Wirkung zurückgeführt werden.

Beispielaufgabe: Begründe, weshalb ein Mensch nicht zweimal an Masern erkranken kann!

Lösung: Nach einer Maserninfektion und einer erfolgreichen Bekämpfung der Masernviren durch das Immunsystem bilden die T- und B-Lymphozyten Gedächtniszellen aus. Diese bleiben ein Leben lang im Körper erhalten. Sie besitzen auf ihrer Oberfläche Rezeptoren, die zu den Antigenen der Masernviren passen. Dringen erneut Masernviren in den Körper ein, kann die Immunabwehr sehr schnell mobilisiert werden, sodass durch schnelle Antikörperproduktion die Viren rechtzeitig beseitigt sind, bevor es zu Symptomen kommt und die Krankheit ausbricht. Solange sich die Antigene des Masernvirus nicht verändern, ist man daher ein Leben lang immun.

AUSWERTEN · Hier sollen Daten, Einzelergebnisse oder andere Elemente in einen Zusammenhang gestellt und zu einer Gesamtaussage zusammengeführt werden.

Beispielaufgabe: Werte den Stammbaum in Abbildung 01 in Hinblick auf den zugrunde liegenden Erbgang aus!

Lösung: Alle Söhne eines Merkmalsträgers sind phänotypisch gesund, vorausgesetzt die Mutter ist keine Merkmalsträgerin. Alle Töchter eines Merkmalsträgers sind ebenfalls Merkmalsträgerinnen. Dies weist darauf hin, dass die Erbanlage für das Merkmal „ständiges Augenzucken" X-chromosomal vererbt wird, da das X-Chromosom des Vaters niemals an Söhne, jedoch immer an Töchter vererbt wird. Die Töchter erhalten somit die auf dem X-Chromosom liegenden Gene für das Merkmal „ständiges Augenzucken". Da das Merkmal phänotypisch auftritt, auch wenn nur ein Elternteil Merkmalsträger ist, muss die Erbanlage für das Merkmal dominant vererbt werden. Es handelt sich also um einen dominant-X-chromosomalen Erbgang.

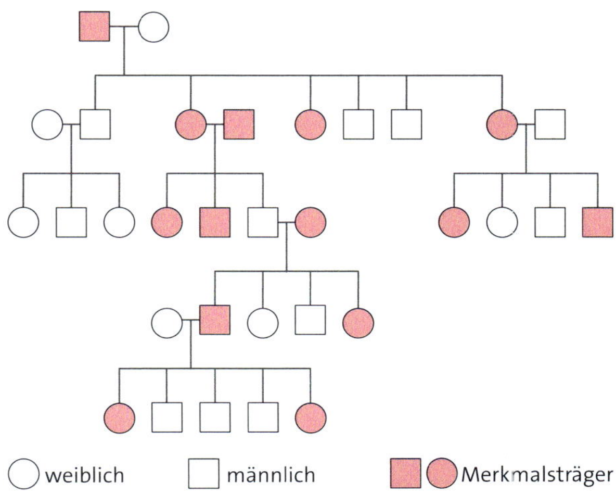

01 Stammbaum für das Merkmal „ständiges Augenzucken"

AUFGABEN RICHTIG VERSTEHEN – AUFGABEN LÖSEN

BEURTEILEN · Hier soll zu einem bestimmten Sachverhalt ein selbstständiges Urteil abgegeben und sachlich begründet werden.

Beispielaufgabe: Beurteile den Einsatz von Antibiotika bei einer Virenerkrankung!

Lösung: Bei einer Virenerkrankung ist der Einsatz von Antibiotika im Regelfall nicht sinnvoll, da Viren durch Antibiotika nicht abgetötet werden. Höchstens bakterielle Begleitinfektionen können damit behandelt werden. Insofern sollten Begleiterkrankungen vom Arzt geprüft werden. Im Regelfall gilt, dass Antibiotika maßvoll eingesetzt werden sollten, da sich bei übermäßigem Gebrauch resistente Bakterien schneller ausbreiten und Antibiotika dadurch schneller unwirksam werden.

DEUTEN · Hier sollen bestimmte Sachverhalte in einen Zusammenhang gebracht werden, mit dessen Hilfe man sie erklären kann.

Beispielaufgabe: Deute die Grafik in Abbildung 02 unter Einbezug der fünf verschiedenen Phasen des Zellzyklus!

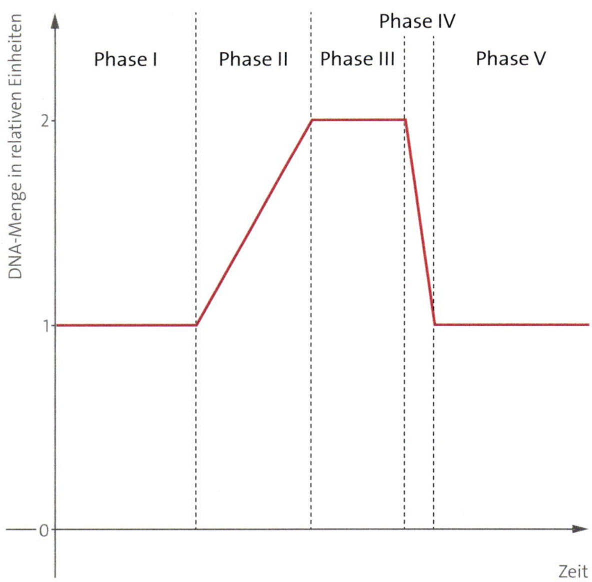

02 DNA-Menge in einer Zelle

Lösung: Die Abbildung zeigt die DNA-Menge in einer Zelle in Abhängigkeit von der Zeit. In Phase I ist die DNA-Menge konstant. Es handelt sich um die frühe Interphase, in der Ein-Chromatid-Chromosomen vorliegen. In Phase II, der späten Interphase, verdoppelt sich die DNA-Menge, weil hier die Zwei-Chromatiden-Chromosomen entstehen. In Phase III bleibt die DNA-Menge pro Zelle konstant. In dieser Vorbereitungs-, Anordnungs- und Aufteilungsphase wird die Zellteilung vorbereitet. Die Zwei-Chromatiden-Chromosomen werden getrennt und mithilfe des Spindelapparats zu den Polen der Zelle gezogen. Phase IV ist die Trennungsphase, bei der sich die DNA-Menge halbiert. Hier finden die eigentliche Zellteilung und die Neubildung der Zellkerne statt. Beide Tochterzellen erhalten jeweils ein Ein-Chromatid-Chromosom. In Phase V ist erneut die Interphase erreicht. Die DNA-Menge ist nach vollendeter Zellteilung konstant auf Ausgangsniveau.

EINE HYPOTHESE AUFSTELLEN · Hier soll eine begründete Vermutung auf Grundlage von Beobachtungen, Untersuchungen, Experimenten oder Aussagen formuliert werden.

Beispielaufgabe: Dem englischen Arzt Edward Jenner, der die erste Schutzimpfung entwickelte, war aufgefallen, dass Menschen, die sich mit harmlosen Kuhpocken infiziert hatten, später nicht an den häufig tödlichen Pocken erkrankten. Stelle eine Hypothese über die Beschaffenheit der Pocken- und Kuhpockenviren auf!

Lösung: Die Oberfläche der Pocken- und Kuhpockenviren könnte über weitestgehend gleiche Antigene verfügen, wodurch nach einer Infektion mit Kuhpockenviren Gedächtniszellen vorhanden wären. Hierdurch wären auch bei einer Infektion mit Pockenviren eine schnelle Antikörperproduktion und eine schnelle Aktivierung der Killerzellen gewährleistet, sodass die Pockenviren sehr schnell durch das Immunsystem bekämpft werden könnten und die Pockenerkrankung nicht ausbrechen würde.

I

J

K

L

M

N

O

Titel: Fotolia/HaywireMedia; **Vorsatz. li.:** Shutterstock/savageultralight; **Vorsatz. re.:** OKAPIA/NAS/David M. Phillips; **3. li.:** iStockphoto/Anna Utekhina; **3. re.:** mauritius images/Science Photos Library; **4. li.:** mauritius images/Photo Alto; **4. re.:** Corbis/3D4Medical.com; **5. li.:** Corbis/Image Source; **7. 1:** iStockphoto/Anna Utekhina; **8. 1:** Corbis/Menelaos Mich/Demotix; **9. 2:** iStockphoto/Aldo Murillo; **11. Mat A:** Imago; **12. 1:** Fotex/McPHOTO; **13. 2 A:** Shutterstock/Piotr Krzeslak; **13. 2 B:** Shutterstock/Johanna Goodyear; **14. 5 A-B:** Minkus, Volker; **15. A-ob.:** Minkus, Volker; **15. A-unt.:** Minkus, Volker; **16. 1:** picture-alliance/Afro; **17. 2 B:** Okapia/NAS/Ralph Eagle; **17. 3:** Berufsverband der Augenärzte Deutschlands e.V. (BVA); **20. 1-außen:** Shutterstock/rangizzz/CSV; **20. 1-innen:** Action Press/MAGICSaction press; **21. 4-außen:** Shutterstock/rangizzz/CSV; **21. 4-innen:** Action Press/Müller, Cathrin; **22. 5 A:** Shutterstock/Anton Vakhlachev; **23. Mat A:** Minkus, Volker; **23. Mat B:** Shutterstock/eveleen/CSV; **24. D li.:** Minkus, Volker; **24. D re.:** Minkus, Volker; **25. Mat F-B:** Minkus, Volker; **26. 1:** Fotolia/Serr Novik; **26. 2:** Agentur Focus/Roberts; **29. Mat A:** Minkus, Volker; **29. Mat B-A:** Minkus, Volker; **29. Mat B-B:** Minkus, Volker; **30. 1:** mauritius images/ib; **30. 2:** picture-alliance/dpa-Zentralbild/Jens Büttner; **30. 3:** mauritius images/Alamy; **31. 4 li.:** Comstock Images; **31. 4 mi.:** iStockphoto/Daniel Bobrowsky; **31. 4 re.:** ClipDealer/Svetlanna; **32. 5:** mauritius images/ib; **32. 6:** iStockphoto/David Schliepp; **32. 7:** iStockphoto/Martina Berg; **33. Mat B-li.:** mauritius images/ib; **33. Mat B-re.:** Imago/blickwinkel; **35. A:** Fotolia/Serr Novik; **35. B:** iStockphoto/Martina Berg; **37. 1:** mauritius images/Science Photos Library; **38. 1:** Shutterstock/Ermolaev Alexander; **38. 2:** Agentur Focus/SPL/Jürgen Berger; **39. 3:** Okapia/Manfred P. Kage; **41. Mat A:** doc-stock; **42. 1:** mauritius images/Stephanie Böhlhoff; **42. 2:** Photoshot; **43. 3 A:** Agentur Focus/Gelderblom/eye of science; **43. 4:** Agentur Focus/SPL; **43. 5:** Corbis/Science Photo Library/Dr Phil Luton; **43. 6:** mauritius images/Science Source; **47. 1:** mauritius images/Phototake; **48. 1 A:** vario images/ BSIP; **48. 1 B:** mauritius images/Science Source; **49. mi.:** iStockphoto/Stacy Barnett; **49. unten:** SciencePictures/KES/Kaempre; **51. Mat A-A:** iStockphoto/Scott Cramer; **51. Mat A-B:** Shutterstock/Kletr; **51. Mat A-C:** iStockphoto/Victor Melniciuc; **51. Mat A-D:** mauritius images/Alamy; **52. 1:** Agentur Focus/SPL; **56. 1:** BZgA*; **58. 5:** iStockphoto/G. Medina; **59. Mat C-A:** BZgA*; **59. Mat C-B:** BZgA*; **61. 1-mi.:** Dr. med. Axel Grunewald/G. Rupp; **61. 1-li. ob. li.:** iStockphoto/Kaan Ates; **61. 1-li. ob. re.:** Fotolia/Amaro; **61. 1-li. Mi:** iStockphoto; **61. 1-li. unt.:** picture-alliance; **61. 1-re. ob. li.:** mauritius images; **61. 1-re. ob. re.:** mauritius images/ib; **61. 1-re. Mi. li.:** Agentur Focus/Dr. Klaus Boller/SPL; **61. 1-re. Mi. re.:** Agentur Focus/Steve Gschmeissner/SPL; **61. 1-re. unt.:** Fotolia/seen; **62. A:** Agentur Focus/SPL/Jürgen Berger; **62. B:** Agentur Focus/Gelderblom/eye of science; **62. C:** mauritius images/Science Source; **63. D:** Agentur Focus/SPL; **63. E:** iStockphoto/G. Medina; **65. 1:** mauritius images/Photo Alto; **66. 1 A-ob.:** Cornelsen Schulverlage GmbH; **66. 1 B-ob.:** Cornelsen Schulverlage GmbH; **66. 1 C-ob.:** Cornelsen Schulverlage GmbH; **66. 1 A-unt.:** Cornelsen Schulverlage GmbH; **66. 1 B-unt.:** Cornelsen Schulverlage GmbH; **66. 1 C-unt.:** Cornelsen Schulverlage GmbH; **68. 4 A-C:** Minkus, Volker; **70. 1 B:** mauritius images; **71. 2 B:** mauritius images; **73. Mat C:** Agentur Focus/AMI IMAGES/SPL; **74. 1:** iStockphoto/CAGRI OZGUR; **76. 6 A:** Agentur Focus/Dr. G. Moscoso/SPL; **76. 6 B:** Agentur Focus/Edelmann/SPL; **76. 6 C:** Agentur Focus/Neil Bromhall/SPL; **77. Mat C:** Szabados, Michael; **78. 1:** mauritius images/bilderlounge; **78. 2 A:** iStockphoto/Justin Horrocks; **78. 2 B:** iStockphoto/ImagesBazaar; **79. 3 A:** iStockphoto; **79. 3 B:** iStockphoto; **80. 4 A:** mauritius images/Alamy; **80. 4 B :** iStockphoto/Adam Kazmierski; **80. 4 C:** iStockphoto/mediaphotos; **82. 1:** Your_Photo_Today; **83. 2 A:** Minkus, Volker; **83. 2 B:** iStockphoto/Eduardo Luzzatti Buy; **83. 2 C:** Okapia/imagebroker/Ottfried Schreiter; **83. 2 D:** Minkus, Volker; **84. 3:** Fotolia/cristi180884; **86. A-li.:** mauritius images; **86. A-re.:** mauritius images; **86. B:** iStockphoto/Cagri Ozgur; **87. C:** mauritius images/bilderlounge; **87. D:** Minkus, Volker; **89. 1:** Corbis/3D4Medical.com; **90. 1:** Bradley Smith, Ann Arbor, MI, USA; **91. 3 A:** Visuals Unlimited/vario images; **91. 3 B:** mauritius images/Science Source; **93. Mat A-A:** mauritius images/Phototake; **93. Mat A-B:** mauritius images/Phototake; **93. Mat A-C:** mauritius images/Phototake; **94. 1:** Glow Images/Glow Botanica; **95. 3:** mauritius images/Science Source; **97. Mat A-li.:** Schiek, Dr. Ulrike; **97. Mat A-re.:** Schiek, Dr. Ulrike; **97. Mat B-A:** Shutterstock/Andrey Arkusha; **97. Mat B-B:** mauritius images/Onoky; **98. 1 A:** picture-alliance/akg-images; **98. 1 B:** Okapia/Christian Grzimek; **100. 4 A-D:** Theuerkauf, H., Gotha; **101. Mat A-li.:** Arco Images/Wegner, P.; **101. Mat A-re.:** mauritius images/Alamy; **101. Mat B:** Minkus, Volker; **103. Mat A-1:** mauritius images/Alamy; **103. Mat A-2:** mauritius images/Gardenworld Images/John Swithinbank; **103. Mat A-3:** mauritius images/Paroli Galperti/Cuboimages; **106. 1:** mauritius images/Phototake; **110. 1-li.:** 123RF/Tyler Olson; **110. 1-re.:** Wikipedia/Public Domain; **111. 3 A:** 123RF/Dan Kosmayer; **111. 3 B:** 123RF/Shao-Chun Wang; **111. 3 C:** Fotolia/ninell; **111. 3 D:** 123RF/Tono Balagauer; **114. 1:** picture alliance/dpa; **118. 1:** mauritius images/Science Source; **120. 3:** iStockphoto/Isabelle Limbach; **124. A:** mauritius images/Phototake; **124. B-li. -ob.:** Theuerkauf, H., Gotha; **124. B-li. -unt.:** Theuerkauf, H., Gotha; **124.B-re. -ob.:** Theuerkauf, H., Gotha; **124. B-re. -unt.:** Theuerkauf, H., Gotha; **124. C-li.:** 123RF/Tyler Olson; **124. C-re.:** Wikipedia/Public Domain; **127. 1:** Corbis/Image Source; **128. 1 A:** mauritius images/Minden Pictures; **128. 1 B:** Okapia/imagebroker/Rolf Nussbaumer; **131. Mat B-li.:** Okapia /NielsDK/Imagebroker; **131. Mat B-re.:** Okapia /J. & C. Sohns/FLPA; **132. 1 A:** Imago; **134. 1:** Agentur Focus/SPL; **134. 2:** Shutterstock/Jakub Mrocek; **135. 4:** Imago; **135. 6:** Okapia/David Scharf/P. Arnold, Inc.; **136. 1:** Getty images; **137. ob.:** picture-alliance/akg-images; **137. unt.:** mauritius images/Alamy; **139. 4 A:** Biosphoto/Eduardo Ayala-Santibaez; **139. 4 B:** Okapia/imagebroker/Frank W Lane/FLPA; **139. 4 C:** Shutterstock/Stephan Morris; **139. 5 A:** Agentur Focus/Dr. William Weber/SCIENCE PHOTO LIBRARY; **139. 5 B-C:** Digitalstock; **140. Mat A:** Fotolia/Xaver Klaußner; **140. Mat B:** picture-alliance/dpa; **141. Mat D:** Arco Images/ NPL; **142.1 ob. li.:** Shutterstock/LeonP; **142.1 ob. re.:** Shutterstock/Awei; **142.1 unt. li.:** Colourbox/khunaspix; **142. 1 unt. re.:** Prisma/Dorling Kindersley/UI; **145. Mat A-li.:** Imago; **145. Mat A-re.:** Fotolia/nasared; **145. Mat B:** Corbis/David Watts/Visuals Unlimited; **146. 1:** mauritius images; **148. li.:** DK-imagesDorling Kindersley; **148. mi.:** mauritius images/Oxford Scientific; **148. re.:** Okapia/Breck P. Kent; **149. Mat A:** mauritius images/ib/Ingo Schulz; **149. Mat B:** Okapia/Rene Arnault; **150. A:** Okapia/imagebroker/Rolf Nussbaumer; **150. B:** Getty images; **150. C:** Shutterstock/LeonP; **150. D:** mauritius images

*Mit freundlicher Genehmigung und Unterstützung der Bundeszentrale für gesundheitliche Aufklärung